中公文庫

組織の不条理

日本軍の失敗に学ぶ

菊澤研宗

中央公論新社

【中公文庫版のためのまえがき】本書を読むまえに

『失敗の本質』から『組織の不条理』へ

本書は、二〇〇〇年に『組織の不条理——なぜ企業は日本陸軍の轍を踏みつづけるのか』というタイトルで、単行本としてダイヤモンド社から出版されたものである。その後、二〇〇九年に『組織は合理的に失敗する——日本陸軍に学ぶ不条理のメカニズム』というタイトルで、日経ビジネス人文庫として文庫化された。そして、この度、再び『組織の不条理——日本軍の失敗に学ぶ』というタイトルで、中公文庫として二次文庫化されることになった。誠に、有難いことである。

出版不況といわれ、多くの書籍が出版されては消えて行く中、拙著『組織の不条理』が一八年間も生き続けるとは思いもよらなかった。かつて、経済評論家の勝間和代さんが『組織の不条理』を取り上げてくれたことで、注目が集まり、新たな読者が生まれた。そして、最近では、佐藤優さんがいろんなところで、この『組織の不条理』を推薦してくれたことで、本書は再び大きく注目されることになった。この場を借りて、感謝したい。

ところで、この本は約一八年前に、私が防衛大学校の教授になりたてのころに書いた本である。当時、すでに野中郁次郎先生（一橋大学名誉教授）と防衛大学校の教授陣が中心となって書いた『失敗の本質――日本軍の組織論的研究』が出版されており、この本を意識しつつ書いた本が、この『組織の不条理』である。

ご存知のように、『失敗の本質』は、組織論の立場に立ち、(1)大東亜戦争における六つの日本軍の戦いの失敗の事例分析からはじめ、(2)そこから日本軍の戦いに共通する五つの戦略上の問題点と四つの組織上の問題点を指摘し、(3)さらにそれらが日露戦争以後に形成された白兵突撃・艦隊決戦・短期決戦志向というパラダイムのもとで制度や技術や兵器が相互に補完的に強化されすぎたために、大東亜戦争という新しい環境に直面したとき、日本軍はパラダイム変革を起こすことができずに失敗した。したがって、日本軍の「自己変革能力」の欠如に「失敗の本質」があったという内容である。

この『失敗の本質』には、いまでもしばしば日本の企業組織に見出せる話や用語がたくさんあり、私自身も納得する点が多く、そこに名著たる所以があるのだと思う。

しかし、『失敗の本質』の基本的なスタンスは、合理的な米軍組織に対して非合理的な日本軍組織という構図があり、それゆえ日本軍の組織はより合理的であるべきであったという流れになっている。つまり、完全合理性の立場に立って、日本軍の戦い方の非合理性を問題点として分析するという形になっている。

ところが、一九九〇年代、企業理論や組織論の研究分野では、完全合理性の立場から現実を分析するのではなく、人間はもともと不完全であり、限定合理的な立場から分析する研究がはやりはじめていたのである。当時、この限定合理性の立場で研究していた私は、人間は非合理的なので失敗するのではなく、むしろ合理的に行動して失敗するというきわめて不条理な現象が起こることに気づいた。そして、このような立場から改めて大東亜戦争での日本軍の戦いを分析してみたいという思いで書いたのが、本書なのである。

不条理の定義

本書『組織の不条理』は約一八年も前の本なので、今日、いろんな問題点を指摘することができるだろう。

特に、当時、気づいていなかったのだが、そもそもこの本で多用されている「不条理」の意味があいまいなことである。本書では、その意味がそれほど明確ではなかったので、ここで明確にしておきたい。

すなわち、不条理とは、大雑把に言ってしまうと、「人間が合理的に失敗するということ」、あるいは「人間組織が合理的に失敗すること」である。しかも、このような不条理にはいくつかの種類があり、いまでは少なくとも以下の三種類あると思っている。

⑴不条理1／全体合理性と個別合理性が一致しないとき、個々人や個別組織は全体合理性を捨てて個別合理性を追求し、その結果、全体が非効率的となって失敗するという不条理

⑵不条理2／正当性（倫理性）と効率性が一致しないとき、個々人や個別組織は正当性を捨て効率性を追求し、その結果、不正となって失敗するという不条理

⑶不条理3／長期的帰結と短期的帰結が一致しないとき、個々人や個別組織は長期的帰結を捨て短期的帰結を追求し、その結果、長期的に失敗するという不条理

いずれの不条理も人間の非合理性が生みだす失敗ではない。むしろ、人間の合理性こそがわれわれ人間を失敗に導くのである。このような不条理現象を本書は扱っている。

不条理の本質としての人間の限定合理性

では、なぜこのような不条理が発生するのか。それは、この本で何度も触れているよう

に、人間が完全に合理的ではないからである。

正統派経済学で仮定されているように、もしすべての人間が完全に合理的であるならば、全体合理性と個別合理性は一致する。また、効率性と正当性も一致する。さらに、長期的帰結と短期的帰結も一致するだろう。それゆえ、正統派経済学が説明する完全合理的な人間の世界では、不条理は起こらない。失敗するとすれば、それは人間が非合理的で無知だからだということになる。つまり、正統派経済学の世界は、完全合理的に成功するか完全非合理的に失敗するかの二分法の世界なのである。

しかし、実際には、人間は明らかに完全合理的ではない。だからといって、人間は完全非合理的で無知でもない。その中間にいるのである。人間は限られた情報の中で合理的に行動するのであり、「限定合理的」なのである。しかも、人間は機会があればあるいはスキがあれば、たとえそれが悪いことだとわかっていても利己的利益を追求しようとする機会主義的な性向もある。

このように、もし人間が限定合理的で機会主義的であるならば、人間関係上、様々な摩擦が生まれるのであり、それが様々なコストとして現れてくることになる。このコストを考慮すると、全体合理性を無視して個別合理性だけを追求したり、正当性を無視して効率性だけを追求したり、長期を無視して短期だけを追求することが合理的となり、人間は合理的に失敗することになる。つまり、人間の限定合理性が不条理に導くのである。

本書では、このような不条理現象の典型的事例として大東亜戦争における日本軍の戦いに注目する。そこには、現代の日本企業にも共通するたくさんの問題が潜んでいる。ぜひ多くのビジネスパーソンに本書を読んでいただきたい。

二〇一七年二月　三田山上にて

菊澤　研宗

目次

【中公文庫版のためのまえがき】本書を読むまえに 3

プロローグ——不条理な日本陸軍から何を学ぶか 18

第Ⅰ部 組織の不条理解明に向けて 27

第1章 組織の新しい見方——新制度派経済学入門 28

1 取引コスト理論がもたらす組織の新しい見方 29

2　エージェンシー理論がもたらす組織の新しい見方　36
3　所有権理論がもたらす組織の新しい見方　43

第2章　なぜ組織は不条理に陥るか
——不条理な組織行動を説明する理論　52
1　組織の不条理を説明する取引コスト理論　53
2　組織の不条理を説明するエージェンシー理論　59
3　組織の不条理を説明する所有権理論　64

第Ⅱ部　組織の不条理と条理の事例　73

第3章　大東亜戦争における日本軍の興亡
——日本軍はどのように戦ったか　74
1　日本軍の南方作戦　75
2　日本軍勝利への道　82
3　日本軍敗退への道　89
第4章　不条理なガダルカナル戦
——なぜ組織は後もどりできなかったのか　102
1　ガダルカナル戦　103

2　取引コスト理論と歴史的経路依存性について　121
3　なぜ日本軍は白兵突撃戦術を変更できなかったのか　127
第5章　不条理なインパール作戦
——なぜ組織は最悪の作戦を阻止できなかったのか　134
1　インパール作戦　135
2　エージェンシー理論について　151
3　なぜインパール作戦を阻止できなかったのか　155
第6章　不条理を回避したジャワ軍政

――なぜ組織は大量虐殺を回避できたのか 168
1 今村均のジャワ占領地統治の正当性 170
2 所有権理論について 188
3 なぜジャワ占領地統治は効率的だったのか 193

第7章 不条理を回避した硫黄島戦と沖縄戦
――なぜ組織は大量の無駄死にを回避できたのか 201
1 硫黄島戦と沖縄戦 202
2 組織形態の取引コスト理論分析 219
3 なぜ戦争末期の日本陸軍は自生的に組織変革できたのか 228

第Ⅲ部　組織の不条理を超えて　239

第8章　組織の本質——軍事組織と企業組織　240

1　組織が不条理に導かれた事例　241

2　組織が不条理を回避した事例　252

3　組織の本質は限定合理性である
——組織の形成、淘汰、進化の本質　262

第9章　組織の不条理と条理——進化か淘汰か　265

1　後もどりできない組織現象　266
2　組織はなぜ不条理に導かれるのか　269
3　組織はいかにして不条理を回避できるか　274

第10章　組織の不条理を超えて
――不条理と戦う企業戦士たち　279

1　組織の勝利主義がもたらす不条理を超えて　281
2　組織の集権主義がもたらす不条理を超えて　294
3　組織の全体主義がもたらす不条理を超えて　306
4　組織の不条理を超えて――「開かれた組織」に向けて　318

エピローグ――不条理な日本陸軍から何を学べたか　325

関連年表　340
参考文献　344

【中公文庫版のためのあとがき】現代の不条理とその解決法　357

1　現代の不条理現象　358
2　不条理の科学的解決法と限界　368
3　不条理の哲学的解決法による補完　374

組織の不条理——日本軍の失敗に学ぶ

プロローグ——不条理な日本陸軍から何を学ぶか

本書のねらい

大東亜戦争における日本陸軍の行動は不条理に満ちている。本書は、この不条理な日本軍の戦闘行動に注目し、なぜ日本軍が不条理な行動に陥ったのかを問うものである。

たとえば、ガダルカナル戦では、近代兵器を装備した米軍に対して、日本軍は銃剣をもって肉弾突撃する白兵突撃作戦を一度ではなく三度にわたって繰り広げた。そして、当然、日本軍は全滅した。なぜ日本軍は、このような不条理な白兵突撃作戦を三回にわたって繰り広げたのか。また、インパール作戦では、前線で戦う兵士に武器や食糧を継続的に補給できないために大量の兵士が無駄死することがわかっていた。しかし、この作戦は実行され、必然的に多くの日本兵が餓えと病気で死んだ。なぜこのような作戦を日本軍は実行してしまったのか。

このような問いに対して、これまで多くの正統派研究者は、日本軍に内在する非合理性を指摘してきた。人間の非合理性が、このような不条理な組織行動に導いたのだということである。しかも、このような不条理な日本軍の行動は、戦場という異常な状況で発生する例外的な行動であり、日常的にはほとんど起こりえない異常な現象とみなされてきた。

しかし、このような不条理な行動に導く原因は、実は人間の非合理性にあるのではなく、人間の合理性にあるというのが本書を貫く基本的な考えである。しかも、このような不条理な行動は決して非日常的な現象ではなく、条件さえ整えばどんな人間組織も陥る普遍的な現象であり、現在でもそしてまた将来においても発生しうる恐ろしい組織現象なのである。

たとえば、一九九〇年以降、高速増殖炉「もんじゅ」のナトリウム漏洩事故をめぐる組織的隠蔽工作、大和銀行の不正取引をめぐる組織的隠蔽、そして神奈川県警内部の不祥事をめぐる組織的隠蔽などが発生した。これらは、いずれも人間の非合理性が生み出した事件ではない。それらは、いずれも隠蔽することが不正であることを知りつつ、意図的に事実を隠蔽しようする「合理的な不正」だったのである。

本書は、このような現代に蔓延する組織の不条理を解明するために、戦争の世紀と呼ばれる二〇世紀末に、改めて大東亜戦争で繰り広げられた日本軍の不条理な組織行動を問い直し、その不条理の背後に人間の合理性があることを明らかにする。しかも、このような不条理な現象は決して戦争に固有の過去の現象ではなく、現代組織にも起こることを明らかにする。さらに、将来、このような不条理な組織行動に陥らないように、不完全なわれわれ人間が何をなしうるのかを明らかにする。これらが本書のねらいである。

本書のアプローチ

これらの目的を達成するために、本書では、今日、経済学や経営学の分野でよく知られている「新制度派経済学」と呼ばれている最新のアプローチを用いる。この新制度派経済学アプローチは、今日、「組織の経済学」とも呼ばれており、様々な組織行動を分析するために応用されている。とくに、本書では、このアプローチを不条理な組織現象を説明する理論として新しく解釈し直して利用する。

この新制度派経済学アプローチの特徴は、どんな人間も完全合理的ではなく、限定合理的（bounded rationality）だとみなす点にある。つまり、すべての人間は限定された情報獲得能力のもとに意図的に合理的にしか行動できないと考える点に、このアプローチの特徴がある。それゆえ、人間が頭の中で考えている世界と現実の世界とは必ずしも一致しないことになる。

このような限定合理的な世界では、人間の合理性と効率性と倫理性が一致しないような不条理な現象が発生する。つまり、人間が頭の中で合理的だと思って行動したとしても、実際にはその行動は非効率になってしまったり、不正行為になってしまったりする可能性があるということである。たとえば、人間は頭の中で合理的に車を運転していると思っていたとしても、事故に巻き込まれ大けがをするかもしれない。また、ある従業員が会社の利益のために合理的に働いていたとしても、実際にはその行動は不正で違法なものとみなされるかもしれない。このように、人間の限定合理性を仮定する新制度派経済学アプローチによって、人間組織が合理的に不正を行い、合理的に非効率を追求し、そして合理的に淘汰されるという不条理が説明されることになる。

本書では、このような理論的アプローチのもとに、大東亜戦争における日本軍の戦闘行動を分析し、日本軍の非効率で不正な行動の背後に人間の合理性が潜んでいたことを明らかにする。そして、現代の企業組織や官僚組織にみられる非効率で不正な行動の背後にも、人間の合理性が潜んでいることを明らかにする。

本書の構成

以上のように、本書は、大東亜戦争における日本軍の戦闘行動を理論的に分析し、一見、非効率で不正にみえる行動の背後に合理性があることを明らかにする。そして、いかにしてこのような不条理を回避することができるのかについて説明する。

この目的を達成するために、まず第Ｉ部では、不条理な組織現象を分析する理論的フレームワークを展開する。

第1章では、新制度派経済学アプローチを構成している三つの主要な理論、つまり取引コスト理論、エージェンシー理論、そして所有権理論について、より具体的に説明する。ここでは、これらの三つのアプローチがどのような基本的な仮定や前提にもとづいているのかを明らかにし、より具体的な事例を用いてこれらのアプローチを説明する。

次に、第2章では、本書のメイン・テーマである不条理な組織現象を分析するために、新制度派経済学アプローチを「不条理な」組織行動を説明する理論として新しく再構成する。ここでは、人間の合理性と効率性と倫理性が一致しないことが、理論的に説明されるだろう。つまり、人間が合理性を追求すると、結果的に非効率や不正に導かれてしまうという不条理が発生するメカニズムを理論的に説明する。しかも、この不条理発生メカニズムをいくつかの事例を用いてより具体的に説明する。とくに、ここでは、最近問題となっている官僚組織や大企業の組織的隠蔽工作の事例が理論的に分析されるだろう。

次に、第Ⅱ部では、第Ⅰ部で展開した理論的フレームワークのもとに不条理な組織行動として「ガダルカナル戦」と「インパール作戦」における日本軍の戦闘行動を取り上げ、理論的に分析する。また、不条理を回避した事例として「ジャワ軍政」と「硫黄島戦・沖縄戦」を取り上げ、理論的に分析する。いずれの戦いも、これまで多くの軍事史の研究対象となったものである。しかし、ここでは、これまでの常識とは異なる新しい分析を試みた。

そのために、まず第3章において予備的考察として大東亜戦争における日本軍の戦闘の歴史をひとまず概説することからはじめる。とくに、この章では、本書で取り上げる日本軍の一連の戦闘事例が歴史的にどのような位置にあるのかを明らかにする。

その上で、第4章では、近代兵器を駆使した米軍に向かって、三度にわたって非効率な白兵突撃作戦を繰り返すという不条理な行動をとったガダルカナル戦での日本軍の組織行動を取り上げる。ここでは、この不条理な日本軍の行動の背後に人間の非合理性ではなく、人間の合理性が潜んでいたことを明らかにする。つまり、人間の合理性が非効率な白兵突撃戦術に固執させていったメカニズムを明らかにする。

さらに、第5章では、史上最悪の作戦といわれているインパール作戦を取り上げ、実行不可能といわれたこの作戦を実行してしまった日本軍の不条理な組織行動を取り上げる。この作戦もまた人間の非合理性ではなく、人間の合理性が導いた意図せざる帰結であったことを理論的に明らかにする。

これに対して、第6章では、大本営からの激しい批判にもひるまずに、あえて穏健統治を展開することによって大量虐殺という不条理を回避したジャワ軍政を取り上げる。その穏健統治の仕方は、倫理的に正当であっただけでなく、合理的でかつ効率的であったことも理論的に明らかにする。つまり、ジャワ軍政では、人間の合理性と効率性と倫理性が一致したことを明らかにする。

さらに、第7章では、日本軍が敗退プロセスで大量の無駄死にを生み出すような不条理な組織行動を回避するために、硫黄島戦および沖縄戦では、大本営を中心とする中央集権型組織から戦略と戦術が分離した現地分権型戦闘組織へと自生的に変貌したことを明らかにする。ここでも、合理性と効率性が一致し、人間が合理性を追求した結果、組織は効率的資源配分システムへと変化したことを明らかにする。

最後に、第Ⅲ部では、以上のような日本軍をめぐる一連の理論的な分析にもとづいて、組織の不条理をめぐる一般的議論を展開する。より具体的にいえば、まず、第8章では、本書で分析した日本軍の不条理な組織行動の事例と日本軍が不条理を回避した事例を改めて要約し、整理する。しかも、この同じ組織現象が現代の企業組織でも発生することを明らかにするために、いくつかの現代巨大企業の事例を取り上げる。結論として、組織が形成され、組織が不条理な行動に導かれ、そして組織が不条理な行動を回避する原因が、いずれも人間の限定合理性にあることを明らかにする。つまり、組織の本質は人間の限定合理性にあることを明らかにする。

次に、第9章では、なぜ不条理に陥る組織と不条理を回避する組織があるのかを明らかにする。そのために、まず組織の本質が人間の限定合理性にあるために、組織は基本的に歴史的に後もどりできない「歴史的不可逆性原理」に従うことを明らかにする。しかも、この歴史的不可逆性原理に従って、組織が不条理に導かれ淘汰される場合と不条理を回避し進化する場合に分けられることを明らかにする。そして、どのようにして組織は不条理を回避し進化できるのかについて説明する。

最後に、第10章では、組織が不条理な行動を回避し、淘汰されることなく、そして進化するために必要なメカニズムをより具体的に説明する。とくに、ここでは、絶えず非効率と不正を見出し、それを排除するような散逸構造としての「批判的合理的構造」を組織が具備する必要があることを、多くの企業の事例を用いて説明する。そして、このような批判的合理的構造を具備した組織は、未来に対して「開かれた組織」であることを明らかにする。

本書は、以上のようなプログラムで進められているが、第Ⅰ部で展開する組織理論はいくぶん堅苦しく、頭に入りにくいと感じるかもしれない。その場合、第Ⅱ部の日本陸軍の具体的な事例から読みはじめ、その後に第Ⅰ部にもどると、理論はそれほど堅苦しくなく、頭に入りやすいかもしれない。

第Ⅰ部　組織の不条理解明に向けて

第1章　組織の新しい見方——新制度派経済学入門

常識的な見方をうち破るためには、新しい観点、新しい見方、そして新しい理論が必要となる。

本書では、不条理な組織現象の背後に合理性があることを解き明かすために、今日、「新制度派経済学」あるいは「組織の経済学」と呼ばれている新しい理論を用いる。この新制度派経済学は、取引コスト理論、エージェンシー理論、そして所有権理論といった三つの理論から構成されている。いずれの理論も、正統派ミクロ経済学である新古典派経済学批判から生まれてきた理論である。

以下、正統派経済学である新古典派経済学の批判を通して、どのようにして取引コスト理論、エージェンシー理論、そして所有権理論が登場してきたのかを説明してみたい。

1　取引コスト理論がもたらす組織の新しい見方

取引コスト理論とは

従来の正統派経済学では、すべての人間は完全合理的（完全合理性）であり、利益を最大化するように行動する（利益最大化）ものと仮定されてきた。完全合理的な人間の世界では、すべての人間は完全に情報を収集できるので、組織を形成する必要はなく、個々人は完全情報のもとに合理的に利益最大化行動を選択することができる。

しかし、最新の取引コスト理論[*1]では、すべての人間は完全に合理的ではなく、完全に非合理的でもないと仮定される。人間は限られた情報の中で合理的に行動しようとするものと仮定される。このような人間仮定のことを「限定合理性」と呼ぶ。つまり、すべての人間は主観的に合理的に行動を行うものと仮定される。

ここで、もしすべての人間が限定合理的であるならば、人間は相手の情報の不備につけ込んで、たとえ悪いと思っても利己的利益を最大化しようとするだろう。したがって、従来の利益最大化仮説は「機会主義（opportunism）」と呼ばれる仮定に変化する。

このように、もし人間が限定合理的で機会主義的ならば、見知らぬ人間同士で市場取引する場合、相互にだましたりだまされたりする可能性がある。それゆえ、だましたりだまされたりしないように、相互に駆け引きが起こる。

文房具のような一般的な商品の場合には、深刻な駆け引きは起こらないだろう。しかし、土地や建物などの不動産をめぐる取引では、取引前に相手を探索し、弁護士などを仲介させて正式に契約をかわし、そして契約後も契約履行を監視する必要がある。そうしないと、相互にだまし合いが起こる可能性がある。

したがって、市場取引が完了するまでに、多大な時間や労力の無駄つまり非効率が発生する。これら取引をめぐる一連のコストのことを「取引コスト」と呼ぶ。このようなコストは、人間関係上で発生するコストであり、会計上には表れないという意味で「見えないコスト」でもある。

しかし、人間はこのようなコストの存在を認識することができる。それゆえ、取引コストがあまりにも高い場合、人間は使う当ても使う能力もない土地や建物を売ることなく、保有し続けるかもしれない。つまり、取引コストが存在するために、人間は非効率的な状態を合理的に選択する可能性があるといえる。

しかし、人間は完全に非合理的でもないので、このような取引コストの発生をそのまま放置しておくわけではない。人間は、資源をできるだけ効率的に利用するために、人間関係上のコストつまり取引コストを節約し、人間の悪しき機会主義的行動を抑止する何らかの規則、ルール、そして法律などの制度を形成しようとする。

たとえば、自由な市場取引において、あまりにも機会主義的な人間が多く、取引コストが高い場合、この取引コストを避けるために、信頼できるもの同士が集まって組織を形成し、組織内で取引を行うかもしれない。あるいは、取引をめぐって機会主義的な行動をとった場合、罰金が課されるような取引契約法が形成されるかもしれない。実際、これまで様々な制度や法律が形成され、利用されてきたのである。

このように、取引コスト理論によると、現存する様々な制度は、人間の機会主義的行動を抑止し、取引コストを節約する制度として理論的に解釈されることになる。これが新しい制度論としての取引コスト理論の考え方である。この理論を応用すれば、これまで直感的に語られてきた様々な組織制度や戦略的行動も、取引コストを節約し、悪しき機会主義的行動を抑えるような統治制度あるいはガバナンス制度として理論的に説明できることになる。

統治制度としての多様な組織デザイン

たとえば、ある一定の収入をもち、シャネルやルイ・ヴィトンなどのブランド商品を買い求めている女性たちの行動について考えてみよう。彼女たちの中には、個々人で商品を市場取引する人もいるが、仲間組織を形成して組織的に購入活動を行っている人々もたく

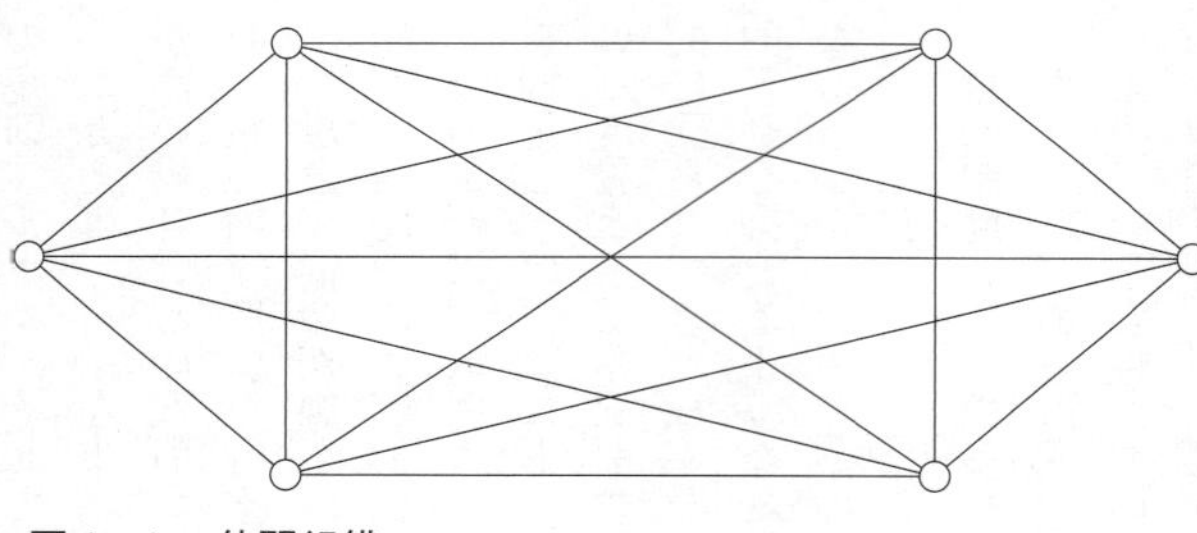

図1－1　仲間組織

さんいる。

個人で雑誌やマスコミなどからお気に入りのブランドの情報を収集したり、個人で海外に出かけてブランド商品を購入したりする場合、意外に取引コストがかかる。このような取引コストを節約するために、ブランドをめぐる情報を共有する仲間組織が形成されることになる（図1―1）。

仲間組織を形成すれば、シャネルやルイ・ヴィトンなどのブランド商品を購入するために、集団でフランスに買い物に出かけることができ、航空運賃や宿泊費を節約することができるとともに、交渉もしやすく、取引コストを大幅に節約することができるのである。

しかし、このような仲間組織制度のもとに、規模の経済性を求めて組織メンバーを増加し、組織が大きくなると、各メンバーは限定合理的で機会主義的であるために、他のメンバーが提供するメリットや情報にただ乗りするようなフリーライダーが現れることになる。

しかも、組織の巨大化や複雑化に伴って組織内での情報交

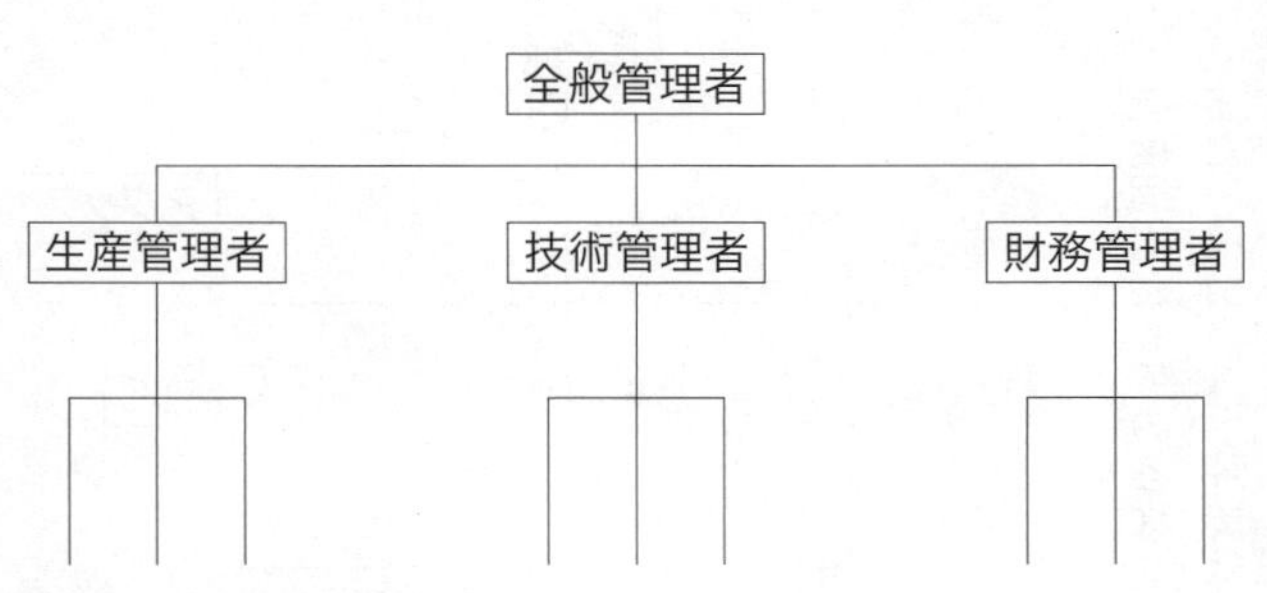

図1-2　集権型組織

換やコミュニケーションも難しくなり、組織内取引コストも高くなるだろう。このような組織内の取引コストを節約し、しかもメンバーのただ乗りを防ぐために、仲間組織を発展的に解消し、管理者がいるような階層的な集権型組織制度へと組織は変化することになる（図1―2）。

しかし、この集権型組織構造のもとでも、組織は規模の経済性を求めて巨大化していくだろう。この場合、すべての管理者は限定合理的であり、しかもメンバーは機会主義的な傾向がある。それゆえ、メンバーのさぼりや手抜きなどが横行し、組織内取引コストは高くなる。

このようなメンバーの悪しき機会主義的行動を抑止し、組織内での取引コストを節約するために、さらに新しい統治構造が必要となる。このような統治構造の一つとして利用されているガバナンス制度が、分権型組織としての事業部制組織である（次ページ図1―3）。

ここでは、戦略的意思決定と戦術的意思決定が分離されることになる。一方で本部はその機能を戦略的意思決定に

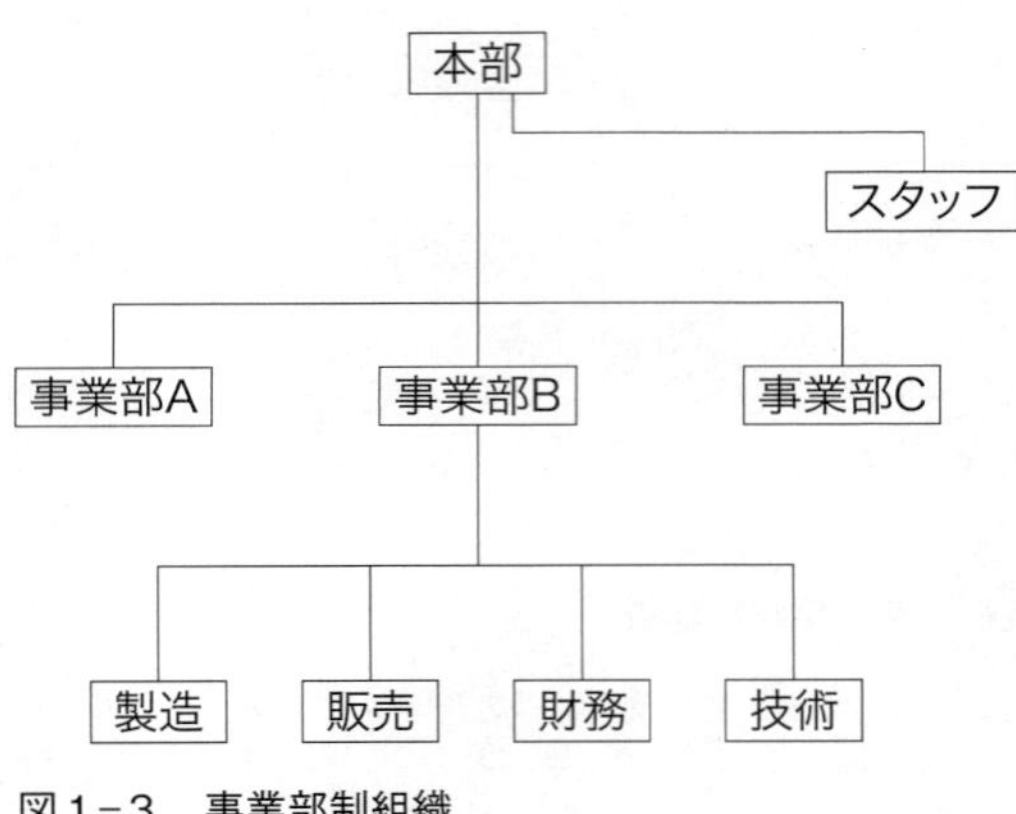

図1－3　事業部制組織

専門化し、他方で各事業部には自律的な戦術的意思決定権が与えられる。この場合、本部と各事業部は、それぞれ専門機能を追求することによって専門化による効率性をえることができる。また、本部は各事業部に大幅な自律性を与えて、各事業部に対して自己責任を取らせる。これによって、各事業部は自己統制せざるをえなくなるので、組織メンバーの機会主義的行動も効率的に抑制されることになる。こうして、本部による各事業部に対する監視コストは大幅に軽減されることになる。

このように、取引コスト理論のもとに、多様な組織デザインは取引コストを節約し、機会主義的行動を抑止するガバナンス制度あるいは統治制度として、体系的に説明できるのである。

制度選択としての多様な経営戦略

また、取引コスト理論は経営戦略論にも応用できる。たとえば、なぜ組立メーカーと部品供給会社が垂直的に統合するのか、という垂直的統合戦略について考えてみよう。

これまで、相互に技術的に密接な依存関係があるとき企業間は垂直的に統合するということがよくいわれてきた。しかし、よく考えてみると、もし技術的に相互依存性があれば、企業同士で長期取引契約を結べばよいのであって、企業同士が一つの組織としてあえて統合する必要はない。むしろ、一つの組織として統合する場合、異なる人事制度や給与制度などの様々な制度を調整する必要があり、いたずらに多大なコストが発生することになる。それゆえ、技術的依存関係で企業間の垂直的統合は説明できない。

これに対して、相互に密接な依存関係があるにもかかわらず、企業間の駆け引きがあまりにも激しく、取引コストが高い場合、取引コストを節約するために両社は垂直的に統合するというのが、取引コスト理論の考えなのである。

たとえば、いま組立メーカーと部品供給会社の二つの企業が存在し、すでに相互に取引を行っているとする。ここで、もし両社は相互に相手の情報を十分えることができ、しかも相互に依存するような特殊な設備を持たず、他に多くの取引相手が存在するならば、取引をめぐってお互いに駆け引きはしないだろう。もし駆け引きされるならば、別の会社と容易に取引できる。それゆえ、この場合、あえて相互に統合したり、長期取引契約を結んだりする必要はない。互いに、市場取引、スポット契約取引を続ければよいことになる。

しかし、もし相互に取引関係が不確実で相手の行動をよく理解できず、しかも相互に特殊な資産を保有しているならば、互いに駆け引きが起こり、最悪の場合には取引が決裂する場合もある。この場合、あまりにも取引コストが高いので、取引コストを節約するために組立メーカーと部品供給メーカーは垂直的に統合する戦略をとることが合理的となる。

また、相互に特殊な資産を保有しているが、相互に相手に関する情報を十分えており、そして相手を十分信頼できる場合、あえて一つの組織として統合し巨大化して組織内取引コストを高める必要はない。この場合、組立メーカーと部品供給メーカーは長期取引契約を結ぶことが最適な戦略となるだろう。

このように、取引コスト理論にもとづいて、企業の垂直的統合戦略も体系的に説明できる。同様に、この取引コスト理論によって、企業の水平的統合戦略や多国籍化戦略も理論的に説明できるのである。

2　エージェンシー理論がもたらす組織の新しい見方

エージェンシー理論とは

伝統的なミクロ経済学では、すべての人間は完全合理的であると仮定されるので、企業組織の行動は一人の企業家の行動と同じものとみなされてきた。というのも、企業家は完全合理的なので、すべての従業員の行動を完全に監視でき、利益最大化するように彼らを完全にコントロールできるからである。したがって、企業組織の行動は、一人の企業家の行動と等しくなるのである。

しかし、実際には、すべての人間は限定合理的である。それゆえ、企業家はすべての従業員の行動を完全に監視できないし、コントロールすることもできない。それゆえ、従業員は企業家の不備に付け込んで、隠れて手抜きをする可能性もある。このような現実的な人間関係を分析するために登場してきたのが、エージェンシー理論である。

エージェンシー理論[*2]では、すべての人間関係は依頼人であるプリンシパルと代理人であるエージェントからなるエージェンシー関係つまり依頼人―代理人関係として分析される。たとえば、株主と経営者との関係では、株主がプリンシパルで経営者がエージェントとなる。また、経営者と従業員の関係では、経営者がプリンシパルで従業員がエージェントとなる。さらに、下請け関係では、組立メーカーがプリンシパルで部品供給会社がエージェントとなる。

このようなエージェンシー関係のもとでは、プリンシパルとエージェントはともに固有の利己的利益を追求するので、両者の利害は必ずしも一致しない（利害の不一致）。また、両者はともに限定合理的なので、両者がもつ情報も異なっているのが普通である（情報の非対称性）。

このように、利害が不一致で情報の非対称性が成り立つようなエージェンシー関係では、契約後にエージェントがプリンシパルの意図どおりに行動するとはかぎらない。エージェントは、プリンシパルの不備に付け込んで、契約を破り、隠れて手を抜き、そしてさぼりだすといった非倫理的なモラル・ハザード（道徳欠如）を起こす可能性がある。

また、良きエージェントが排除され、事前に隠れた情報をもつ悪しきエージェントだけが利益を求めて無知なプリンシパルとの取引契約に集まってくるアドバース・セレクション（逆淘汰）現象も発生する。

これらの現象は、いずれも倫理的に正しくない現象である。しかも、無能なエージェントに資源が配分され資源が無駄使いされるという意味で、経済的に非効率的な現象でもある。このような非効率を反映して発生するコストが、エージェンシー・コストと呼ばれるものである。

このようなエージェンシー・コストを削減するために、エージェントの非倫理的で非効率的な行動を抑止するような様々な規則、ルール、そして組織制度が形成されるということ、これが新しい制度論としてのエージェンシー理論の考え方である。

モラル・ハザードと多様な制度

このエージェンシー理論を用いると、現存する様々な制度は、エージェントのモラル・

ハザード現象を抑制する制度として説明できる。

たとえば、株式会社をめぐって、依頼人であるプリンシパルを株主とし、代理人であるエージェントを経営者としよう。株主は株価の上昇や高い配当を望むだろう。しかし、経営者は必ずしも株式を保有していないので、利己的な利益を追求することに関心があるかもしれない。それゆえ、両者の利害は必ずしも一致しない。また、株主は完全に経営者を監視できないので、両者の情報も非対称的である。

この場合、経営者は株主の忠実なエージェントとして株価や配当をできるだけ高めるような経営を行わない。自分のオフィスを飾ったり、高級車を乗りまわしたりして、隠れて浪費を重ねるようなモラル・ハザードを起こす可能性がある。

このような経営者のモラル・ハザードを抑制するために、これまで、取締役会制度、会計監査制度、株式市場制度、ストック・オプション制度、そして経営者市場制度などの多様なコーポレート・ガバナンス制度が形成されてきたと解釈できるのである。

また、税金をめぐって、依頼人であるプリンシパルを国民とし、代理人であるエージェントを官僚としよう。この場合も、両者の利害は必ずしも一致しない。国民は国民の利益のために税金を使ってほしいと考えるが、官僚は利己的利益のために税金を利用したいと思っているかもしれない。また、国民は官僚の行動を完全に監視できないので、両者の情報も非対称的である。

このような状況では、エージェントである官僚はプリンシパルである国民の不備に付け込んで、隠れて巧みに税金を無駄使いするモラル・ハザード現象が発生する可能性がある。たとえば、官僚は公共事業をめぐって業者を選択することができる。その際、業者は戦略的に官僚を接待しようとするだろう。しかし、この接待によって、業者も官僚も損をすることはない。損をするのは、結局、国民である。というのも、業者はこの接待費を公共事業費に含めて国に請求し、これが税金で支払われるからである。こうして、国民の税金が隠れて無駄使いされることになる。

このようなモラル・ハザード現象を抑制するために、利害を一致させ情報を対称化するような会計検査制度や情報公開制度があると解釈できる。そして、今日、さらに、公務員の倫理規程が作成されているのである。

アドバース・セレクションと多様な制度

同様に、エージェンシー理論を用いると、現存している制度はアドバース・セレクション現象を抑制する制度としても説明できる。

たとえば、保険会社をプリンシパルとし、保険加入者をエージェントとしよう。この場合、保険会社と保険加入者の利害は一致しない。というのも、一方で保険会社は一定の保証をより高い保険料で提供しようとし、他方で保険加入者はより安い保険料でより高い保証を望むからである。また、保険加入者は事前に自分の健康状態についてよく知っている。しかし、保険会社は加入者の健康状態について十分な情報をえることができない。それゆえ、両者の情報も非対称的である。

このような状況では、保険加入者は自分の健康状態を偽って保険契約を行う可能性がある。それゆえ、保険会社は損をしないために最初から比較的高い保険料を広く一般的に設定することが合理的となる。

しかし、この比較的高い保険料は健康な人々にとってはあまりにも高くみえるので、健康な人々はその保険には加入しないだろう。これに対して、不健康な人々にとっては、それでもその保険料はなお安く思えるので、結局、不健康な人だけがこの保険に加入してくることになる。

このように、健康な人々が加入せず、不健康な人ばかりが加入し、結局、保険市場が成り立たないという非倫理的で非効率的な現象がアドバース・セレクション現象なのである。そして、このような非効率を抑制するために、今日、医師による事前の診断制度が設けられているのである。この制度によって、悪しき加入者と良き加入者をふるい分けることができるので、これを「スクリーニング」という。

また、見かけはおいしそうだが、かじると酸っぱいレモンになぞらえて、「レモン市場」[*3]といわれる中古車市場では、典型的にアドバース・セレクションが発生する可能性がある。

たとえば、いま、プリンシパルを中古車購入者とし、エージェントを中古車販売業者としよう。プリンシパルとエージェントは相互に利害は異なる。購入者は良い中古車をできるだけ安く購入したいが、販売業者は質の悪い中古車をできるだけ高く売りたいと思うだろう。しかも、両者の情報も非対称的である。購入者は業者の行動や中古車の品質を完全に知ることはできないだろう。

このようなエージェンシー関係のもとでは、悪しき販売業者は外見だけをきれいにし中身に問題がある欠陥車（レモン）を高く販売することができ、儲かるだろう。これに対して、良心的な業者はそれ相当の値段で車を販売することになるので、必ずしも儲からない。こうして、中古車市場では良心的な販売業者は消え、欠陥車を高く売るような悪しき販売業者ばかりが集まるというアドバース・セレクションが発生する。そして、結局、だれも中古車を購入するものはいなくなるだろう。この場合、中古車であるが、まだ十分乗れるような車は利用されなくなるので、資源の非効率な利用が発生することになる。

このような問題を解決するために、中古車販売業者による様々なアフター・ケア制度や保証制度が形成されていると解釈できる。このような制度を提示することによって、自らが悪しき業者ではないことを示すことを「シグナリング」という。

3　所有権理論がもたらす組織の新しい見方

所有権理論とは

繰り返しになるが、伝統的な正統派経済学すなわち新古典派経済学は、すべての人間は完全合理的であると仮定されている。

このような完全合理的な人間世界では、すべての財や資源が誰のものなのか、それゆえすべての財の所有権が明確に誰かに帰属されることになる。このような世界では、誰かが財や資源を利用して生み出すプラスとマイナス効果は、その財や資源の所有者に帰属させられることになる。このような世界は、「内部化された世界」といわれる。

この内部化された世界では、財や資源の所有者は、自分の財や資源の利用によって発生するプラスとマイナス効果を最終的に自分に帰属させられることになる。それゆえ、はじめからマイナス効果を避け、プラスがでるように財や資源をできるだけ効率的に大切に使用しようとするだろう。

そして、それでもマイナス効果しか出ない場合には、市場でその財や資源を売り払い、プラス効果を生み出せるような財や資源があれば、それを購入しようとするだろう。こうして、効率的な資源配分システムとしての市場取引が発生し、市場は機能することになる。つまり、市場経済システムを実行するには、財や資源の所有権の帰属が明確でなければならないのである。

しかし、実際には、人間は完全合理的ではなく、限定合理的である。それゆえ、すべての財や資源の所有権は、必ずしも明確に誰かに帰属されてはいない。このような所有権が不明確な状況では、何か起こるのか。これを説明するのが所有権理論なのである。

所有権理論[*4]では、財や資源の所有関係の不明確さがもたらす財や資源の非効率な利用問題が分析されることになる。そして、その解決案として様々な所有権制度の形成や発生が説明されることになる。この理論でも、人間は利己的利益を追求するが、人間の情報をめぐる能力は限定されており、人間は限定合理的にしか行動できないものと仮定される。

ここで、所有権理論の最も重要な概念である「所有権」をより一般的に定式化すれば、以下のような三つの権利を含む権利の束である。

(1)財のある特質を排他的に使用する権利。
(2)財のある特質が生み出す利益を獲得する権利。
(3)他人にこれらの権利を売る権利。

所有権理論では、この「所有権」の概念は法律上で使用されている定義に比べて弾力的に使用される。例えば、企業組織内のある職務につくメンバーは、経営資源としてのヒト・モノ・カネ、そして情報を使用する権利をもつ。このような権利もまた所有権理論では「所有権」として扱われる。

ここで、もし人間が限定合理的ならば、財のもつ多様な特質を認識できず、その特質をめぐる所有権をだれかに明確に帰属させることもできない。それゆえ、財や資源の使用によってもたらされるプラス・マイナス効果をだれにも帰属できないような事態が発生することになる。

この場合、資源を非効率的に利用している人々は、自分たちがマイナス効果を生み出していることに気づかないので、資源を非効率的に利用し続けることになる。また、資源を効率的に利用している人々もプラス効果が自分たちに帰属されないので、最終的に資源を効率的に利用しようとする気持ちがなくなる。こうして、所有権が不明確な状況では、資源は非効率的に利用されることになるのである。

さらに、公害のように、資源を利用して発生するプラス・マイナス効果が当事者たちではなく、まったく関係のない人々に帰属されることがある。このような状況は、プラス・マイナスの「外部性（externalities）」と呼ばれ、様々な問題を引き起こすことになる。

したがって、資源を効率的に利用し、外部性を内部化するためには、財をめぐる所有権をだれかに明確に帰属させる何らかの所有権制度が必要となる。しかし、このような所有権を明確にするような制度を作るにはコストがかかる。このコストの大きさを考慮すると、以下の原理が成り立つことになる。

すなわち、所有権を明確にするような制度を形成するコストよりも、その制度によってもたらされるベネフィットが多い場合だけ、そのような制度は形成されるということ、逆にいえば制度を形成するのに必要なコストがそれによってもたらされるベネフィットよりも大きい場合、たとえマイナスの外部性が発生していたとしてもそのままの方がよいということ、これである。これが、所有権理論による新しい制度論的見方なのである。

所有権と奴隷制度

この所有権理論を用いて、たとえば米国南部に存在していた奴隷制度はリンカーン大統領の登場によって廃止されるまでもなく、すでに自滅していたという興味深い説明が、Y・バーゼル[*5]によってなされている。

バーゼルによると、主人と奴隷という人間関係（奴隷制度）のもとでは、一般に奴隷は一切の権利が奪われ、すべての権利を主人が所有することになるので、奴隷は一方的に搾取されていたと考えるのが常識である。

しかし、彼によると、実際には主人の方が逆に奴隷に搾取されていたケースも多かったと主張する。というのも、主人は奴隷がどのような生産能力をもち、どれだけの食事と睡眠を与えれば、どれだけ働くのかを十分を知ることはできなかったので、奴隷に食事や睡眠を十分与えても奴隷は隠れて手を抜いたり、仮病を使ったりして、十分働かなかったからである。

このような事態に対処するために、高いお金で購入した奴隷を暴力で強制労働させて殺してしまうと、主人にとってはあまりにも損失が大きかったのである。つまり、奴隷は非常に高価な人的資産だったのである。したがって、南部では、主人が奴隷に労働のアウト・プットの一部として休日、生産物の一部、そして金銭などのインセンティブを与えて、奴隷のやる気を引き出していたのである。

こうして、南部では奴隷がお金を貯めて、奴隷としての自らの権利を購入し、自由になる奴隷が出現していたのである。この意味で、米国南部にあった奴隷制は、すでに自滅の方向にあったといえる。つまり、人的資源をより効率的に利用するために、奴隷制という一種の所有権制度は自滅するという形で変化していたのである。

所有権と企業形態制度

また、この所有権理論によって、なぜ規模の経済性を追求できる巨大株式会社だけでなく、企業家企業と呼びうる中小企業もまた淘汰されずに併存し生き残っているのかを説明することができる。

たとえば、いま、個々人が別々で働くよりも共に働いた方がより生産性が高く、しかも個々人の貢献度を分離して測定することが難しいようなチーム生産組織[*6]があるとしよう。このような生産関係では、それぞれのメンバーの貢献度を正確に測定することができないので、各メンバーは怠けるインセンティブをもつ。

このようなメンバーの非効率な行動を抑えるために、この組織にはメンバーを監視する監視役が必要となるだろう。しかし、この監視役もまた怠ける可能性があるので、監視役の監視役が必要となり、さらに監視役の監視役の監視役が必要となり、結局、無限後退して、効果的に監視することができない。

この無限後退を避け、メンバーのさぼりを効果的に監視するには、監視役に以下のような権利、つまり「所有権」を与えることが効率的となる。すなわち、メンバーに賃金を支払った後に残る残余利益をえる権利つまり「残余請求権」、メンバーとの契約を改定する権利、そしてこれらの権利自体を売る権利等である。

このように、もしこれらの所有権が監視役に与えられるならば、彼は効率的にメンバーを監視するだろう。というのも、効率的にメンバーを監視することによって、彼はより多くの残余利益をえることができるからである。

このような権利の束をもち、すべての契約にとって共通の当事者となる所有経営者が監視役となって従業員を管理する資源配分システム、これが中小企業なのであり、それは効率的な所有権制度なのである。

新制度派経済学			
基本仮定	限定合理性　効用極大化		
理　論	**取引コスト理論**	**エージェンシー理論**	**所有権理論**
分析対象	取引関係	エージェンシー関係	所有関係
非効率性	機会主義的行動	モラル・ハザード　アドバース・セレクション	外部性
制度解決	取引コスト節約制度	エージェンシー・コスト削減制度	外部性の内部化制度

表1－1　三つの新制度派経済学アプローチ

以上、新制度派経済学を構成する三つの理論、取引コスト理論、エージェンシー理論、そして所有権理論について簡単に説明した。これらを整理すると、表1―1のようにまとめることができる。

＊註

1　取引コスト理論は、R・コースにその出発点がある。若きコースは、他の多くの経済学者が市場に関心を集中していたのに対して、当時、組織の存在に関心をもっていた数少ない英国の研究者であった。なぜ企業組織が存在し、なぜ組織が形成されるのか。この問題を初めて経済学的に明らかにしたのがコースである。このコースの考えを現代によみがえらせ、「取引コスト理論」として発展させたのは、O・ウイリアムソンである。コースの取引コストに関する議論は、Coase (1937,

1988）に詳しい。ウィリアムソンの取引コスト理論については、Williamson（1975, 1985, and 1996）に詳しい。また、取引コスト理論を要約したものとして、Douma and Schreuder（1991）、菊澤（一九九八ａ）、そして丹沢（二〇〇〇）がある。

＊2　エージェンシー理論は、もともと保険をめぐる議論に応用されていた考え方である。エージェンシー理論研究は、今日、数理的な規範的エージェンシー理論研究と現実志向的な実証的エージェンシー理論研究の二つの方向に区別される。前者の規範的エージェンシー理論研究として、たとえば、Ross（1973), Holmstrom（1979, 1982）が有名である。これに対して、後者の実証的エージェンシー理論研究は、ロチェスター大学にいたＭ・ジェンセン（現、ハーバード大）、Ｗ・Ｈ・メックリング、そしてシカゴ大学のファーマ等によって進められた研究である。彼らはこの理論を様々な分野に応用し、エージェンシー理論の説明力の広さとその有効性を示した。本書では、主に、この後者の実証的エージェンシー理論を用いる。この実証的エージェンシー理論については、Jensen and Meckling（1976), Fama（1980), Fama and Jensen（1983a, 1983b）に詳しい。また、エージェンシー理論に関する一般的な説明については、Arrow（1985)、菊澤（一九八七ａ）、丹沢（二〇〇〇）、そして、Douma and Schreuder（1991）に詳しい。

＊3　レモン市場をめぐるアドバース・セレクション現象については、Akerlof（1970）に詳しい。

＊4　所有権理論は、今日、その起源が間接的にはアダム・スミスにあるとかあるいはK・マルクスにあるとかいわれている。しかし、直接的にはカルフォルニア大学ロサンゼルス校（UCLA）にいたA・A・アルチャンが所有権の重要性に気がつき、R・コースによって明確に所有権と経済学の関係が明らかにされたのである。そして、このアルチャンやコースの議論に触発され、さらに所有権理論を発展させたのは、UCLAからシカゴ大学に移ってきた若きH・デムセッツである。この所有権理論については、Alchian（1965, 1977), Coase（1960, 1988), Demsetz（1964, 1967), Alessi（1980, 1983）に詳しい。また、所有権理論に関する平易な説明は、菊澤（一九八七a）、North（1990）、そしてEggertsson（1990）によってなされている。

＊5　奴隷制に関するバーゼルの議論については、Barzel（1989）に詳しい。

＊6　チーム生産組織および企業形態に関する所有権理論分析については、Alchian and Demsetz（1972）に詳しい。

第2章　なぜ組織は不条理に陥るか
——不条理な組織行動を説明する理論

　さて、以上のような新制度派経済学を構成する三つの理論を応用して、ここでは本書のメイン・テーマである不条理な組織行動を分析するための理論を展開する。

　今日、一般に、「不条理」と呼ばれる現象は、人間の非合理性によって引き起こされるものと思われている。しかし、これまで説明してきた三つの新制度派経済学理論を用いると、「不条理」と呼びうる組織現象は実は人間の合理性によって引き起こされることが説明できる。

　以下、新制度派経済学にもとづいて、不条理な組織現象を説明する新しいアプローチを展開する。

1　組織の不条理を説明する取引コスト理論

不条理をもたらす取引コスト

取引コスト理論[*1]では、すべての人間は限定合理的であり、しかも人々は相手の不備につけ込んで利己的利益を追求する機会主義的な傾向があるものとする。

このような限定合理的で機会主義的な人間からなる世界では、合理性と効率性と倫理性（正当性）は必ずしも一致しない。合理的ではあるが、非効率で非倫理的（不正）であるという不条理現象が発生する。つまり、合理的非効率や合理的不正と呼びうる現象が起こるのである。

たとえば、いま、ある企業がより多くの利益をえるために、いくぶん不正なビジネスを新たにはじめたとしよう。そして、このビジネスを展開するために、すでに多額の投資を行い、すでに行動しはじめたとする。しかし、そのうちこのビジネスよりもより効率的で正当なビジネスがあることに気がついたとしよう。この場合、この企業は現在の不正で非効率的なビジネスをすぐに放棄し、より効率的で正しいビジネスへと移行することができるだろうか。

取引コストが発生する世界では、容易にビジネスを変更することはできない。というのも、既存のビジネスを変更するには多大な取引コストが発生するからである。たとえば、既存のビジネスを変更するためには、これまでに作り上げてきた多くの人間関係を断ち切る必要がある。そのために、多大な取引コストが発生するだろう。また、既存のビジネスのもとにこれまで投資してきた資金も回収できない埋没コストになるだろう。さらに、新しいビジネスへと移行し実行するためには、新しい人々との間に新しい人間関係を形成する必要もある。そして、そのために多大な交渉取引コストが発生するだろう。

これら一連の取引コストのために、企業はたとえ現在のビジネスが非効率的で不正であったとしても、現状のままでいる方がより合理的と思えるような不条理な状態に導かれることになる。この場合、企業は合理的に非効率で不正なビジネスに留まることになる。これが、不条理現象を説明する取引コスト理論の考えである。つまり、取引コスト理論によると、非効率や不正は合理的に起こる可能性がある。

不条理をもたらす軍事組織

たとえば、大東亜戦争における陸戦の敗北のターニング・ポイントになったガダルカナル戦では、近代兵器を駆使した米軍に対して、日本軍は三回にわたって白兵突撃（軍刀・銃剣をもって斬り込むこと）を繰り返し、結果的に日本軍は全滅した。

当時、白兵突撃戦術は、明らかに非効率的な戦術であった。しかし、日本陸軍はその戦術を放棄し変更することができなかった。というのも、長い年月と多大なコストをかけて訓練してきた日本陸軍伝統の白兵突撃戦術を放棄した場合、これまで白兵突撃戦術に投資してきた巨額の資金が回収できない埋没コストになったからである。また、その変更に反発する多くの利害関係者を説得するために、多大な取引コストを負担しなければならない状況にあったからである。

したがって、このような状況に追い込まれると、組織はたとえ白兵突撃戦術が非効率的であったとしても、それを放棄して巨額のコストを負担するよりは、その戦術にかすかな勝利の可能性さえあれば、その戦術を変えずにそのまま進む方が合理的となるような不条理な状態に追い込まれることになる。この典型的な事例が、ガダルカナル戦での日本軍の不条理な戦い方だったのである。

このように、合理的に非効率的状態を維持するという不条理な組織行動は、人間の無知や非合理性のために発生するのではない。人間の合理性によって生み出されるのである。ガダルカナル戦における日本軍の行動は、本書第4章でより詳しく分析されるだろう。

不条理をもたらすワンマン経営

このような取引コストと関連する不条理現象は、もちろん軍事組織に限ったことではない。企業でも、しばしば起こりうる普遍的な現象である。

たとえば、いまワンマン社長によって経営されている企業について考えてみよう。このような企業では、社長の顔色をうかがいながら社員は常に行動しており、社員は社長の意見と異なるような行動を表面上はとらないだろう。

しかし、どんな企業でも、現場の社員の方が、当然、上層部よりも実際の流行やトレンドをよく理解している。社員は、いまどのような商品が売れているのかについて直感的にわかっている。それゆえ、会社をより効率的に経営し、より会社を発展させて行くためには、企業は現場の声をどんどん取り入れ、上層部もどんどん方針を変化させながら進む必要がある。

しかし、ワンマン体制では、社員は決して本音をいわないだろう。というのも、このような体制では、社員が積極的に意見を述べ、その意見を上層部に伝えるには様々な交渉取引プロセスをたどる必要性があり、このプロセスをたどるためにはあまりにも高い「取引コスト」を負担する必要があるからである。

それゆえ、この取引コストの負担を考慮すると、たとえ会社が非効率的で不正な状態にあったとしても、社員はだれも積極的に発言しようとはしないだろう。これが社員にとっては合理的な行動となる。むしろ、議論をしないで会議を早く終わらせる方が、社員にとってははるかに合理的なのである。

したがって、危機状態にある会社は変わることなく、ワンマン社長による非効率的な経営が合理的に維持されて行くことになる。こうして、ワンマン社長の企業は未来に向かって進化することなく、退化・淘汰・倒産への道を歩むことになる。

このように、組織の不条理はメンバーの非合理性によって発生するのではなく、むしろメンバーの合理性によって生み出される現象なのである。合理性と効率性は、必ずしも一致しないのである。

不条理をもたらす取締役会

同様に、今日、コーポレート・ガバナンス（企業統治）問題の一つとして注目されている取締役会の無機能化についても、日本では同じような不条理が発生していると思われる。たとえば、ほとんどの日本企業では、社長の権力が強い。社長が人事権を握り、社長が自ら判断して辞任する以外に、社長を退任させられるような手続きやメカニズムは日本企業にはほとんどないといわれている。

こうした状況にある日本企業の取締役会では、明らかに社長が打ち出した基本戦略や方針が非効率的でいくぶん不正なものであり、それゆえこのままでは会社の将来が危ぶまれるとわかっていたとしても、取締役員たちが社長の打ち出した戦略や方針を変化させ、より効率的で正当な方向へと修正させることは難しい。というのも、社長の意見を変えさせたり、社長を解任したりするためには様々な調整プロセスと手続きを経る必要があり、そのための取引コストはあまりにも高いからである。

とくに、自分が社長によって取締役に任命され、社長の息がかかっているような場合には、社長の意見に反対し、社長の方針に変更を求めたり、そして社長を解任に追い込んだりするプロセスに参加することは、あまりにもコストは高いだろう。

したがって、このような取引コストを考えると、たとえ社長の独裁のもとに会社が非効率的で不正な方向に進んでいたとしても、現状のまま何もしないでいることの方が取締役員にとっては合理的となる。こういった「空気」が形成されることになる。

もちろん、場合によっては、現状のままでいるコストよりも社長解任に至るコストの方が安い場合もある。しかし、残念ながら、日本では取締役員のクーデターによって社長が解任されたケースは、三越事件以外にほとんどないのが実状である。

このように、不条理な現象は人間の非合理性によって発生するのではなく、人間の合理性によって生み出されるのである。つまり、取引コストの存在によって、人間の合理性と効率性と倫理性は必ずしも一致しないのである。

2　組織の不条理を説明するエージェンシー理論

不条理をもたらすエージェンシー問題

次に、エージェンシー理論[*2]を不条理な現象を分析する理論として新しく解釈してみよう。

この理論では、すべての人間関係はプリンシパル（依頼人）とエージェント（代理人）からなるエージェンシー関係として分析される。一般に、プリンシパルとエージェントはそれぞれ異なる利害を追求し（利害の不一致）、ともに限定合理的なので互いに異なる情報を持っている（情報の非対称性）。

このように、利害が不一致で情報が非対称的なエージェンシー関係のもとでは、合理性と倫理性と効率性は必ずしも一致しないような不条理な現象が発生する可能性がある。つまり、エージェントはプリンシパルの不備に付け込んで、隠れて手を抜き、裏切り、そしてさぼる方が合理的となるような不正で非効率的な状況に陥ることになる。換言すると、正直者が馬鹿をみるような倫理性と合理性が一致しない状況に追い込まれることになる。

たとえば、東海村の臨界事故（一九九九年四月）は、プリンシパルである監督官庁とエージェントである企業との間に起こった一つのエージェンシー問題の事例として説明できる。ここでは、公的利益を追求する監督官庁と私的利益を追求する企業との間の利害は必ずしも一致しなかった。また、監督官庁は完全に企業を監督することはできなかったという意味で両者の間には情報の非対称性も成り立っていた。

このような状況では、たとえ不正で危険な行為であろうと、企業は利己的利益を追求するために、徹底的に作業を合理化し、改善を進めて行くことが合理的となる。実際に、従業員は正式なプロセスである貯塔を利用する代わりに、ステンレス製のバケツを使って、直接、沈殿槽に溶液を入れるという危険で不正な作業を行っていたのである。

しかし、依頼人であるプリンシパルも完全に非合理的ではないので、このような代理人であるエージェントの非効率や不正を抑止しようとする。それゆえ、このような現象を抑止するために、事前に様々な監視制度やインセンティブ制度を導入しようとする。

しかし、このような制度によって、エージェントの悪しき行動が完全に抑制されるとはかぎらない。逆に、プリンシパルが導入した制度によって良きエージェントが淘汰され、悪しきエージェントだけが生き残るような最悪のアドバース・セレクション（逆淘汰）現象も発生する可能性がある。

このように、エージェンシー理論によって、合理的であるが不正で非効率的な不条理現象、合理性と効率性と倫理性が必ずしも一致しないような現象が説明されることになる。つまり、非効率や不正は合理的に起こるのである。

不条理をもたらす軍事組織

たとえば、軍事史上、最悪の作戦といわれている日本軍のインパール作戦も、このような不条理なケースとして分析できる。すなわち、この作戦ではプリンシパルである大本営と、エージェントである第一五軍牟田口廉也司令官との間には利害の不一致があり、しかも日本の大本営と現地の一五軍司令官牟田口との間には情報の非対称性も成り立っていた。

このような状況では、牟田口将軍率いる第一五軍が大本営の命令を無視して勝手に作戦を開始する不正なモラル・ハザード（道徳欠如行動）を起こす可能性があった。そして、それを阻止するために、大本営が出した命令は作戦実施でも作戦中止でもない「作戦実施準備命令」というあいまいな命令であった。

このあいまいな「準備命令」状態が長く続く中、一方で資源配分の効率性に関心のある人々はこの作戦はあまりにも非効率的で高いコストを伴うので、実行されることはないと考え、舞台から去っていった。他方、政治的で利己的利益を追求する人々にとっては、この作戦を中止することはあまりにも個人的にコストが高いと考え、この作戦を実行するために積極的に舞台に上ってきたのである。

こうして、作戦準備命令というあいまいな命令のもとに、この作戦に反対する理性的な人々は舞台を下り、この無謀な作戦を実行しようとする政治的な人々だけが次々と舞台に登場するというアドバース・セレクション（逆淘汰）現象が起こったのである。そして、結果的に成功する見込みのない非効率的な作戦が合理的に実行されていったのである。

　このように、非効率的で非倫理的な組織行動は人間の非合理性によって発生するのではなく、人間の合理性によって生み出されるのである。そのような合理的に非効率的な作戦が実行された不条理な事例が、日本軍のインパール作戦だったのである。このインパール作戦のより具体的な分析は、本書の第5章で展開されるだろう。

不条理をもたらす賃金カット

　さらに、エージェンシー理論によって、賃金制度をめぐる不条理な現象も説明できる。たとえば、いま経営者をプリンシパルとし、社員たちをエージェントとしよう。経営者と社員の利害は異なるので、両者の利害は不一致である。また、経営者は完全に社員の行動を監視できないので、両者の間には情報の非対称性も成り立つ。

　こうした状況で、いま、不況に悩む企業経営者が人件費の節約に迫られているとしよう。この経営者は倫理感にあふれ、人件費節約問題を解決するために、特定の社員を解雇するのはあまりにも忍びないと考え、全社員を対象に一律に賃金カットを行ったとしよう。

　しかし、この賃金カットによって、能力のない社員はなお高い給与が保証されていると考えるので、この企業に居座ろうとするだろう。しかし、能力のある社員は、この賃金カットによって給与はあまりにも低くみえるので、結局、この会社を辞め、別の企業に移ることが合理的となる。こうして、この企業には、能力のない社員たちだけが残るという不条理が起こることになる。

このような倫理的ではあるが非効率的な組織現象は、一見、人間が非合理なために発生する現象のように思われるが、実は個々人がそれぞれ合理的に行動することによって発生する不条理な現象なのである。そして、それゆえに恐ろしい現象なのである。

不条理をもたらす金利

また、銀行の金利についても同じことがいえる。

いま、銀行をプリンシパルとし、借手をエージェントとする。両者の利害は異なり、両者の情報も非対称的である。こうした状況で金融が引き締められ、銀行の資本コストが上昇したとしよう。この状況に対処するために、銀行は平均的な借手に対する貸付からも利益をえるために、一律に金利を引き上げたとする。

この場合、堅実な投資を行うような安全な借手にとって、この金利はあまりに高くみえるので、この銀行から資金を借りなくなるだろう。これに対して、リスクの高い投資を行うような危険な借手にとってはなおこの金利は低く見えるので、借り入れを希望することになる。

こうして、借手の質が低下し、貸出からえられる銀行の収益は、結局、低下することになる。つまり、健全な借手は逃げていき、危険な借手だけが残るといったアドバース・セレクション（逆淘汰）が発生する可能性がある。このような不条理な現象は、人間が非合理なために発生するのではなく、人間が合理的であるために発生するのである。つまり、合理的に非効率な現象が発生するのである。

3　組織の不条理を説明する所有権理論

不条理をもたらす所有権

最後に、不条理な現象を説明する理論として所有権理論[*3]を新たに解釈してみよう。

この理論では、財の所有関係をめぐる不明確さによってもたらされる資源の非効率で不正な利用が分析される。そして、この理論によっても、合理性と倫理性と効率性が一致しない現象、つまり合理的非効率や合理的不正と呼びうる不条理な現象が説明されうる。

この理論でも、取引コスト理論やエージェンシー理論と同様に、人間は利己的利益を追求するが、人間の合理性は限定されており、人間は限定合理的にしか行動できないと仮定される。それゆえ、人間は財のもつ多様な特質を認識できず、その特質をめぐる所有権をだれかに明確に帰属させることはできない。

このような不明確な所有関係のもとでは、財の使用によってもたらされるプラス・マイナス効果をだれにも帰属させられないような無責任な事態が生じることになる。たとえば、公害のような非効率的で非倫理的なマイナス効果が全く関係のない人々に帰属させられる可能性がある。このような状態はマイナスの「外部性」と呼ばれ、その責任が問われるべき所有主体が不明確なために、たれ流し状態になる。

ここで、資源を効率的に正しく利用するためには、財をめぐる所有権をだれかに明確に帰属させ、外部性を内部化するような何らかの所有権制度や法律が必要となる。しかし、このような制度や法律を形成し導入するには、コストがかかる。このコスト負担を考慮すると、以下のように、合理性と効率性と倫理性が一致しないような不条理が発生することになる。

すなわち、もし所有権を明確にする制度を形成するコストがあまりに高く、それが生み出すベネフィットよりもそのコストの方が大きいならば、たとえマイナスの外部性が発生し、ある人々に迷惑をかけ続けることになるとしても、何もしない方が合理的なのである。

不条理をもたらす軍事組織

たとえば、この所有権理論によって、軍隊による捕虜の大量虐殺という不条理な現状が理論的に説明できる。

いま、ある国の軍隊が他国を占領し、多くの住民や兵士を捕虜にしたとしよう。ここで、もし人間が完全に合理的ならば、捕虜や住民を最も効率的に利用する方法とは、彼らをあたかも奴隷のように利用することである。

しかし、人間は限定合理的なので、捕虜や住民がどのような生産能力をもち、どれだけの食事と睡眠を与えれば、どれだけ効率的に働くのかを十分に知ることができない。つまり、人間は人間を奴隷として完全に所有することはできないのである。

このような不明確な所有状況では、占領軍が捕虜や住民に食事や睡眠時間を十分与えても、彼らは巧妙に手を抜いたり、仮病を使ったりしてまったく働かないかもしれない。この場合、占領軍にとってマイナス効果としてのマイナスの外部性が発生することになる。

このような外部性を内部化し、捕虜や住民を効率的に利用するために、占領軍は彼らの能力や行動を厳密に調査し監視し続ける必要があり、それはあまりにもコストが高い。また、何もしないで捕虜や住民をただ生かしておけば、食事などの維持費だけがいたずらに増加し続けることになる。

このようなコストを節約する合理的な方法の一つは、捕虜や住民を大量虐殺し、捕虜を所有すること自体を放棄するという最も非効率的で非人道的な方法となる。このように、人間を奴隷として所有しようとすると、人間は残虐で非効率な大量虐殺へと合理的に導かれる可能性がある。

このような不条理を回避するために、逆に労働に対してアウト・プットの一部、たとえば休日、生産物の一部、そして金銭を捕虜に与え、彼ら自身から積極的に働くインセンティブを引き出す管理方法が必要となる。つまり、労働をめぐる所有権の一部を本人たちに帰属させるという方法である。このような方法を実行してみせたのが、今村均のジャワ軍政である。この今村均のジャワ軍政の具体的な分析は、本書の第６章で展開される予定である。

不条理な組織的隠蔽をもたらす連帯責任制度

このような不条理は、もちろん現代の組織においても発生する。たとえば、メンバーのだれかが問題を起こした場合、それがメンバー全員の責任となるような連帯責任制度あるいは全体責任制度について考えてみよう。

この制度は、もしメンバーのだれか一人が悪しき行動をとり、それが発覚したならば、その人が罰せられるだけでなく、何も悪いことをしていない他のメンバーも同じように罰せられるというマイナスの外部性を生み出すあいまいな所有権制度の一種なのである。

とくに、このような連帯責任制度的な状況に置かれているのは、公務員や有名な大企業の従業員たちである。というのも、もし一人の公務員あるいは一人の従業員が不祥事を起こしたならば、日本ではその批判は当人だけではなく、その所属省庁あるいはその所属有名企業全体がマスコミを通して世間から批判されるような状況に置かれているからである。

　ここで、もしすべてのメンバーが完全に合理的ならば、連帯責任制度のもとでは各メンバーは他人に迷惑をかけないように（マイナスの外部性を出さないように）事前に自己統治するだろう。また、他のメンバーも互いに悪しき行動をとらないように（マイナスの外部性を避けるために）事前に相互に監視し合うだろう。

　したがって、このような連帯責任制度あるいは全体責任制度にもとづく組織では、マイナスの外部性は抑制され、不祥事は未然に抑止されるので、不祥事は発生せず、効率的に集団的な生産性を高めることができるだろう。

　しかし、実際には、すべての人間は限定合理的である。それゆえ、人間はすべての失敗を事前に予測できないし、事前に抑止することもできない。どんな人間も不完全なのであり、必ず一度は失敗する。しかも、それが違法で不正なものであることに気づくのにも時間がかかるかもしれない。

　ここで、もし連帯責任制度のもとであるメンバーが自らの犯した不正を良心にしたがって正直に公表すれば、他の組織メンバー全員に迷惑がかかることになり、組織にとってコストは最大となるだろう。これに対して、違法であれ不正であれ、世間の人々の不備につけ込んで不正を隠蔽することができれば、組織にとってコストは最小となる。したがって、当該のメンバーにとって、たとえ非倫理的で不正であろうと、不正を隠し続けた方が合理的となるといった不条理に導かれるのである。

同様に、あるメンバーが自らが犯した不正を上司に相談したとしよう。上司もまた同じ不条理に導かれることになる。もし部下の不正を公表すれば、自らの地位が危ないとともに組織全体の存在も危なくなるだろう。これに対して、もし人間の不備につけ込んで不正を隠蔽することができれば、たとえそれが違法であれ、自らと他のメンバーが負担するコストは低くなる。したがって、この場合、組織的に隠蔽工作を行うことが合理的となるといった組織の不条理が発生することになる。

高速原子力増殖炉「もんじゅ」の事故内容をめぐる組織的な隠蔽行動、神奈川県警の内部不祥事をめぐる組織的隠蔽行動、防衛庁の内部不祥事をめぐる組織的隠蔽行動の背後には非合理性ではなく、このような合理性が働いていたのである。

不条理をもたらす行政組織

また、所有権理論によって公害をめぐる不条理な行政の行動も説明することができる。

たとえば、いまゴミ処分場で設置されていたゴミを包み込む巨大なゴム製のビニール・シートの一部が破れ、そのゴミ処分場から漏れ出る廃液によって地下水が汚染され、付近の地域住民の飲料水が汚染されているとしよう。それに気づいた住民たちは、ゴミの所有権が行政に帰属することを明確にし、行政にその責任をとらせ、そして早急にゴミ処分場を移転させるために、訴訟を起こしたとしよう。

これに対して、もし行政側がそのゴミの所有権を認め、その責任をとり、そしてゴミ処分場を移転させ、新たにゴミ処分場を探そうとすれば、巨大なコストが発生することになる。とくに、その担当者は、通常、定期的に配置転換があり、実質的な任期が三年ぐらいであるとすれば、三年間でゴミ処理場の移転プロジェクトを計画し実行するコストは無限大となる。

このような状況では、たとえ行政側が裁判に敗れ、ゴミ処理場の移転を命じられたとしても、実際にはその命令に応じないで、違反金を払い続けた方が合理的という不条理が発生することになる。つまり、非倫理的ではあるが、何もしない方が行政側にとっては合理的になるのである。このような不条理現象は、人間の非合理性によって生み出されるのではなく、人間がある程度合理的であるために発生する現象なのである。

結語

以上のように、今日、新制度派経済学と呼ばれる取引コスト理論、エージェンシー理論、そして所有権理論によって、様々な組織の不条理現象が理論的に分析できる。これらの理論によれば、人間の合理性と効率性と倫理性(正当性)は必ずしも一致するわけではない。

何よりも、このような不条理は人間の非合理性ではなく、むしろ人間の合理性によって生み出される現象だといえる。このような不条理を、われわれ人間はいかにして回避できるのであろうか。

以下、大東亜戦争で展開された日本軍のいくつかの戦闘事例を分析し、人間の合理性のために非効率や不正に陥った不条理なケースと不条理を回避したケースを取り上げる。そして、これらの事例から、いかにして人間は組織の不条理を回避できるのかについて考えてみたい。

註

＊1　取引コスト理論については、Coase（1937），Williamson（1975）および本書第1章参照。

＊2　エージェンシー理論については、Jensen and Meckling（1976）および本書第1章参照。

＊3　所有権理論については、Alchian（1965），Coase（1960），そしてDemsetz（1967）および本書第1章参照。

第Ⅱ部　組織の不条理と条理の事例

第3章　大東亜戦争における日本軍の興亡
――日本軍はどのように戦ったか

大東亜戦争における日本軍の行動は不条理に満ちている。

第Ⅱ部では、日本軍の戦闘行動から、不条理に陥った事例として「ガダルカナル戦」と「インパール作戦」を取り上げる。また、日本軍が不条理を回避した事例として「ジャワ軍政」「硫黄島戦」「沖縄戦」を取り上げて、具体的に分析する。

この章では、これら具体的な事例分析に入る前に、これらの戦いが大東亜戦争においてどのような歴史的位置にあるのか、とくに、日本陸軍の動きを中心に明らかにしたい。[*1]

1　日本軍の南方作戦

日本陸軍の状況

さて、第一次世界大戦後の日本陸軍の装備は欧米の一流国に比べて著しく劣っていた。というのも、第一次世界大戦中に西洋列国が次々と新兵器を開発していったのに対して、日本陸軍はドイツの東アジアの根拠地であった青島(チンタオ)だけを攻略し、大戦にはほとんど関与しなかったからである。

その後、日本陸軍は、軍備を増強した極東ソ連軍にノモンハン事件で惨敗した。その教訓から、日本陸軍にも近代化のチャンスはあった。

しかし、ここでも陸軍の近代化は進められなかった。というのも、当時、中国戦線が泥沼化していたために日本軍はかなり消耗し、近代化を進める経済的余裕がなかったからである。また、日露戦争において装備の優れたロシア軍に勝った理由を強い精神力に求めてきた陸軍には、そもそも近代化された装備を積極的に受け入れようとする組織文化がなかったのである。

こうした状態にあった日本軍が単独で中国と戦っている間は、中国に対する英米の態度は心情的なものにとどまっていた。英米は中国の抵抗力に期待し、日本の国力を消耗させるような政略に終始しているだけだった。

しかし、第二次ヨーロッパ戦争が勃発し、日独伊三国同盟が結ばれ、そして日本軍が南部仏印（現、ベトナム）に進駐すると、日本に対する英米の態度は急速に硬化した。そして、欧米列強によって日本は厳しい経済封鎖を受けることになった。

こうした緊迫した状態のなかで、一方で米国と外交交渉を進めるとともに、他方で大本営陸海軍部は真珠湾奇襲作戦を海軍を中心に想定し、南方の油田地帯を確保するために南方地域を一斉に攻略して占領する南方作戦を陸軍を中心に想定しはじめた。

第一段作戦

このような日本軍の作戦全体は、当時「第一段作戦」と名づけられていた。しかし、続く「第二段作戦」はほとんど想定されていなかった。

この第一段作戦における陸軍主体の南方作戦の戦略目的は、蘭印（らんいん）（現、インドネシア）の油田地帯を押さえることにあった。そのために、香港（ホンコン）、マレー、そしてフィリピンは、日本軍が蘭印に至るために制圧しておく必要のある関門であった。また、ビルマ（現、ミャンマー）は、日本軍が蘭印を入手した後で、背後を脅かされないための安全地帯として占領する必要があった。こうして、第一段作戦は、以下のように壮大なものとなった。

①まず、英国領香港を攻略する。
②次に、米国領フィリピンを占領する。
③さらに、英国領マレー半島とシンガポールを攻略する。
④そして、英国領ビルマを攻略する。
⑤最後に、オランダ領蘭印を攻略し、これによって油田地帯を確保する。

そして、これらの作戦を遂行するために、寺内寿一（てらうちひさいち）大将を司令官とする南方軍が新たに創設された。

当時の日本陸軍の兵力は、五一個師団、航空兵力二五〇〇機、戦車一八〇〇両からなり、総兵力は約二一〇万人であった。これらのうち、南方作戦に配置されたのは一〇個師団である。本土防衛軍には四個師団、朝鮮軍には二個師団、満州関東軍には一三個師団、そして支那派遣軍には二二個師団（香港攻略のための一個師団を含む）が配置された。

とくに、南方作戦を遂行する南方軍は、次のように編成された。

①香港を攻略するために、酒井隆（さかいたかし）中将率いる支那派遣軍第二三軍の第三八師団と重砲歩兵連隊が配置された。
②また、フィリピンを攻略するために、本間雅晴（ほんままさはる）中将率いる第一四軍が配置された。
③さらに、マレー・シンガポールを攻略するために、山下奉文（やましたともゆき）中将率いる第二五軍が配置された。

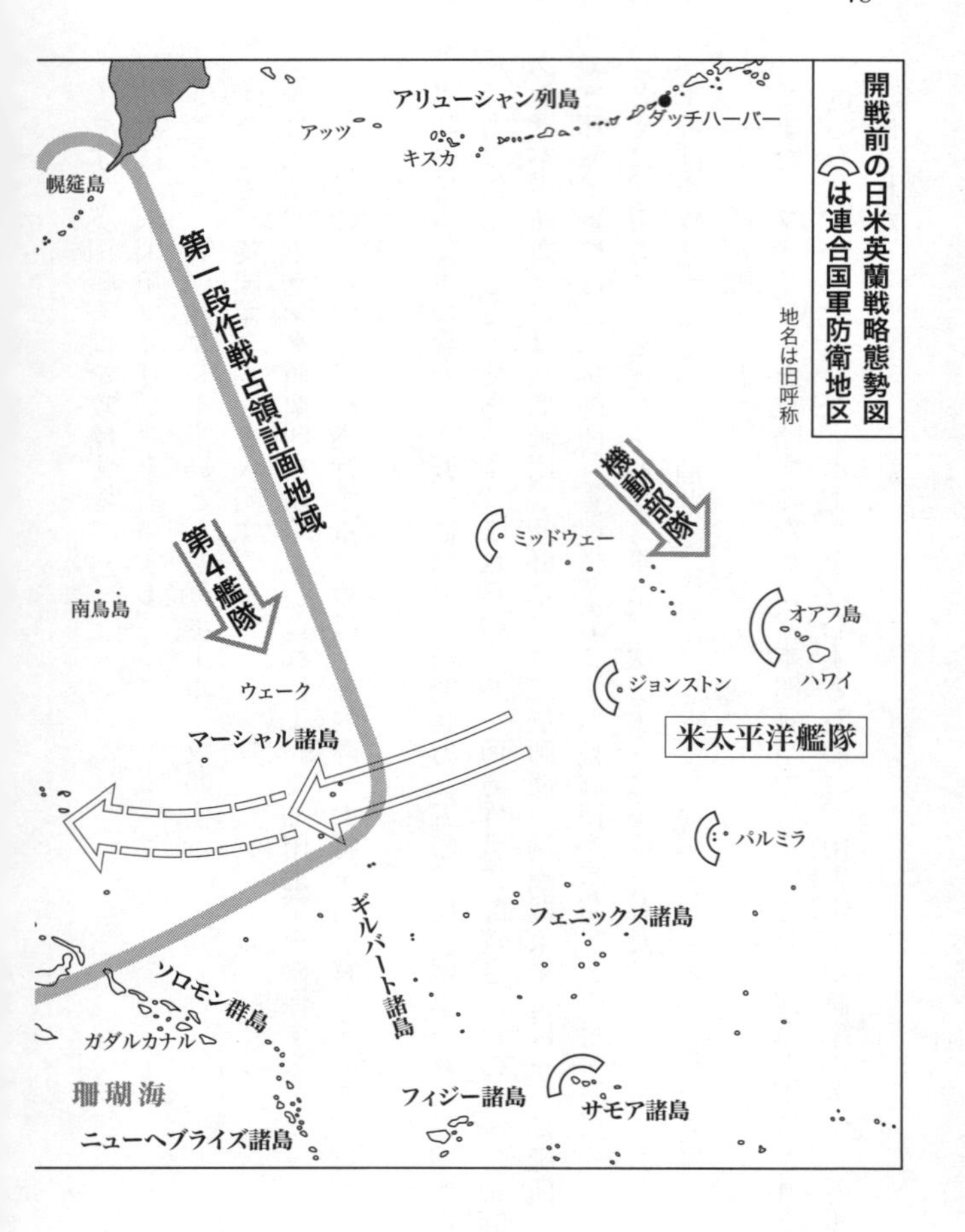
開戦前の日米英蘭戦略態勢図
◠は連合国軍防衛地区
地名は旧呼称
アリューシャン列島
アッツ
キスカ
ダッチハーバー
幌筵島
第一段作戦占領計画地域
第4艦隊
機動部隊
ミッドウェー
南鳥島
オアフ島
ハワイ
ジョンストン
ウェーク
マーシャル諸島
米太平洋艦隊
パルミラ
ギルバート諸島
フェニックス諸島
ソロモン群島
ガダルカナル
珊瑚海
フィジー諸島
サモア諸島
ニューヘブライズ諸島

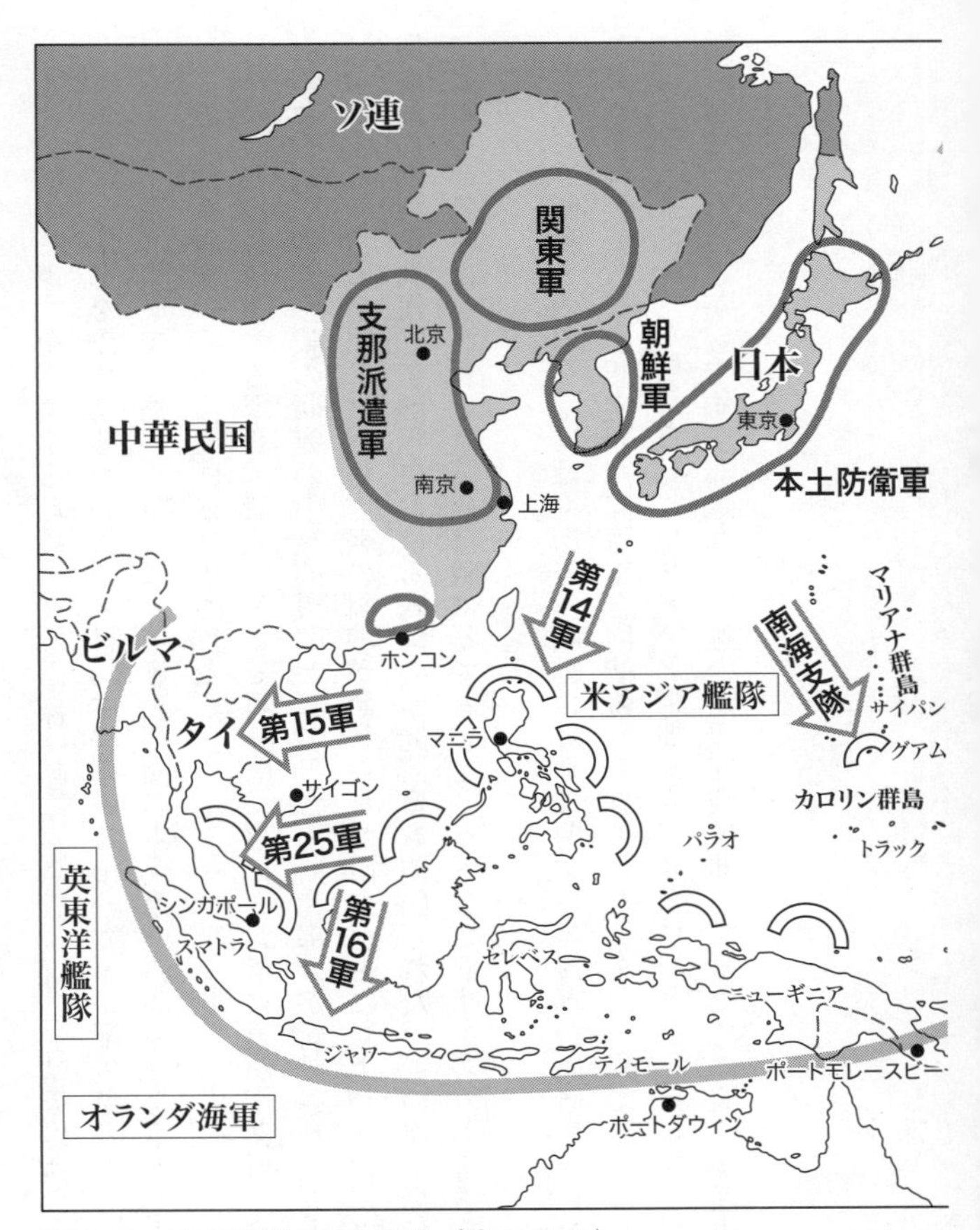

図３−１　南方作戦と兵力展開（池田, 1995）
©文殊社〔近現代フォトライブラリー〕

④そして、ビルマを攻略するために、飯田祥二郎（いいだしょうじろう）中将率いる第一五軍が配置された。
⑤最後に、蘭印を攻略するために、今村均中将率いる第一六軍が配置された。
⑥また、米国領グアム島の攻略には、第五五師団の歩兵第一四四連隊を主力とする堀井（ほりい）富太郎（とみたろう）少将率いる南海支隊が編成された。

この南方作戦に関する調査、研究、そして訓練は、昭和一五年末頃から真剣に開始された。とくに、南方作戦の研究の中核的機関として「台湾研究部」が新設された。上陸作戦に参加する予定の師団には上陸作戦の訓練が命じられ、南方地帯に風土が非常によく似た海南島（かいなんとう）の密林を利用して熱帯における戦闘の研究演習も開始された。この海南島での演習によって、陸軍は「これだけ読めば戦に勝てる」というポケットサイズの小冊子を編纂すらしていた。

さらに、昭和一六年半ばには、南方作戦総合計画に関する陸海軍合同研究が行われ、シンガポール要塞攻撃を想定した陸海軍合同演習も実施された。また、一〇月には空挺部隊（パラシュート部隊）が創設され、パレンバン精油施設占領を目的とする具体的な訓練も開始されていた。しかも、航空部隊も長距離の海洋作戦に即応するための演習が反復して行われていたのである。

開戦への道

このような大規模でかつ緻密な作戦準備は、昭和一六年の年末にはほぼ終わろうとしていた。日本政府はこのような作戦準備と並行してなお日米交渉を続け、その交渉成果に一縷の希望を抱いていた。そして、もし米国との交渉が成功し、作戦が中止になったならば、一二月七日夕方までに特別命令が伝えられることになっていた。

しかし、日米交渉は、最終的に決裂した。そして、一二月一日に歴史的御前会議によって対米英蘭開戦の聖断が下された。開戦日は、敵の休息日である日曜日、一二月八日に決定されたのである。

ところが、一二月一日夜に最悪のアクシデントが発生した。支那派遣軍の杉坂共之少佐が搭乗する中華航空機が、広東付近の敵地区に不時着したのである。杉坂少佐は、中国戦線の広東にある第二三軍司令官宛の香港攻略作戦に関する命令書を携えていた。もしその命令書が敵の手に渡り、英米側に通告されたならば、日本軍に多大な影響が出ることは間違いなかった。奇跡的に不時着地点を脱出した杉坂少佐は戦死したが、同行した久野寅平曹長が友軍戦線にまでたどり着いた。そして、重要書類はすべて処分したことが伝えられ、軍首脳は胸をなでおろしたのである。

こうして、一二月二日、杉山元参謀総長から南方軍総司令官寺内寿一宛に、隠語電報

『ヒノデ（開戦日）』は『ヤマガタ（八日）』トス」が発信された。そして、日本帝国陸海軍は、国運を賭けた「開戦日」一二月八日を息を潜めて待ったのである。

2　日本軍勝利への道

開戦

さて、今日、海軍の真珠湾攻撃が注目されているが、実際には陸軍によるマレー半島コタバル上陸の方が、海軍の真珠湾攻撃よりも早く展開されていた。[*2]

より正確にいえば、昭和一六年一二月に外交交渉が決裂し、一二月二日に作戦実施命令が出された。一二月八日、日本時間午前二時三〇分に帝国陸軍第一八師団侘美(たくみ)支隊がマレー半島コタバルに上陸を開始し、午前三時一九分に帝国海軍の第一航空艦隊が真珠湾奇襲攻撃を開始したのである。午前四時二〇分に、野村大使・来栖(くるす)特使がハル米国務長官に最後通牒を手交した。

午前七時、ラジオから国歌と軍艦マーチが鳴り響き、「帝国陸海軍は本八日未明西南太平洋において米英軍と戦闘状態に入れり」という大本営発表が放送された。そして、その日の朝、小学校の教師と生徒全員が校庭に集められ、緊張した校長が、日本が米国・英国との戦争に入ったことを生徒に伝えたのである。

一五〇日間の壮大なドラマ

その後の日本軍の快進撃は、あたかも壮大なドラマであるかのようだった。

まず、昭和一六年一二月二五日クリスマスに、酒井中将率いる第二三軍第三八師団が作戦どおり香港占領に成功した。当時の英国首相チャーチルは「生涯最悪のクリスマス」と嘆いた。

一万五〇〇〇名の日本軍は、三方向から香港島に上陸し、各地で英国軍と激戦を交えた。一万二〇〇〇名の香港島の英国軍は、大英帝国のメンツにかけて少なくとも六ヶ月は抵抗する予定であった。しかし、一二月二五日、ヤング総督とモルトビー少将が、突然、降伏を申し入れてきた。貯水池を日本軍に押さえられ深刻な水不足に陥ったことが、英国軍降伏の理由であった。

翌昭和一七年一月二日には、本間中将率いる第一四軍が作戦どおりマニラ占領に成功した。日本軍は約六万五〇〇〇人であったのに対して、米比軍は約一三万人であった。しかし、台湾から発進してきた日本軍陸海航空隊による奇襲攻撃によってフィリピンの米国空軍と海軍は完全に壊滅された。そして、日本軍のフィリピン上陸とともに、米国司令官マッカーサーは首都マニラを無防備都市（オープン・シティ）宣言して、バターン半島へと移動していったのである。そのため、本間中将率いる日本軍は、一月二日にマニラを無血占領することができた。

その後、マッカーサーはからくも魚雷艇で脱出し、ミンダナオ島から飛行機でオーストラリアに到着した。空港で、「フィリピン解放のために私はまたもどる」と明言し、その「アイ・シャル・リターン」が米国で流行語となった。日本軍はそれを知らず、米国向け放送の「東京ローズ」は、バターンやコレヒドールに立てこもるマッカーサーを捕まえて宮城前広場で処刑し、さらし首にすると連日叫んでいたのである。

マレー半島では、良好な道路が整備されていたので、作戦速度を早めるために、山下中将率いる第二五軍は伝統的な騎馬ではなく、自転車を装備した「銀輪部隊」を送り込むというきわめてイノベーティブな行動をとった。そして、上陸後、五五日という驚異的な速度で日本軍はマレー半島を席巻し、シンガポール対岸のジョホールバルに集結した。シンガポールを攻める日本軍は約六万人、守る英国軍は一三万人であった。日本軍は、二月一一日の紀元節に完全占領という目標を立てて攻撃を開始した。

しかし、英印軍の抵抗は予想以上に激しく戦況は一進一退が続いた。

目標の紀元節もすぎ、二月一五日になると、日本軍の砲弾も底をついた。そこで、軍司令部は、一時、攻撃を中止し、新しい砲弾が到着するまで攻撃を控えるかどうかを検討しはじめていた。

そのとき、英国軍から停戦の申し入れがあり、第二五軍はシンガポール占領に成功したのである。英国軍は給水施設に損害を受け、しかも食糧が底をついていた。

当日、午後七時、フォード自動車工場で山下司令官と英国軍パーシバル中将が会見した。山下軍司令官がイエスかノーかと強く降伏を迫ったニュース映画シーンは、日本では有名になった。しかし、山下自身はそれほど強圧的な態度ではなかったと後に不満をもらしている。インスタントな通訳がデリケートな部分をうまく通訳できず、ニュース映画のコマの回転数の関係もあって強圧的にみえていたのである。むしろ、山下は人情家であり、敗者をいたわり、シンガポール入城式をやらなかった。しかも、将兵がシンガポール市内に立ち入ることとさえ禁止し、トラブルが起こるのを防いだのである。

このマレー半島上陸からシンガポール占領までの世界戦史に残る大作戦を指揮し、大勝利を飾ったことにより、山下奉文は「マレーの虎（ハリマオ）」との異名をとり、非常に人気が出た。しかし、五ヶ月後、山下は、嫉妬深い首相兼陸相、一期先輩の東条英機（とうじょうひでき）によって満州へ追いやられてしまった。

三月八日には、飯田祥二郎中将率いる第一五軍がビルマの首都ラングーンを占領した。約一五万人の英国軍と中国軍に対して、無謀にも二万人の兵力で日本軍は挑んでいった。正面攻撃では打つ手がないので、日本軍は敵の背後にまわって夜襲による白兵突撃を繰返した。この攻撃によって、敵は大隊長が生け捕りになるなど、大混乱に陥って敗走した。

しかし、機械化部隊であり、強力で大軍の英国軍の抵抗に、飯田中将は第三三師団だけでは首都ラングーンの攻撃は無理ではないかと躊躇していた。

このとき、ラングーンの敵本隊から発信された暗号ではない平電報「大至急貨物を送れ」を日本軍は傍受した。これによって、敵は混乱し退却準備状態にいると判断した飯田中将は、一転して首都ラングーン攻撃命令を下したのである。こうして、日本軍によってラングーンは占領された。

三月九日には、今村司令官率いる第一六軍が予定どおり南方作戦の最終目的である蘭印のバンドン占領に成功した。総兵力八万人の蘭印軍に対して、日本軍は五万五〇〇〇人の歩兵中心の兵力で戦いを挑んだのである。この戦いでは、日本陸軍の空挺部隊、いわゆる「落下傘（らっかさん）部隊」が活躍した。インドネシアが一七世紀初頭にオランダ領になって以来、「天から白い衣をまとった神が舞い降りてきて、圧政から救ってくれる」という伝説がインドネシア各地にいきわたっていた。インドネシア住民にとって、日本軍の落下傘部隊は白い衣をまとった神にみえたのである。こうしたインドネシア人の協力があって、日本軍はジャワもまた比較的スムーズに占領できた。

そして、この蘭印攻略作戦で見落とされてはならないのは、占領後の「ジャワ軍政」の成功である。今村均将軍は、大本営および上層部からの激しい批判にもかかわらず、一貫して民族主体の穏健統治をジャワで展開し続けたのである。ジャワ軍政の正当性と効率性、逆にいえば軍事独裁の非正当性と非効率性、そしてそれがもたらす不条理については、第6章でより具体的に説明したい。

以上のような日本軍の快進撃のあまりのすごさゆえに、当時の日本帝国陸軍は近代的な機械化師団であり、その攻撃は電撃攻撃であり、しかも日本陸軍は当時、白兵戦では現代の戦争には勝てないことをすでに見抜いていたという見解もある。[*3] しかし、それは誤解である。

これら一連の陸軍の快進撃は、いずれも基本的には精神主義と白兵突撃を基礎としていた。とくに、マレー半島は密林が多く、この自然がまったく偶然に機械化部隊よりも、白兵銃剣突撃の方に有利に働いたのである。日本兵は、裸足のまま鉄条網をおどり越えて敵陣に突っ込み、電信兵は銃弾をあびつつ我が身を支柱にして通信線をはり続け、隊長は軍刀をかざして走ったのである。彼らにとって、食糧不足、水不足、そして地形の悪さといった物質的問題も、国家のために個人が死ぬことも、それほど問題ではなかったのである。このような日本軍に対して、この時期に降参した英国軍、オランダ軍、そして米軍の降参理由のほとんどが、食糧不足、水補給困難などの資源不足と、人的資源の保全だったことは注目に値する。

戦勝の実感

さて、以上のような日本軍の驚くべき快進撃によって、日本中が勝った勝ったのお祭り騒ぎとなった。日本国内では、大戦果が次々とラジオの臨時ニュースで伝えられた。そして、その後でその内容は改めて新聞によって活字として発表された。さらに、その活字の内容は、次々と封切られる映画館のニュースによって映像として裏づけられていったのである。

当時、どこの家でも壁に東南アジアの地図が貼ってあった。そして、日本軍の戦果が発表されるたびに、日の丸が地図に書き込まれ、日本の領土は大きくなっていった。また、靖国神社では、南方戦線で獲得した敵の兵器が次々と陳列された。さらに、占領地マレーのゴムで作られた「祝シンガポール陥落」とプリントされたゴムまりも幼稚園児や小学生に配られた。そして、南方産の外米も日本にどんどん輸入されてきたのである。

また、戦地から連絡のために帰国する将兵たちは、舶来の時計やワニ革の靴やハンドバッグを土産に持ち帰った。とくに、陸軍省では、マニラで分捕ったアメリカ映画「風と共に去りぬ」の試写会を催したりもしていた[*4]。これらすべてが、日本軍の戦勝を実感させるものだったのである。

3　日本軍敗退への道

日本軍のターニング・ポイント

以上のように、「第一段作戦」は予想をはるかに超える早さで達成されつつあった。しかし、その後の「第二段作戦」は先に述べたようにほとんど決められていなかった。

こうした状況で、次の戦闘地をめぐって陸軍と海軍との間に対立が起こった。そして、また海軍内部の軍政部（軍事行政担当）と軍令部（軍事作戦担当）との間にも対立が起こっていた。しかし、結局、山本五十六（やまもといそろく）連合艦隊司令長官の強い要望によりミッドウェーに決定された。

昭和一七年六月五日から六日にかけて、山本五十六率いる連合艦隊は、米軍とミッドウェー海戦を繰り広げることになる。しかし、日本海軍はこのミッドウェー戦で大敗した。以後、海軍は負け続けることになる。この意味で、今日、ミッドウェー海戦は日本軍の海戦における敗北のターニング・ポイントとみなされている。

他方、日本陸軍は昭和一七年八月二一日に、一木（いちき）支隊がガダルカナル島を奪回するために米軍に対して白兵突撃を決行し、米軍の近代兵器の前に完全に撃滅されるという敗北を経験する。その後も、ガダルカナル島で日本軍はさらに二度にわたって白兵銃剣突撃作戦を繰り返すが、いずれも米軍によって撃滅された。

結局、翌昭和一八年二月一日に撤退命令が下され、日本軍はガダルカナル島から撤退を開始することになった。

この「ガダルカナル戦」以後、日本陸軍は負け続けることになる。それゆえ、ガダルカナル戦は、日本軍の陸戦における敗北のターニング・ポイントとみなされている。しかも、このガダルカナル戦以後、大本営は正確な損害を公表することなく、銃後の日本国民に対して戦争は勝ちつつあるという錯覚を与え続けていくことになる。とくに、ガダルカナル戦では、日本軍は「撤退」ではなく、「転進」したと放送された。

このガダルカナル戦における日本軍の不条理な行動をめぐる新しい分析を、第４章で展開してみたい。

絶対国防圏構想

このガダルカナル戦以後、南方では東部ニューギニアが絶望的な状態となっていた。そして、昭和一八年四月一八日には、山本五十六連合艦隊司令長官もブーゲンビル島上空で米軍に撃墜され、戦死した。

五月二九日には、アッツ島守備隊が玉砕（ぎょくさい）した。これが大東亜戦争で日本国民が初めて聞いた「玉砕」という言葉の始まりだった。七月二九日には、キスカ島の守備隊は玉砕することなく、奇跡的に撤収された。

こうした状況で、陸軍の参謀本部では、戦線を縮小しようという意見が出始めた。他方、前進基地での決戦主義をとっている海軍は、この戦線縮小案に対して断固として反対していた。大本営陸軍部と海軍部では戦況検討会を開いたり、合同の図上演習を行ったりして、相互にその妥協点を探り始めていたのである。

そして、まとめられた妥協案が「絶対国防圏」構想である。それは、「今後採ルヘキ戦争指導ノ大綱」として政府連絡会議に提出されたものであり、戦争遂行上絶対確保すべき要域を、千島、小笠原、内南洋（中西部）および西部ニューギニア、スンダ、ビルマを含む圏域とするものであった（次ページ図3―2）。この妥協案が正式に決定されたのは、昭和一八年九月三〇日の第一一回御前会議においてであった。

しかし、この新構想も空虚なものでしかなかった。というのも、日本国内にはこの新しい防衛線を守るために新たにそそぎ込む兵力はまったくなかったからである。

それゆえ大本営は、若い現役兵で構成されている関東軍の精鋭を満州から南方各地に転用し始めることになった。

しかし、このような軍の再編成も、結局、米軍の人的物的な底力に圧倒され、以後日本軍は一方的な敗退の道をたどることになる。

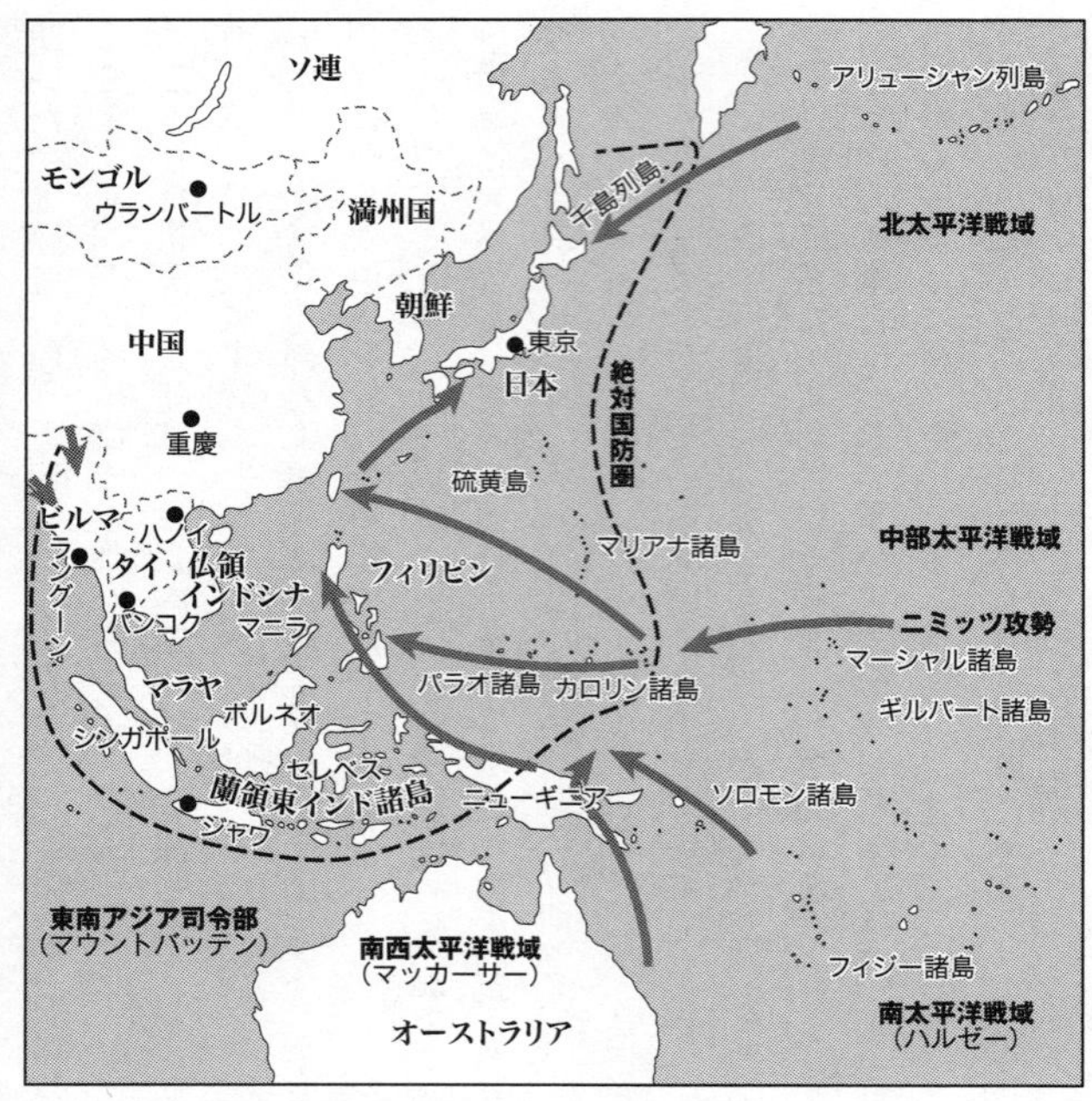

図3-2　絶対国防圏（現代タクティクス研究会, 1994）

日本軍の敗退

米軍の反攻は、日本軍が予想していたよりもはるかに早かった。昭和一八年一一月二四日には、マキン島守備隊が玉砕した。一一月二五日にはタラワ島守備隊が玉砕した。昭和一九年二月六日にはクェゼリンの日本軍守備隊が玉砕し、二月二三日にはブラウン環礁の日本軍守備隊も玉砕した。

こうした太平洋南方の戦況の悪化を打開するために、ビルマ・インド方面では補給が困難で、しかも制空権もないために戦闘を継続できないことを知りつつ、軍事史上最悪の作戦といわれているインパール作戦が、第一五軍牟田口廉也司令官の強い要望により浮上してくることになる。

このインパール作戦については、大本営でも各部隊でも当初から大多数の人々が反対していた。しかし、結局昭和一九年三月八日、この実行不可能な作戦が断行されるという不条理が起こるのである。そして、多くの人々が予想したとおり、この作戦は完全に失敗し、同年七月四日に作戦中止命令が出されることになる。この戦いによって、膨大な数の将兵が餓死した。そして、上下司令部間の相互不信や命令不服従などの日本軍組織をめぐる多くの欠陥も暴露された。

このように、明らかに失敗が予想された作戦がどうして実施されることになったのかをめぐって、今日、日本軍の非合理性が強調されているが、第5章ではこれとは異なる新しい解釈を行う。

他方、南方では米軍が絶対国防圏内のマリアナ諸島を攻撃し始め、昭和一九年六月一九日から二〇日にかけて展開されたマリアナ沖海戦でも日本海軍は米軍に大敗した。このとき米軍は、戦闘機の機体に直接当たらなくても、電波を発信しそれに反応して機体の近くで爆裂する「VT（近接）信管」を装備した砲弾を開発していた。この新兵器によって、日本軍の戦闘機は「マリアナの七面鳥撃ち」と呼ばれるほど簡単に撃墜された。

六月二八日には、ビアク島の日本軍守備隊が玉砕した。六月二四日には、大本営はサイパン島の放棄を決定していた。当時、サイパン島に六万人以上いた日本人は、大本営に見捨てられたことも知らず、勇敢に戦っていた。武器や爆弾の補給のない日本軍と邦人は、やがて島の北部に追いつめられ、七月七日にバンザイ総攻撃によってサイパン島守備隊は玉砕した。残された八〇〇〇あるいは一万二〇〇〇ともいわれる邦人は、「バンザイクリフ」あるいは「スーサイドクリフ（自殺の崖）」と呼ばれるマッピ岬とマッピ山の断崖から次々と身を投げるという悲劇が起こったのである。

八月三日には、テニアン島守備隊が玉砕し、八月一一日にはグアム島守備隊も玉砕した。とくに、グアム島では、サイパンと同じような悲劇が起こっていた。[*5] 武器の補給のない日本軍は、熊手、杖、野球のバット、さらにビンの破片を持って、喚声をあげながら米軍に突進していった。また、当時、グアム島には民間会社の駐在員や農園経営者、その従業員家族、慰安婦などの一般邦人がいた。邦人男子は軍属として戦闘に参加して、ほとんどが戦死した。悲惨だったのは、婦女子であった。憲兵隊に山の断崖に誘導され、飛び降り自殺を強要された。そして、飛び降りることができない人間は、憲兵が手を数珠つなぎにして、その真ん中に手榴弾を投げて殺したといわれている。しかも、手榴弾も少なかったために、なかなか死にきれないで苦しんでいた人々も多かったという。さらに、赤ん坊が泣くと、敵に場所が知られるということで、憲兵隊は子供を海に投げ捨てろと命令していたともいわれている。

一方、中国方面でも、昭和一九年九月一〇日に中国雲南省拉孟（らもう）の日本軍守備隊が玉砕し、九月一四日には中国雲南省騰越（とうえつ）の日本軍守備隊も玉砕した。

このように、マリアナ沖海戦以後、サイパンを失うことによって絶対国防圏構想は完全に失敗した。それゆえ、大本営は新たな作戦として捷号（しょうごう）（勝つという意味）作戦を立てた。この作戦は連合軍の進行を予想し、フィリピンでの決戦を捷一号作戦、台湾・南西諸島での決戦を捷二号作戦、本土決戦を捷三号作戦、そして北海道・千島・樺太での決戦を捷四号作戦と名づけるものであった。

しかし、この作戦もまた成功しなかった。米軍は、着実にかつ迅速に日本本土に接近してくるのであった。

まず、昭和一九年一〇月一九日には、アンガウル島の日本軍守備隊が玉砕した。一二〇〇名の日本軍に対して、米軍は二万一四〇〇〇名を投入した。それは一対一八の戦いであった。

そして、一〇月一七日、暴風雨のなか、マッカーサー軍がフィリピン・レイテ湾に進入し、二〇日にレイテ島、タグロバン、そしてドウラグなどへと続々上陸した。マッカーサーは、フィリピン・ゲリラ部隊に向かって「アイ・シャル・リターン」と放送し、二年前の約束を果たした。また、マッカーサーは、上陸シーンの映画撮影では自らNGを出してやり直すほど、フィリピン上陸に執念を燃やしていた。

このレイテ島に上陸した大量の米軍を相手に、日本軍の守備隊であった第一六師団はまったく無力であった。長く中国戦線で戦ってきた第一六師団は、見たこともない米軍の強力な新兵器にひとたまりもなく、一〇日間で一万人が戦死した。その後、次々と各島から増援部隊が送り込まれたが、その武器弾薬食糧は輸送船とともにほとんど沈められた。こうした状況で、日本軍が数発大砲を打つと、米軍からは一五分間に四〇〇〇発返ってくるという圧倒的な火力の差によって日本軍は全滅した。

一方、一〇月二三日から二六日にかけて展開されたレイテ沖海戦でも、日本海軍は大敗した。このレイテ沖海戦において、マニラ近郊のクラーク基地を発進した神風特別攻撃隊「敷島隊（しきしまたい）」がフィリピン東方海上で米機動部隊に体当たり攻撃を開始し、米国護衛艦を撃沈する戦果を挙げた。これが特攻の始まりだった。

さらに、ペリリュー島では、中川州男大佐率いる日本軍守備隊が洞窟陣地を利用して長期持久戦にもち込み、米軍を苦しめたものの、一一月二四日、ついに玉砕した。中川大佐は、死後、二階級特進し、中将に昇進した。この戦いで、日本軍は初めて洞窟陣地・持久作戦を展開し、長期にわたって米軍を悩ませたのである。

翌昭和二〇年一月九日には、米軍一九万人がフィリピン・ルソン島に上陸を開始した。これに対して、日本軍は総計二八万七〇〇〇名であったが、戦力的には雲泥の差があった。日本軍の戦車砲は米軍のM4戦車の装甲を貫通せず、逆に米軍戦車砲は日本軍戦車をアメのように溶かして炎上させた。日本軍に残された戦術は、白兵突撃しかなかった。

こうした状況で、二月三日に米軍によってフィリピン・マニラは占領された。最後の決戦は、山下軍司令部が立てこもるバギオの手前サンタフェ、バレテ峠、バンバン一帯で、「人間と機械の戦い」あるいは「肉と鉄の戦い」が八月一五日まで続けられた。

このように、ガダルカナル島攻略以後の米軍の一連の反攻作戦は、島伝いの進攻を想定していた日本軍の予想にまったく反した行動であった。

それは、ラバウルを飛び越えていきなりマーシャル諸島に進攻したり、またジャワ、スマトラを飛び越えて突然フィリピンに進攻したり、そしてまた台湾を飛び越えて沖縄に進攻するといったいわゆる「蛙飛び作戦（リープ・フロッグ）」あるいは「飛び石作戦」と呼ばれる作戦であった。

この作戦のもとでは、兵力で優る米軍が攻撃地点を一ヶ所選択して兵力を集中して攻撃できるのに対して、兵力で劣る日本軍はいくつもの米軍上陸予想地点を想定し、兵力を分散せざるをえなくなる。それゆえ、いったん米軍に攻撃されると、その勝敗はほとんど決定していたのである。

こうした蛙飛び作戦のもとに、急速に着実に本土に接近する米軍と本土決戦を念頭に入れた日米決戦が開始されることになる。すなわち、「硫黄島戦」と「沖縄戦」である。これらの戦いでは、大本営の指導した水際撃滅作戦が現地では放棄され、本土決戦を遅らせるという基本的戦略のもとに、現場主導で防衛陣地持久作戦が展開された。

ここに、日本軍において戦略と戦術の分離が生じたのである。

この具体的状況については、第7章で詳しく取り上げ、日本軍組織についてのこれまでの解釈とはまったく異なる新しい解釈を行う。

しかし、これらの戦いも健闘むなしく、昭和二〇年三月一七日には硫黄島守備隊が玉砕し、六月二三日には沖縄第三二軍も玉砕した。そして、八月六日に広島に原子爆弾が投下され、続いて九日には長崎にも原爆が投下された。最後に、八月一五日正午に玉音放送が行われ、日本は無条件降伏した。

敗戦後も、各島では日本軍の反撃を信じてゲリラ戦を続けていた部隊がいた。とくに、壮絶な戦いを展開したペリリュー島では、山口永少尉以下の歩兵第二連隊第二大隊を中心とした陸海軍の生き残り兵が、昭和二二年四月二二日まで戦い続け、日米の必死の救出作戦で敗戦を信じ、日本兵はやっと投降してきた。降伏式で、山口少尉が米司令官に手渡したのは、守り続けてきた手作りの日の丸と軍刀であった。

また、いくつかの島では、自活生活を続けるために、農産物栽培・加工などの様々な研究が続けられ、現地住民でもわかるような農産物栽培の入門書が発行されていた。とくに、パラオでは一般住民の子女のために、日本軍は教科書も発行していた。最後に教科書が発行されたときには、日本はすでに敗戦国になっていた。そのなかに、小学校三・四年生向けの「小さくなった日本」という一文がある。

日本は八月一五日から、きふに小さくなりました。人かずも大へんすくなくなりました。ちづをひらいて見ると、かなしくなります。大昔から、だんだん大きくなってきた日本が、こんどのいくさでこんなに小さくなったのです。私たちは、なけてなけてしかたがありません。しかしいつまでも、けっしてこのままであってはなりません。それには私たちがべんきょうして、せかいの人々が日本人はえらい、日本のかんがへはりっぱだとわかる日がくれば、日本はまへよりもさかえることになります……。[*6]

以上のような大東亜戦争における日本軍の戦闘行動のなかから、本書ではとくに「ガダルカナル戦」「インパール作戦」「ジャワ軍政」「硫黄島戦」「沖縄戦」における日本軍の行動を取り上げる。

これらのうち、ガダルカナル戦とインパール作戦における日本軍の行動は非合理的ではなく、むしろ合理的に行動したために非効率な行動に導かれた不条理な事例として分析する。つまり、合理性と効率性と倫理性が一致しない不条理な事例として分析する。

これに対して、ジャワ軍政、硫黄島戦・沖縄戦における日本軍は完全合理性の妄想にとらわれることなく限定合理的に行動したために、不条理な事態を回避しえた事例として分析する。つまり、合理性と効率性と倫理性が一致した事例として分析する。

註

＊1　以下の歴史的な説明は、池田（一九九五）、伊藤（一九六一）、加登川（一九九六）、木俣（二〇〇〇）、現代タクティクス研究会（一九九四）、児島（一九六五、一九六六）、高山（一九八五）、戸部（一九九八）、日本近代資料研究会（一九七一）、松村（一九八三）、防衛庁防衛研修所戦史室（一九七九）を参考にした。

＊2　このような日本陸軍の動きについては、池田（一九九五）を参照。

＊3　このような見解として、たとえば川本（一九九六）がある。
＊4　日本軍の戦勝を実感する当時の日本の様子については、花田（二〇〇〇）一一〇―一一三頁を参照。
＊5　グアムでの悲劇については、椎野（一九九三）一八三―一八四頁に詳しい。
＊6　椎野（一九九三）二三四頁。

第4章　不条理なガダルカナル戦
――なぜ組織は後もどりできなかったのか

ガダルカナル戦の日本軍は非合理か

ガダルカナル戦は、太平洋戦争における日本軍の陸戦の敗北のターニング・ポイントとして知られている。戦後の研究によると、その戦いの敗因の一つは米軍が近代兵器を駆使した効率的戦術を合理的に選択したのに対して、日本帝国陸軍は非合理にも精神主義にもとづく非効率な夜襲による白兵突撃（軍刀・銃剣をもって斬り込むこと）に固執し続けた点に求められる。

しかし、これから説明しようとするのは、この非効率な戦術を選択し続けた日本陸軍の行動は実は合理的であったということである。つまり、この戦いの失敗の本質は、人間の非合理性にあったのではなく、実は人間の合理性にあったのだ。

このようないくぶん逆説的な帰結は、近年、新制度派経済学の名のもとに注目されている取引コスト理論を用いることによって導かれる帰結の一つである。

以下、なぜ日本陸軍が非効率な白兵突撃戦術を放棄できなかったのか。なぜ日本軍が後もどりすることなく、白兵突撃に固執し続けたのか。この不条理を、新しい理論の光に照らして明らかにしてみよう。

1　ガダルカナル戦

ガダルカナル島は、オーストラリア近海のソロモン海に浮かぶ孤島である。当初、米豪遮断作戦を進める日本海軍陸戦隊がこの島を占領し、海軍設営隊が飛行場の建設を進めていた。しかし、その後、米軍はこの島で日本軍が飛行場を建設していることを発見し、この島が日本本土攻撃にとって重要であることを認識した。そこで、米軍一万六〇〇〇人が手薄な状態にあったガダルカナル島にいち早く上陸し、この島を占領したのである。米軍の上陸を知った日本陸海軍は、作戦上の要衝であるガダルカナル島を奪回するために、再び逆上陸を開始した。ここに、最初の日米の地上戦であるガダルカナル戦[*1]が始まることになる。

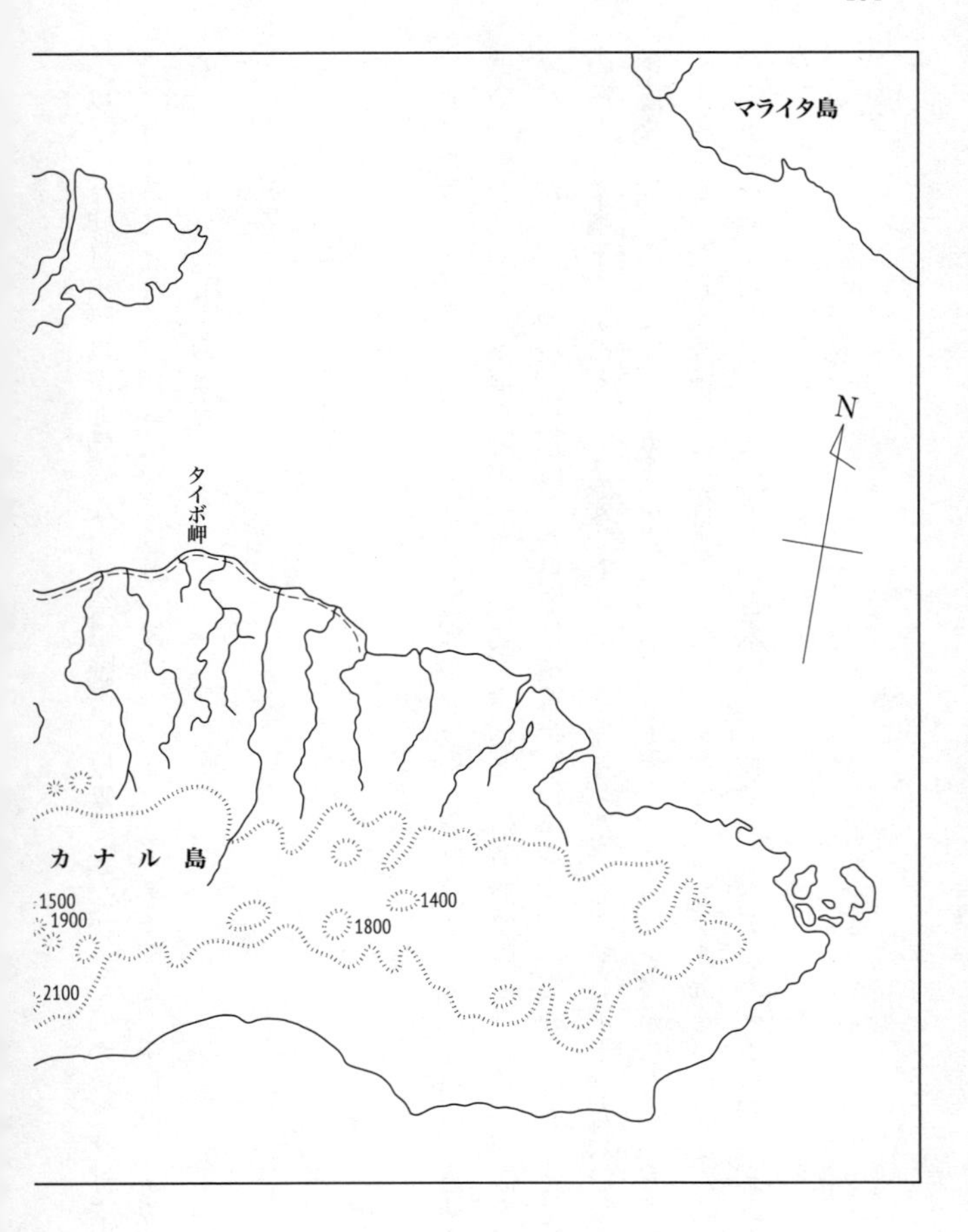
マライタ島
N
タイボ岬
カ ナ ル 島
1500
1900
1400
1800
2100

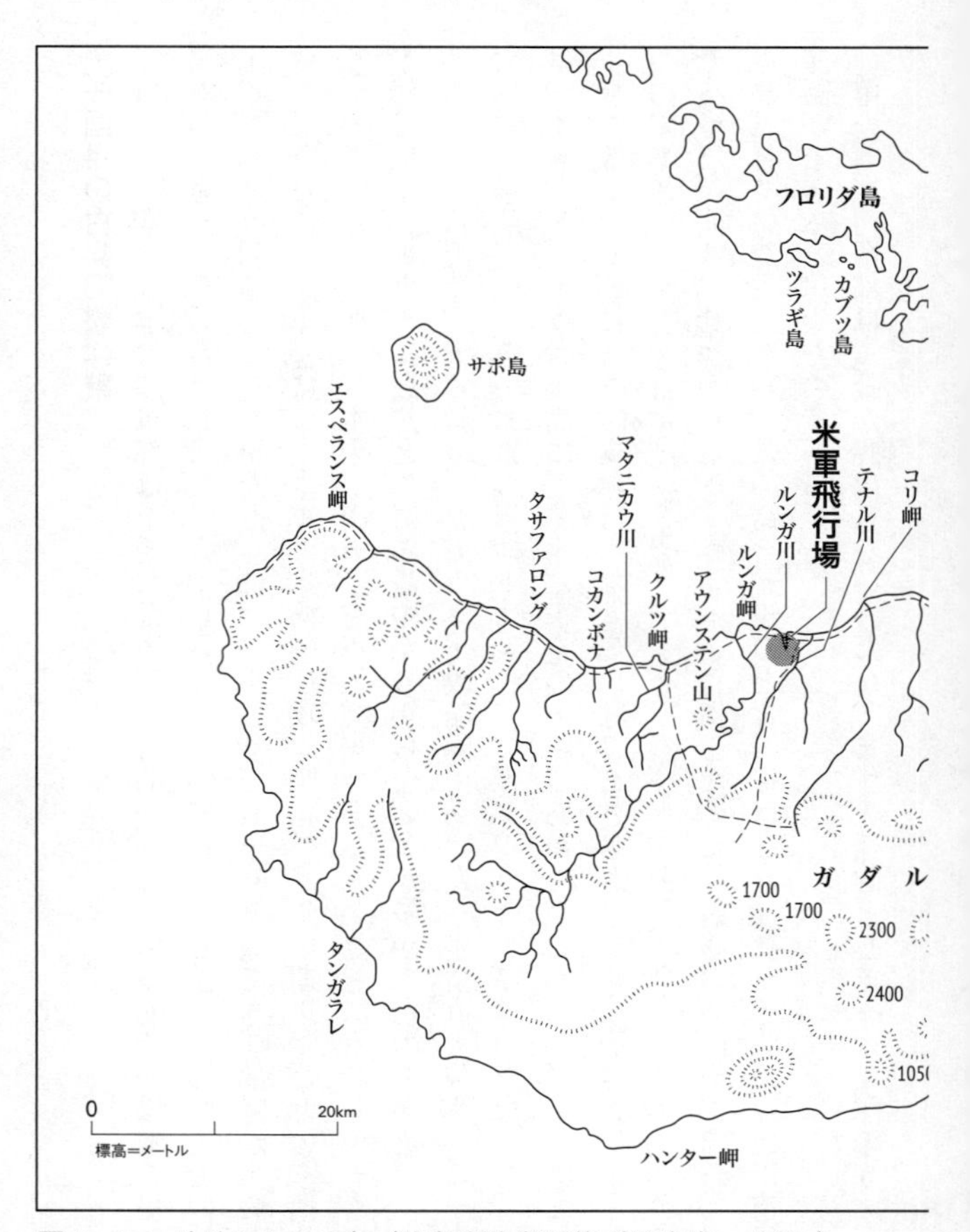

図4－1　ガダルカナル島（防衛庁防衛研修所戦史室，1968c）

一回目の白兵突撃作戦

当時、日本の大本営陸軍部は上陸した米軍の目的が一種の偵察あるいは飛行場破壊作戦にあると考え、その数は二〇〇〇人ぐらいと推測していた。しかも、これまでの戦いから、米軍を弱いと判断し、これをたたくには、小さくても早く派遣できる部隊がよいと考えていた。さらに、大本営には、米軍の本格的反攻は昭和一八年中期以降だという情報もこびりついていた。しかも、本来、南方は海軍の担当であるという意識もあり、そもそも参謀本部ではガダルカナル島がどこにあるのかも知らない者が多かったのである。

こうした状況で、大本営はミッドウェー攻略隊であった一木清直(いちききよなお)大佐率いる一木支隊を大本営陸軍部直属の第一七軍の指揮下に入れて、ガダルカナル島奪回を命じた。一木支隊は、本来、ミッドウェー島に上陸する予定の部隊であった。しかし、日本軍はミッドウェーで大敗したために、一木支隊はグアム島に呼びもどされ、旭川に引き揚げようとしていたのである。一木大佐は蘆溝橋(ろこうきょう)事件のときの大隊長であり、ベテラン中のベテラン将校であった。彼は、せっかくミッドウェーを目指したのに、おめおめ内地に帰る物足りなさを痛感していた。だから、この命令が出たとき、彼はこれで郷土の北海道旭川市民にも土産話ができると思ったのである。

第一七軍司令部は、敵が脱出しないうちに、まず先遣隊として一木支隊のうち九一六名を駆逐艦六隻に分乗させてガダルカナル島のタイボ岬に上陸させた。そして、一木支隊は、次ページ図4―2のように海岸沿いに行軍し、米軍が占拠する飛行場の再占領を目指した。当時の一木支隊の食糧は七日分であり、小銃弾は一人当たり約二五〇発であった。それゆえ、一週間でこの戦いの勝敗は付くとの予想のもとに出動したことになる。

一木大佐は、島の様子がまったくわからないため、まず三二名の斥候（偵察部隊）を送ったが、米国海兵隊の斥候によって撃滅されてしまった。米軍は、現地住民から日本軍が上陸したとの情報を得ており、待ち伏せしていた。このことも知らず、一木大佐は後続の一木支隊の上陸を待つことなく、昭和一七年八月二一日未明、緑色の照明弾を合図に、米国海兵隊が待ち伏せする飛行場へ突撃を開始した。その際、選択された戦術は、陸軍伝統の奇襲戦術「夜襲による白兵突撃」であった。一木大佐は、「白兵威力による夜襲で、飛行場占領までは銃剣突撃により、占領後初めて発砲を許す」と豪語して、軍刀を振りかざして突進していった。兵士たちも「敵情不明ナレド攻撃セントス」という日本陸軍伝統の精神にのっとり、三八式歩兵銃を振りかざしてまっしぐらに敵陣へと突撃していった。

これに対して、米軍はアレクサンダー・バンデグリフト少将率いる海兵隊を中心に、機関銃、自動小銃、戦車、そして鉄条網などのあらゆる近代兵器と圧倒的多数の兵力のもとに、恐ろしい叫び声をあげて突撃してくる日本兵を徹底的に迎え撃った。一木支隊は、米軍の銃砲火の前に瞬時に撃滅され、そして戦車によって徹底的に踏み倒された。夜が明け

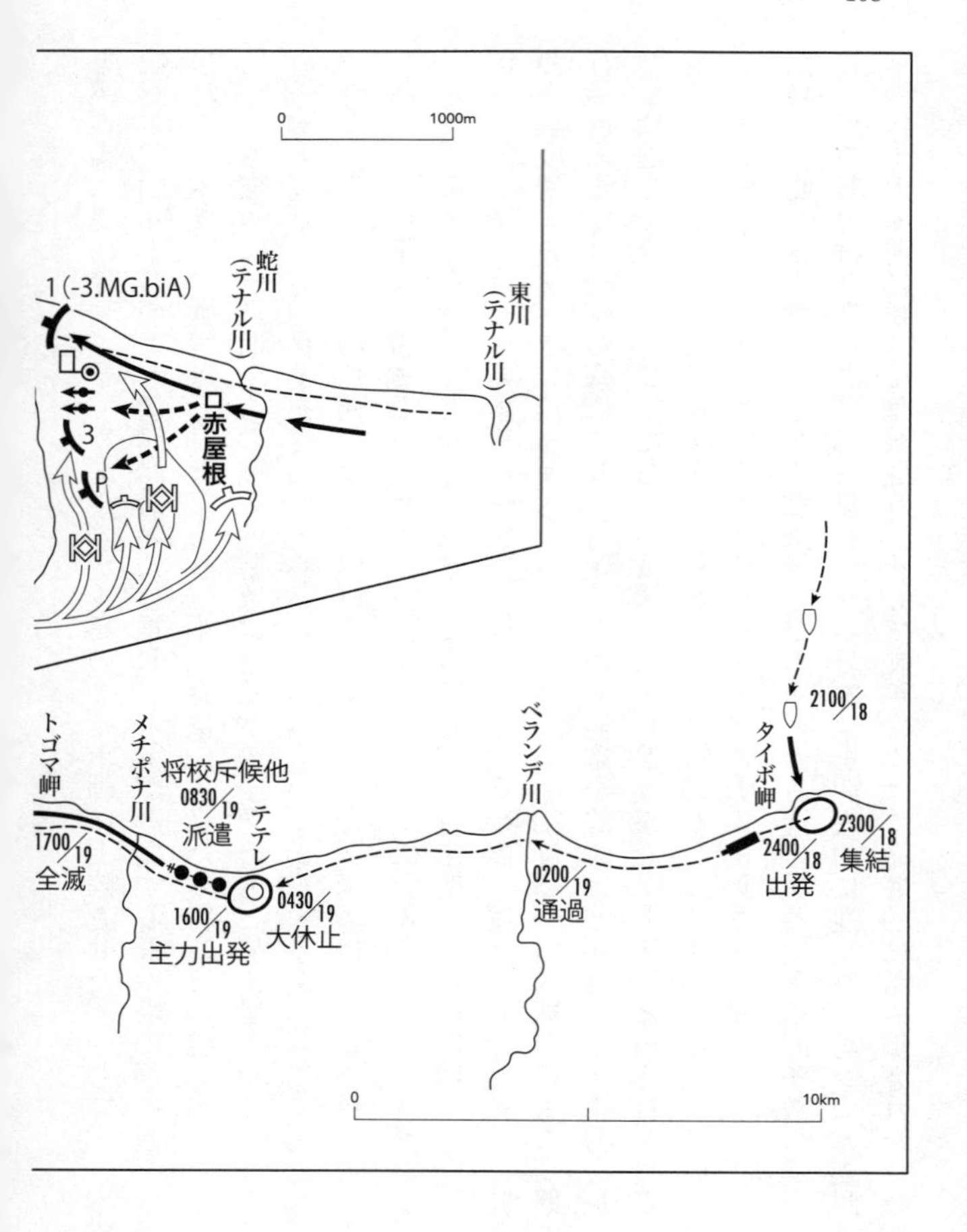
0
1000m
蛇川
（テナル川）
東川
（テナル川）
1（-3.MG.biA）
3
P
赤屋根
トゴマ岬
メチポナ川
将校斥候他
0830/19
派遣
テテレ
ベランデ川
タイボ岬
2100/18
2300/18
集結
2400/18
出発
1700/19
全滅
1600/19
主力出発
0430/19
大休止
0200/19
通過
0
10km

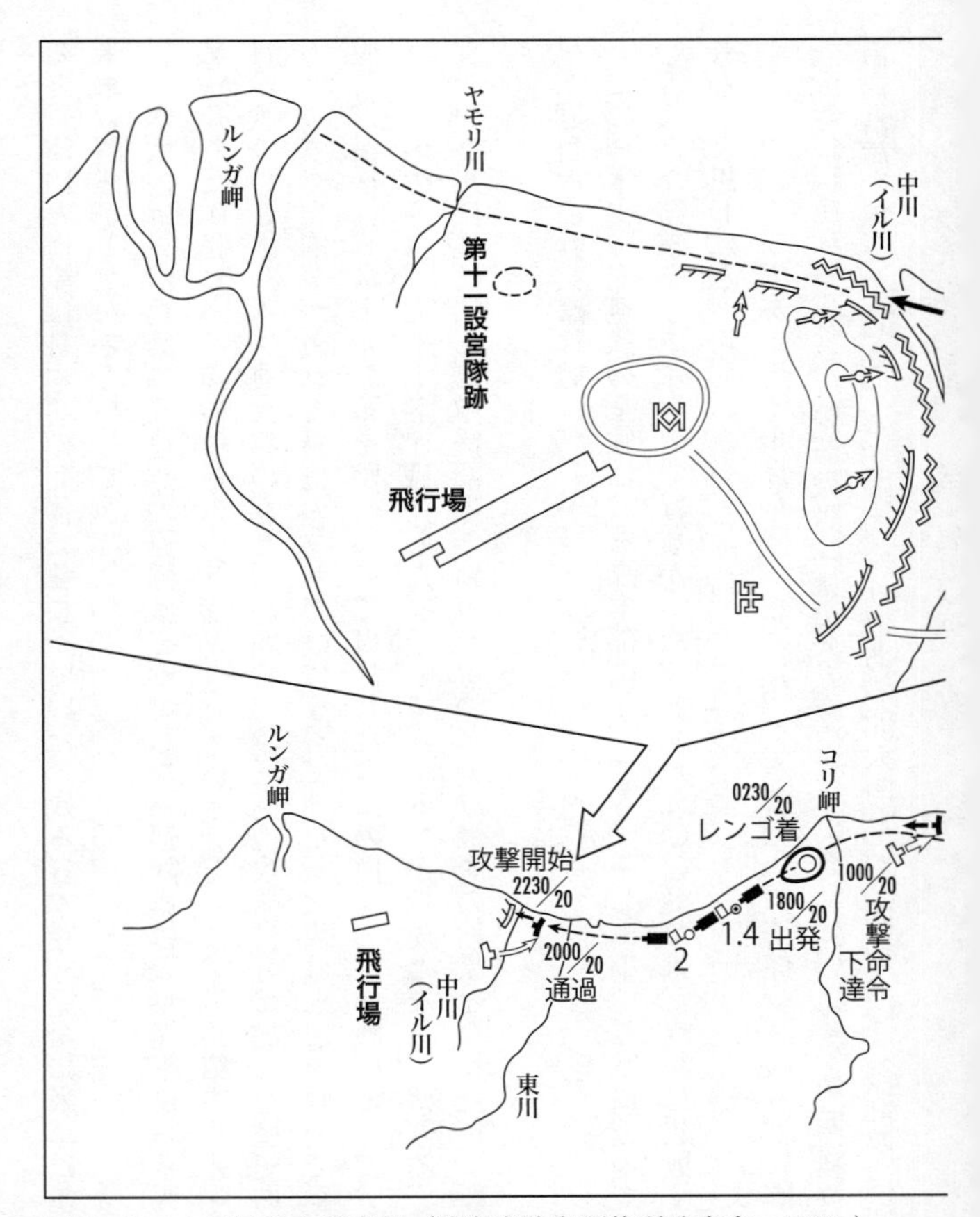

図4−2　1回目の白兵突撃（防衛庁防衛研修所戦史室，1968c）

ると、河口と海岸は日本兵の死体で埋まっていた。残る日本軍も完全に米軍に包囲され、米軍戦闘機が上空から攻撃してきた。

一木大佐は、歩兵第二八連隊の連隊旗を奉焼した。連隊旗は天皇陛下から下賜（かし）されるため、これを敵にとられるのは最大の恥辱（ちじょく）とされていた。とくに、歩兵第二八連隊の軍旗は、日露戦争のとき乃木希典（のぎまれすけ）大将のもと、旅順の二〇三高地攻略にも参加した歴史ある軍旗であり、すでに内部が破れて外側のフサだけになっていた。大佐は上着を脱いで正座し、割腹し、最後にピストルで頭を撃ちぬいて自決した。この白兵突撃作戦によって、一木支隊九一六名のうち、七七七名が戦死した。そして、一五名が捕虜となり、残り約一〇〇名がジャングルに逃げ込んで増援部隊の到着を待つという最悪の結果となった。

二回目の白兵突撃作戦

この一木支隊先遣隊の全滅は、参謀本部にとっても、そして第一七軍にとっても、必ずしも大きな衝撃を与えるものではなかった。わずか九〇〇名では、攻撃は失敗するかもしれないと思われたからである。

そこで、再びガダルカナル島奪回のために、大本営は川口清健（かわぐちきよたけ）少将のもとに岡連隊の第一大隊（国生勇吉少佐）、第三大隊（渡辺久寿吉中佐）、第二師団所属の第四連隊第二大隊（田村昌雄少佐）、そして一木支隊の残りである熊大隊という四個大隊（総計四〇〇〇名）から構成される川口支隊を形成し、ガダルカナル島へ上陸させることを決定した。大本営では、米軍の反攻に対して、その緒戦において徹底的に打撃を与え、敵の戦意を喪失させるべきだという意見が圧倒的だったのである。

その頃、米軍は日本軍によって建設された飛行場が使用可能となり、これによって米軍はガダルカナル島の制空圏を完全に握った。そのために、日本軍はこれまでのように容易にガダルカナル島に上陸できなくなっていた。この状況を打開するために、連合艦隊が出動し、「第二次ソロモン海戦」が起こった。しかし、この戦いでは日米双方とも不徹底な攻撃に終わり、結局、日本軍にとって事態は変化しなかった。つまり、米軍の制空圏内にあるガダルカナル島への昼間の輸送船による大量輸送は、ほとんど不可能な状態のままであった。それゆえ、日本軍は、以後、夜間の駆逐艦による高速逐次的な輸送、いわゆる「ネズミ輸送」に切り替えることになった。

こうした状況で、川口支隊は米軍機による爆撃を受けながらも、陸軍五四〇〇名、海軍二〇〇名、高射砲二門、野砲四門、連隊砲六門、速射砲一四門、そして二週間分の食糧を陸揚げした。川口支隊は、一木支隊と同じ失敗をしないように、今度は海岸線ではなく、次ページ図4―3のように道なきジャングルを迂回し、ルンガ川の東側に沿って北上し、米軍が守るヘンダーソン飛行場の背後にあるムカデ高地を目指した。

そして、昭和一七年九月一三日午後九時五分、川口少将によって突撃命令が出された。

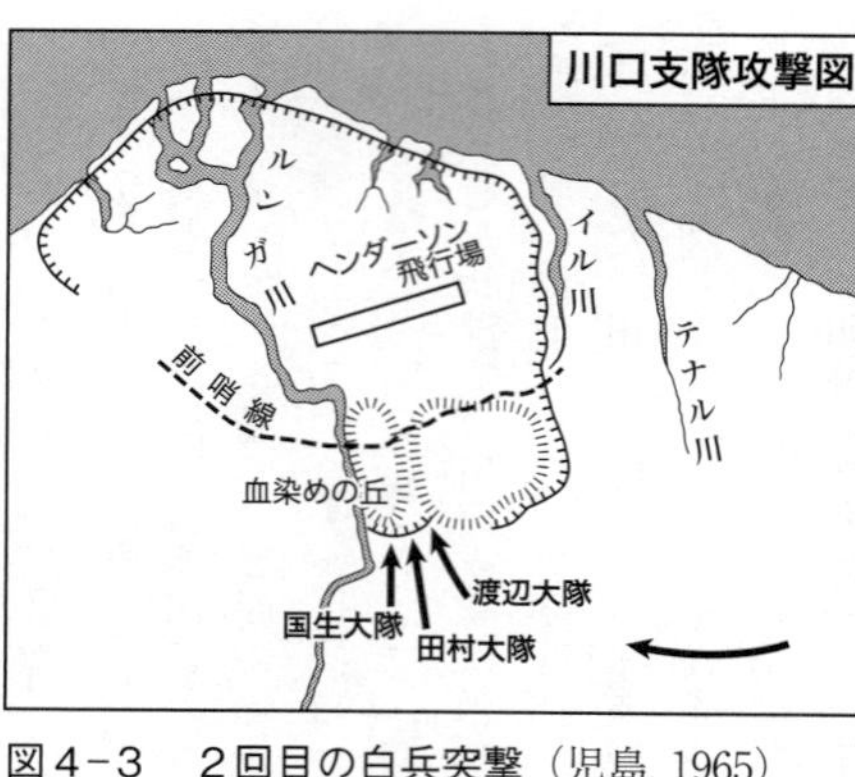

図4−3　２回目の白兵突撃（児島, 1965）

その際、川口少将が選択した戦術は、再び陸軍伝統の「夜襲による白兵突撃」であった。図4—3のように、左から国生、田村、渡辺、そして図にはないが熊大隊の順にならび、勇敢な日本兵は白鉢巻きに白だすき、そして白刃を振るって果敢に敵陣に乗り込んだ。合図は、「山」「川」と決められていた。勇敢な国生大隊と田村大隊の一部は、丘を守る米軍の隙間を突破し、一時的に米軍の戦線を混乱させた。

　これに対して、米軍は日本軍の異様な叫び声を目当てに手榴弾を投げ、鼻先をかすめる銃剣にこれまでに経験したことのない恐怖を感じていた。日本兵の突撃行動は、海兵隊で経験した訓練とはまったく異なっていた。弾丸を浴びながらも、なお銃剣で相手を殺そうと突進してくる日本兵に米兵の恐怖心は倍増し、虚脱状態でうろつく海兵もでた。この恐怖を忘却するように、海兵たちは徹底的に弾丸を発射し続けた。そして、その夜、やっとのことで丘を守りぬいたのである。

　一四日朝、丘の全面に日本兵の死体が折り重なっていた。その丘は、「血染めの丘」と呼ばれた。国生少佐と田村少佐は勇敢にも米軍司令部近くまで進攻したが、結局、戦死した。これに対して、渡辺第三大隊長は足を痛めたという理由で副官とともにジャングルに潜み、その大隊も戦闘には積極的に参加していなかった。また、川口少将も、本来、先頭に立つはずであったが、攻撃命令直後に道に迷い、指揮がまったくとれなかった。

結局、この戦いでの日本軍の生存者は、攻撃に参加した主力三〇〇〇人中一五〇〇名にすぎないという最悪の結果となった。そして、九月一五日早朝、川口支隊長によって軍司令官宛の報告が打電された。

一二日夕刻、敵の東方陣地に対し、わが砲兵隊は予定の如く砲撃を開始せるも、主力はジャングルのために進出意の如くならず、一三日二〇〇〇攻撃を行いたるも、敵の抵抗意外に大にして大隊長以下多数の損害を蒙り、やむなく大川（ルンガ川）左岸に兵力を集結し、後図を策せんとす。将兵の健闘にかかわらず、不明の致すところ、申し訳なし。[*2]

三回目の白兵突撃作戦

この二回の戦果を受けて、陸軍中央はこれまでのような単なる支隊の寄せ集めではなく、本格的に丸山政男（まるやままさお）中将を師団長とする第二師団を送り込むことを決定した。とくに、川口支隊の攻勢失敗は、大本営に強い衝撃を与えた。開戦以来、陸軍部隊は英米軍に対してポートモレスビー方面の局所的な戦いを除き、ほとんど敗戦の経験がなかったからである。それゆえ、米軍に対して、劣勢の兵力をもって敵を撃破し、連戦連勝してきたのである。それゆえ、米軍に対して、報復意欲を燃やし、作戦指導のために今度は大本営陸軍部から辻政信中佐を中心とする作戦参謀たちが派遣され、参謀は三名から一一名に増員された。

第一七軍司令官の百武晴吉中将は、総攻撃前に川口少将をラバウルの軍司令部に招致し、ガダルカナル島の状況をただした。川口少将は、日本兵の飢えと疲労、島の地形の劣悪さ、航空、火力、そして電波探知機を多用する米軍の戦力の強大さを説明した。しかし、それは必勝の信念に燃える司令部の反感を買った。また、十分な兵力、重砲、食糧、そして空軍の支援がなければ、決戦を行うべきではないと主張し続けた川口支隊の二見秋三郎参謀長も、更迭された。その結果、現場の作戦指揮は、辻参謀長を中心とする大本営からの派遣作戦参謀たちに握られることになった。

今回の作戦では、歩兵約一万七五〇〇名、火砲約一七六門、爆薬〇・八会戦分、そして食糧は二万五〇〇〇人分の勘定で三〇日分が準備された。これは、当時の米軍とほぼ同じ規模であった。しかし、ガダルカナル島は米軍の制空圏のもとにあったので、六隻の輸送船のうち四隻が米軍機によって撃沈されてしまった。歩兵部隊はほぼ全員上陸したが、弾薬は約一・五割、食糧は五割、そして火砲は一七六門のうち野山砲三八門、主砲はわずか二門しか陸揚げできなかった。このような第二師団の将兵を迎えたのは、ヤシの林から現れる一木支隊や川口支隊の残兵であった。軍服は破れ、帯剣もない兵士は第二師団の将兵の米や弁当を盗むほど餓えていた。まさしく、このとき、「ガ島」はすでに「餓島（がとう）」になっていたのである。

当初の作戦では、先の二度の戦果の状況から、陸軍伝統の夜陰に乗じた白兵突撃戦術ではなく、重火器で海兵隊陣地を破壊するという正攻法が思案されていた。しかし、大本営派遣参謀たちが現地の視察を通して選択した戦術は、再び陸軍伝統の「夜襲による白兵突撃」であった。攻撃主力である第二師団は、今回はコカンボナから出発し、アウステン山南麓を迂回し、ルンガ川右岸から北進して飛行場を攻撃する計画を立て、次ページ図4―4のような配置を定めた。*3

右翼隊―川口少将指揮（図の東海林連隊）
左翼隊―那須少将指揮（同、那須部隊）
予備隊―第一六連隊（同、岡連隊）
牽制隊―住吉少将指揮の砲兵隊（同、住吉隊）

この攻撃で、右翼隊長となった川口少将の突撃方向は前回と同じ「血染めの丘」であった。川口少将は米軍陣地が以前よりも強固になったことを認識した。それゆえ、もしこのまま攻撃すれば、先の失敗と同じ結果を招くと考えた。そこで、丘を右に回り、草原から

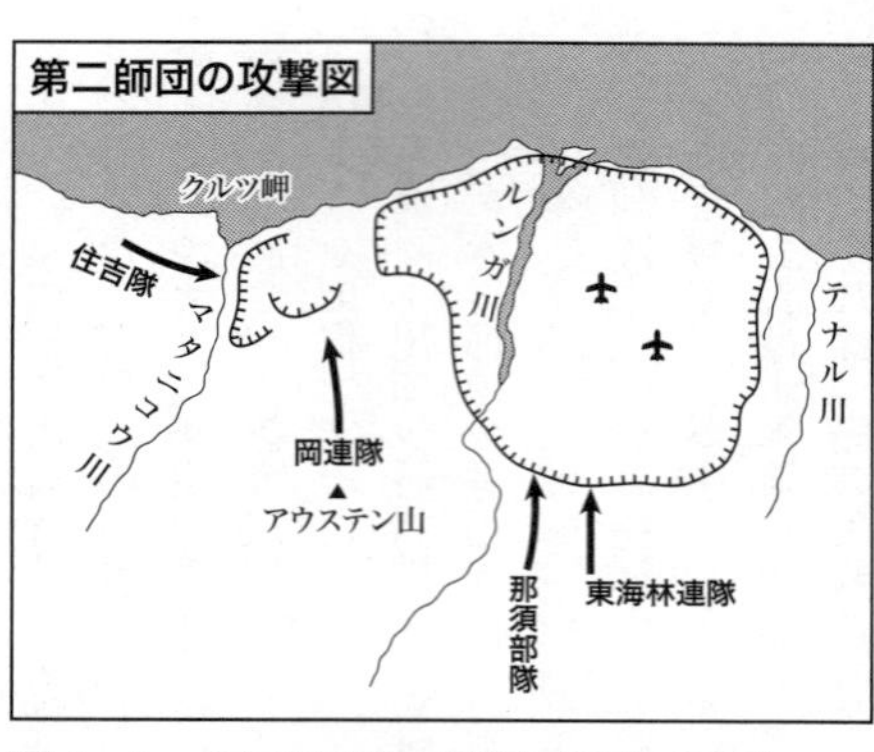

図4−4　3回目の白兵突撃（児島, 1965）

飛行場へと前進する迂回攻撃の必要性を辻参謀に説明し、これを第二師団長へ伝達してくれるように依頼した。しかし、川口少将は、その後、師団長、参謀長、そして辻参謀によって、軍戦闘司令所に知られることなく、総攻撃直前に罷免された。代わりに、右翼隊の指揮を任されたのは東海林俊成（しょうじとしなり）大佐であった。

こうして、昭和一七年一〇月二四日夕刻、「天佑（てんゆう）神助（しんじょ）により、一挙飛行場の敵を撃滅せんとす」という命令のもとに、日本軍による三度目の「夜襲による白兵突撃」作戦が行われた。右翼の東海林連隊長は攻撃寸前で指揮を任されてとまどった。そして、草原を目標の飛行場と間違えて、飛行場占領の合図である「バンザイ」の電報を打つ始末であった。この知らせに、丸山中将、百武中将、そして山本五十六連合艦隊司令長官は歓喜したが、結局、三〇分後に取り消すという失態を演じた。このとき、実際に、突撃を敢行したのは左翼隊だけであった。軍旗を先頭にした古宮政次郎大佐率いる第二九連隊が大地を踏みならして突撃していった。鉄条網を銃剣で切り破り、手榴弾を投げ、そして小銃を乱射して突進していった。

戦友が倒れても、指揮官が倒れても、そして自分に弾丸が命中しても前進してくる日本兵に、米海兵たちはただただ恐怖を抱き、夢中でライフルを撃ちまくった。この米軍の近代兵器の前に、勇敢な日本兵は次々と撃滅された。やがて夜が明けた。第二師団長丸山中将は、第二師団の誇りである古宮連隊長と軍旗が敵陣内に取り残されていることを知った。そこで、二五日を態勢の整備にあて、第一六連隊を左翼の那須弓雄少将に委ね、二六日夜に再び総攻撃を行うことにした。しかし、マラリアにおかされていた那須少将は、せめて気力のあるうちに指揮官としての任務を果たしたいと熱望し、結局、二五日の夜、再び夜襲による白兵突撃が行われた。

しかし、その夜の攻撃も結果は同じであった。日本軍は完全に米軍に撃滅され、むしろ前夜以上の失敗であった。銃剣突撃を繰り返す日本兵は、米海兵の砲弾に吹き飛ばされ、手榴弾に倒れ、そして自動小銃に簡単になぎはらわれたのである。マラリアにかかった那須少将はよろめきながらも軍刀をかざして前進し、何とか第二線鉄条網を越えたが、最後に銃弾を浴びて息絶えた。そして、各大隊長も戦死した。

こうした情勢をみて、丸山中将はついに後退を決意した。ただ、古宮連隊長と軍旗だけはあきらめきれなかった。決死隊がジャングルを探し回ったが、結局、軍旗は発見されなかった。その頃、古宮大佐は副官とともに軍旗を腹に巻いて日本軍陣地への道を探していた。しかし、日本軍を見出せず、負傷した身体の弱まりを自覚し、結局、古宮大佐は自決した。軍旗は切り裂いて土に埋められたといわれている。

戦いが終わると、かろうじて生き残った第二師団の兵士は密林の中に退避した。しかし、その後、彼らは別の敵つまり飢餓とマラリアに襲われることになった。軍刀を杖に突く将校、木の下で眠り続ける兵士、それを揺り動かす戦友、二日間で五〇〇〇人以上の将兵が死んだ。

この戦いの責任をとるために、第一七軍司令官百武晴吉は最後の突撃を敢行することを、新設の第八方面軍司令官今村均中将に打電した。しかし、今村はこれを許さなかった。こうした最悪の状態に追い込まれた日本軍に撤退命令が下されたのは、翌年の昭和一八年一月四日であった。今村均司令官と山本五十六長官は、具体的な撤退作戦を事細かに決め、約一万名の兵士をガダルカナル島から奇跡的に救出した。

救出された百武司令官は、今村中将に自殺させてくれと頼んだ。今村は、自殺するにしてもガダルカナル島争奪の戦況の記録を残してからでも遅くないと言いふくめて、これをとめた。その間、日本海軍によってヘンダーソン飛行場に対して艦砲射撃が何度か行われ、そのたびに米軍に被害を与えた。しかし、米軍はブルドーザーでならし、その上に鉄板を敷いてたちまち修復した。当時、ブルドーザーをもたなかった日本軍は、その機械力に感嘆し、攻撃のむなしさを実感したのである。

日本軍の不条理な行動の背後にあるのは非合理性か

ガダルカナル戦での日本軍大敗の原因は様々に分析されているが、基本的には近代兵器を駆使した米軍に対して、精神主義を基礎とする夜襲による白兵突撃というまったく非効率な戦術を三回にわたってとり続けた点に求められる。そして、このような行動に導かれた原因として、一般に日本軍に内在した非合理性が指摘されることが多い。[*4]

たとえば、当時、日本軍は、そもそもグランド・ストラテジー（大戦略）が欠如していた点で、基本的に非合理であったといわれている。つまり、一方で日本陸軍の戦略的方向性は中国大陸にあり、重慶攻略作戦によって米国を中心とする連合軍に対抗し、日本の不敗態勢を確立することにあった。他方、日本海軍は米国艦隊をソロモン海付近に求めて、その撃滅を図ったうえで戦争終結の方途を模索していた。このような日本陸海軍の戦略上の乖離は、日本軍が総力戦として戦っていくためのグランド・ストラテジーを欠いていたことを意味する。それゆえ、日本軍は米軍の動きに十分注意を払うことはなかったし、近代装備の米軍の威力もまた十分認識できなかったのである。このような米軍に対する認識不足が、日本軍を白兵突撃という非効率な戦術に固執させた原因の一つだといわれている。

また、組織レベルでも、日本陸海軍は相互に情報を共有しない非合理な組織であったといわれている。とくに、ガダルカナル戦における二回目の白兵突撃作戦失敗の段階で、陸軍と海軍は別々にガダルカナル戦を分析し、海軍はすでにこの戦いの失敗が敵に対する認識不足と補給の失敗にあることに気づいていた。しかし、この分析の帰結をめぐって、海軍は陸軍と議論することはなかった。他方、陸軍はガダルカナル戦での失敗を戦術の問題ではなく、あくまで突撃兵不足という量的な問題と考えていた。このように、日本陸海軍は情報を共有することなく、まったく学習しない非合理で傲慢な組織であったために、より効率的な戦術へと変化できなかったといわれている。

さらに、作戦レベルでも、日本軍は情報を無視し、硬直的で官僚主義的思考のもとに机上のプランを立てる傾向があったといわれている。とくに、作戦司令部は第一線からの情報にほとんど耳を貸さず、現場からの作戦変更要求を無視する傾向があった。このように、フィードバックがなく、しかも情報を軽視して作戦を立てる日本軍の非合理性が、日本軍を白兵突撃戦術に固執させた原因の一つだといわれている。

以上のように、一般に、ガダルカナル戦での失敗の原因は、日本軍の非合理性に求められることが多い。

しかし、このような議論のほとんどが、完全合理的な人間を基準として現実を分析していることに注意しなければならない。つまり、もしすべての人間が完全合理的であるならば、このような非効率な白兵突撃戦術は選択されず、より効率的な戦術が採用され、日本軍はより効率的に戦うことができたという分析なのである。したがって、このような完全合理性にもとづく分析から出てくる政策は、今後、人間は完全合理的に行動すべきだという実行不可能な提言でしかない。

しかし、実際には、どんな人間も完全に合理的ではありえない。だから、このような完全合理性にもとづく分析から得られることは、実はそれほど実り多いものではない。

以下、完全合理性の立場ではなく、あくまで不完全な人間の立場からガダルカナル戦を再検討するために、現代組織論のフロンティアである取引コスト理論について簡単に説明しよう。

2　取引コスト理論と歴史的経路依存性について

取引コスト理論

さて、近代組織論の旗手であったH・A・サイモンによると、人間は完全に合理的ではないが、完全に非合理でもなく、限定合理的にしか行動できないとする。より正確にいえば、すべての人間は情報収集、計算処理、そして伝達表現能力に限界があり、この限定された情報能力のもとに意図的に合理的にしか行動できないということである。

このような限定合理性の仮定のもとに、今日、R・コースやO・ウイリアムソンによって展開されている理論が、取引コスト理論である。[*5]

ウイリアムソンによると、もし人間が限定合理的であるならば、取引する場合、人々は相手の不備につけ込んで、自分に有利になるように相手をだましたり出し抜いたりするような、機会主義的な行動をとると考えられる。それゆえ、人間同士で取引する場合には、互いにだまされないように取引前に相手を調査し、実際に取引を行う場合には弁護士を雇って正式に取引契約をかわし、そして契約後もその履行をめぐって相手の行動をモニターする必要がある。

たとえば、家を新築する場合、まずどの業者に依頼するかを調べるのにかなりの労力を必要とする。そして、実際に業者と契約するときも、不備がないように可能な限り交渉し、設計図と契約書を丹念に読む労力を必要とする。そして、契約後も設計図どおりに作業がなされているかどうかをモニターする必要があり、多大なコストが発生する。

したがって、市場で知らない人と取引する場合には、取引を完了するまでに多大な「取引コスト」が発生する可能性がある。この取引コストのために、たとえ市場取引が効率的な資源配分システムであったとしても、別の資源配分システムつまり知り合い同士の組織内取引が選択されることがあるということ、これが取引コスト理論の考えである。先の例でいえば、知らない業者との取引コストは高いので、親戚や知人の建築業者に家の新築を依頼するという形で組織的取引が選択される可能性があるということである。

取引コストと慣性

このような取引コストの存在を考慮するならば、たとえ現在の戦略や製品が非効率であることがわかったとしても、すぐにより効率的な戦略や製品へと容易に変化できないことがわかる。というのも、現在の戦略や製品からより効率的な戦略や製品へと変化させるためには、現状に満足している利害関係者や変化によってデメリットをこうむる関係者の反発を抑え、彼らを説得する必要があるからである。そして、そのために多大な取引コストが発生するからである。とくに、ある戦略やある製品が長い歴史的経路をたどってデファクト・スタンダード（de facto standard）、つまり事実上の標準となっているような場合には、多くの利害関係者が多様な方法で現状を維持するように駆け引きしてくるので、現状を変化させるには想像以上に多くの取引コストが発生することになる。

このように、限定合理的な世界では、たとえ既存の戦略や製品が非効率であることに気づいたとしても、より効率的な戦略や製品へと移行するには、巨大な埋没コストと取引コストが発生するので、人間は容易に変化できないような不条理に陥ることになる。逆にいえば、変化しない限りこれら巨大な取引コストは発生しないのであり、しかも、既存の戦略や製品にかすかな勝利の可能性さえあれば、このままの状態にとどまろうとする慣性がわれわれ人間に強く働くのである。そして、そのように現状にとどまることは合理的なのである。

もちろん、既存の戦略や製品をめぐって変化がまったく起こらないわけではない。というのも、既存の戦略や製品をより効率的なものへと変化させることによってメリットが発生するからである。つまり、非効率な状態でいるよりもより効率的な状態にいる方が資源はより効率的に利用され、それが多くのメリットをもたらすからである。このような変化が生み出すベネフィットを考慮すると、限定合理的な世界では、次のような原理が成り立つことになる。

すなわち、もし、より効率的な状態へと変化することによって得られるベネフィットがその変化に必要なコストよりも大きいならば、より効率的な状態へと変化する。そして、それは合理的なのである。しかし、もし、逆にこのような変化によって得られるベネフィットよりもその変化に必要な取引コストが大きいならば、たとえ既存の状態が非効率であったとしても、そのままの状態にとどまることになる。そしてそれが合理的なのである。

歴史的経路依存性としてのQWERTYキーボードの話

このような取引コスト理論によって、近年、経済学・経営学分野で話題になっているQWERTYの配列をもつキーボードの話が、以下のように理論的に説明できる。

このQWERTYキーボードの話は、一九八〇年代に経済史家であるポール・デイビッドとブライアン・アーサーが、キーボードの配列の不思議議に気づいたことに始まる。[*6] 周知のように、現在、一般に使用されているタイプライターやコンピュータのキーボードの上段の配列は、QWERTY……の配列となっている。この標準的なキーボードの配列が成立したのは一九世紀であり、われわれは歴史的にその配列に慣れているので、その配列があたかも効率的であるかのように思い込んでいる。

しかし、実際には、使用される単語の頻度や指の動きなどに関する人間工学的観点からすると、この配列は必ずしも効率的ではないといわれている。事実、このQWERTY配列は、旧式のタイプライターではあまり速くキーを打つと、文字を打ちつけるアームが絡まるという問題があったので、逆に指の動きを遅くするために考案されたものであった。当時、こうした技術的状況にあったので、この非効率な配列をもつキーボードは、経営戦略上、決して不利な商品ではなかった。

しかし、やがてタイプライターが電動化され、アームが絡まるという問題が解消されると、より効率的な配列を備えたキーボードに取って代わられる可能性が生じた。しかし、歴史的には、それ以後もこの配列は変わることはなかった。こうして、必ずしも効率的ではないキーボードの配列が歴史的にまったく偶然に採用され、いつのまにかその配列はロック・インされ、デファクト・スタンダード、つまり事実上の業界標準あるいは世界標準となっていったのである。

　このような事例は、実は他でもみられる。たとえば、なぜビデオのベータ・マックス方式がＶＨＳ方式との競争に負けたのか。また、コンピュータのＯＳにおいて、なぜマックがウィンドウズに敗れたのか。いずれも技術的に劣っていたわけではない。逆に、技術的には優れていたともいわれている。ポール・デイビッドは、市場経済が常に最善の答えを出すというこれまでの標準的経済学の見方が、このような事例から否定されると考えた。その代わりに、市場経済の結果は歴史的経路に依存しているということ、つまり、その途中で何が起こったかという歴史的経路に依存して進行していくと主張した。そして、このような現象を経路依存性（path dependence）[*7]と呼んだのである。

　歴史的経路依存現象としてのＱＷＥＲＴＹキーボード現象は、一見、非合理な現象にみえるが、取引コスト理論によると、以下のように合理的な現象として説明できる。すなわち、ＱＷＥＲＴＹキーボード配列は、その配列をより効率的な配列へと変更するにはあまりにも高い取引コストが発生するので、たとえその配列が非効率であったとしても、この配列をスタンダードとして採用し続けている方がより合理的となる現象であるということである。つまり、人間の非合理性ではなく、人間の合理性がそのような歴史的経路依存現象を生み出しており、人間を非効率な現象にロック・インさせているのである。

　以下、このような理論の光に照らして、ガダルカナル戦での日本軍の不条理な行動を改めて分析してみよう。

3　なぜ日本軍は白兵突撃戦術を変更できなかったのか

デファクト・スタンダードとしての白兵突撃戦術

さて、ガダルカナル戦での一連の白兵突撃戦術の選択は、直接的には現場の指揮官の意思決定によるものであった。しかし、この意思決定は明らかに第一七軍司令部の意思決定に依存していた。さらに、この意思決定は大本営陸軍部の意思決定にも密接に関連していた。また、現場の各兵士たちも、ある程度、白兵突撃を受け入れる状態にあった。このように、ガダルカナル戦における日本陸軍の白兵突撃戦術の選択に関しては、一連の人々の直接的あるいは間接的な意思決定が相互に密接に複雑にかかわっていた。しかし、実際には、白兵突撃戦術は陸軍ではすでに日露戦争以後、ほとんど選択の余地のないデファクト・スタンダードとなっていたのである。

このような白兵主義が陸軍の信条となっていたことは、明治四一（一九〇八）年五月の教育総監部発行による「戦法訓練の基本」の原則からも十分読み取れる事実である。ここでは、日本陸軍は将来も物的資源が不足すると考えられるために、基本的に精神訓練が必要であり、戦法はこの攻撃精神にもとづく歩兵中心主義に徹し、主に白兵戦に主眼を置く必要があるということが強調されている。そして、その後、大東亜戦争末期までこの白兵突撃戦術はほとんど変更されることなく、陸軍ではスタンダードとして保持されていた。というのも、白兵戦術は日本のような物的資源の少ない国の軍隊に適合し、この戦術を推進すればするほど日本陸軍は効率的に資源を蓄積しえたからである。また、満州事変、日中戦争、香港攻略作戦、シンガポール攻略作戦、そしてビルマ攻略作戦では、この夜襲による白兵突撃戦術はある程度効果的だったからである。

このように、日本陸軍は白兵突撃戦術に完全にロック・インされ、陸軍では白兵戦術はデファクト・スタンダードとなっていたのである。

精神主義を基礎とする白兵突撃戦術は、ガダルカナル戦当時では明らかに効率的戦術ではなかった。近代兵器にもとづく米軍の近代機械化戦術ははるかに効率的であった。しかし、ガダルカナル戦において、はたして一回目あるいは二回目の白兵突撃作戦の失敗によって、日本軍はいったん戦闘を中止し、撤退し、白兵突撃戦術を再考し、より効率的戦術に作戦を変更することができたであろうか。

当時、白兵突撃戦術がデファクト・スタンダードとして成立し、それにロック・インされていた日本陸軍にとって、白兵突撃戦術を放棄し、より効率的な戦術へと変更することはほとんど不可能な状況にあったにちがいない。というのも、白兵突撃戦術を放棄し、より効率的な戦術へと作戦を変更すれば、日本陸軍は巨額のコストを負担しなければならないような状況に置かれていたからである。

白兵突撃戦術の変更コスト

たとえば、日本陸軍はガダルカナル戦に至るまでに白兵銃剣主義に適合するように組織的あるいは制度的に多くの特殊な投資を行っていた。とくに、戦車の開発に関していえば、米軍のように重戦車ではなく、陸軍では白兵突撃を念頭に歩兵を主体とする軽戦車や中戦車が開発されていた。また、銃に関しても、米軍はいち早く自動小銃M1を制式化したのに対して、日本軍は白兵突撃主義を基礎とする手動連発小銃の開発に投資していた。それゆえ、もし陸軍伝統の白兵突撃戦術を放棄し別の戦術へと変更すれば、これら特殊な投資は回収できない埋没コストとなり、しかもこの変更に反発する多くの利害関係者を説得するために膨大な取引コストが発生していたであろう。

また、日本陸軍は、明治以来、精神主義にもとづく白兵銃剣主義を具現化したリーダーや兵士を高く評価し、そのようなリーダーを育成する組織文化を形成してきた。たとえば、これを具現化した英雄として乃木希典が崇められた。また、大東亜戦争の諸戦闘に従事し注目を浴びた将兵も高く評価された。とくに、ガダルカナル戦では、仙台第二師団のように夜襲による白兵突撃によって過去に功績をあげた部隊が参加していた。それゆえ、もし白兵突撃戦術を変更すれば、これらの部隊のプライドは傷つけられ、彼らの士気やインセンティブは完全に低下し、それを再び高めるために多大なコストを必要としたであろう。

さらに、陸軍は、日露戦争以来、この白兵突撃を陸軍のスタンダードとして多大な教育コストをかけて兵士を訓練してきた。とくに、日本軍兵士は、撃たず、喚声もあげず、無声殺致、白刃を擬して風のごとく迫るように、日々訓練されていたのだ。それゆえ、もし白兵突撃戦術を放棄し別の戦術を採用すれば、この特殊な教育訓練コストもまた回収不能な埋没コストとなり、しかも白兵突撃をめぐる利害関係者を説得するために膨大な取引コストを生み出したであろう。

しかも、日本帝国陸軍の戦闘組織も白兵戦を基礎として構成されていた。すなわち、陸軍の戦闘部隊は白兵戦を展開するために歩兵が中核として突出するような特殊な組織制度になっており、砲歩分離の状態で戦闘を行うことも多かった。それゆえ、もし白兵戦術を変更すれば、戦闘組織も大幅に変更する必要があり、そのために多大な調整コストを必要とした。

そして、何よりも、この伝統的白兵突撃を放棄し作戦を変更すれば、この戦術のもとにこれまで戦死した数多くの勇敢な日本兵士の死自体が回収できない埋没コストとなることを意味した。それゆえ、白兵突撃戦術による戦いに敗れれば敗れるほど、この戦術変更に伴うコストもまた増加するという仕組みになっていたのである。

白兵突撃戦術固執の合理性

このように、もし日本陸軍が戦闘を中止し、撤退し、そして白兵突撃戦術を放棄すれば、日本陸軍は膨大な埋没コストと取引コストを生み出すような状況に置かれていた。とくに、ガダルカナル戦では、白兵突撃戦術を放棄し、より効率的な戦術に変更することによって得られるベネフィットよりも、それを変更するために必要な埋没コストと取引コストがあまりにも大きい状況にあったといえる。

この巨大なコストのために、ガダルカナル戦における日本陸軍は容易に過去へと後もどりできない歴史的不可逆性の中に置かれていた。つまり、ガダルカナル戦における日本軍は、たとえ白兵突撃戦術が非効率な戦術であったとしても、依然としてその戦術をスタンダードとして採用し戦い続ける方が合理的な状況にあった。換言すれば、日本陸軍にとって白兵突撃戦術を放棄し、膨大なコストを発生させ、そのコストを確実に負担するよりも、未来に向かって白兵突撃戦術のもとにわずかな勝利の可能性を追求した方が、合理的だったのである。

このように、限定合理性の観点からすれば、ガダルカナル戦での日本陸軍の不条理な白兵突撃戦術へのこだわりは、実は人間の非合理性が生み出した行動ではなく、むしろ当時の状況から推測すれば、そのような行動は合理的だったのである。このような人間の合理性が夜襲による白兵突撃のようなまったく非効率でナンセンスな戦術に日本陸軍をロック・インさせ、多くの犠牲と悲劇を生み出した。ガダルカナル島は、こうした人間の合理性が生み出した最悪の戦場だったのである。

註

＊1　ガダルカナル戦については、児島（一九六五）、戸部他（一九八四）、防衛庁防衛研修所戦史室（一九六八c、一九六九）を参考にした。また、ガダルカナル戦の新制度派経済学アプローチによる別の分析については、菊澤（一九九八b）を参照。

＊2　高山（一九八〇）一四五頁を参照。

＊3　このような戦闘配置については、児島（一九六五）二九五頁を参照。

＊4　このような日本軍の組織的非合理性の分析については、戸部他（一九八四）、川本（一九九六）に詳しい。

＊5　取引コスト理論については、Coase（1937, 1988）, Williamson（1975, 1985, and 1996）に詳しい。また、取引コスト理論のより簡単な説明については、菊澤（一九九八a）に詳しい。

＊6　QWERTYキーボードの話については、David（1985）, Arthur（1994）, Krugman（1994）に詳しい。また、このQWERTYキーボードの話をめぐる批判的議論として、

Liebowitz and Margolis（1990）がある。

＊7　歴史的経路依存性については、David（1985）に詳しい。

第5章　不条理なインパール作戦
——なぜ組織は最悪の作戦を阻止できなかったのか

あいまいさがもたらすのは効率性か不条理か

世の中が不確実となり、いかにして不確実な状況に適応するかが問われる時代に、「柔軟」「あいまい」「中間的」といった言葉で象徴される組織や意思決定の重要性が注目された。とくに、日本企業が世界で躍進を続けていた一九八〇年代には、日本企業は様々な意味であいまいであったために、日本型経営や日本型組織はこれまで明確さを特徴とする欧米の人々の関心を強く引いた。そして、このあいまいさの効率性は様々な理論によって分析された。

しかし、あいまいさ、柔軟さ、そして中間的な特徴は、常に効率性をもたらすものではない。場合によっては、人々を最悪の不条理に導くこともある。このような不条理な事例を、日本陸軍史上、最悪の作戦といわれているインパール作戦実行への意思決定プロセスにみることができる。このだれの目にも実行不可能とみなされていたインパール作戦を実行し、多くの犠牲者を出した日本軍の不条理な行動は、今日、多くの人々によって非日常的で例外的な現象とみなされている。

しかし、そうではなくて、人間の合理性とあいまいさが結びつくと、このような不条理な現象はいつでも発生しうるのである。

このような見方は、最近、新制度派経済学の名のもとに注目されているエージェンシー理論を用いることによって導き出される帰結である。この新しい理論の光に照らして、なぜ日本軍はインパール作戦[*1]を阻止できなかったのかを明らかにしてみたい。

1　インパール作戦

作戦の背景

さて、インドへの進攻作戦は、太平洋戦争緒戦のビルマ攻略作戦が予想以上に早く終了した直後から日本軍には存在していた。しかし、南方軍の作戦計画があまりにも粗雑なものであったために、大本営は「二一号作戦」の名のもとにインド侵攻作戦の再検討と準備を南方軍に指示した。これを受けて、寺内寿一南方軍総司令官は、その準備を飯田祥二郎第一五軍司令官に指示した。

しかし、当時、現地軍の幹部、とくに第一八師団長牟田口廉也中将はこの作戦実行に不同意を唱えていた。というのも、図5―1のように、その地形はヒマラヤの尾根に当たり、世界でも屈指の未開、密林地帯であり、大軍が移動するにはあまりにも険しかったからである。しかも、ジャングル化したその一帯は、コレラ、悪性のマラリア、チフス、そして赤痢菌の巣であった。おりしも、ガダルカナル島やニューギニア方面の戦局が悪化し始めたために、大本営の関心が南方に移り、その作戦の無期延期が南方軍に伝えられた。

こうした状況で、再び「ウ号作戦」の名のもとにインド侵攻作戦としてインパール作戦が浮上してきたのは、戦局がさらに悪化し、日本軍にとってこれまで比較的平穏に推移していたビルマをめぐる情勢も変化しはじめたからである。より具体的にいえば、連合軍によるビルマ奪回のための準備が徐々に本格化し、昭和一八年二月に約三〇〇〇名の英印軍が中部ビルマに突然現れ、一か月半にわたって日本軍をかきまわすという事件が発生したのである。

この部隊は、英国のチャールズ・ウィンゲート少将率いる挺身部隊であった。彼らは、インドから三〇〇〇メートル級のアラカン山系を越え、チンドウィン河を渡ってきた。しかも、補給は必要に応じて飛行機によって空中から投下され、無線誘導されてきたのである。

このウィンゲート旅団の侵入は、日本軍に大きな衝撃を与えた。というのも、これまで

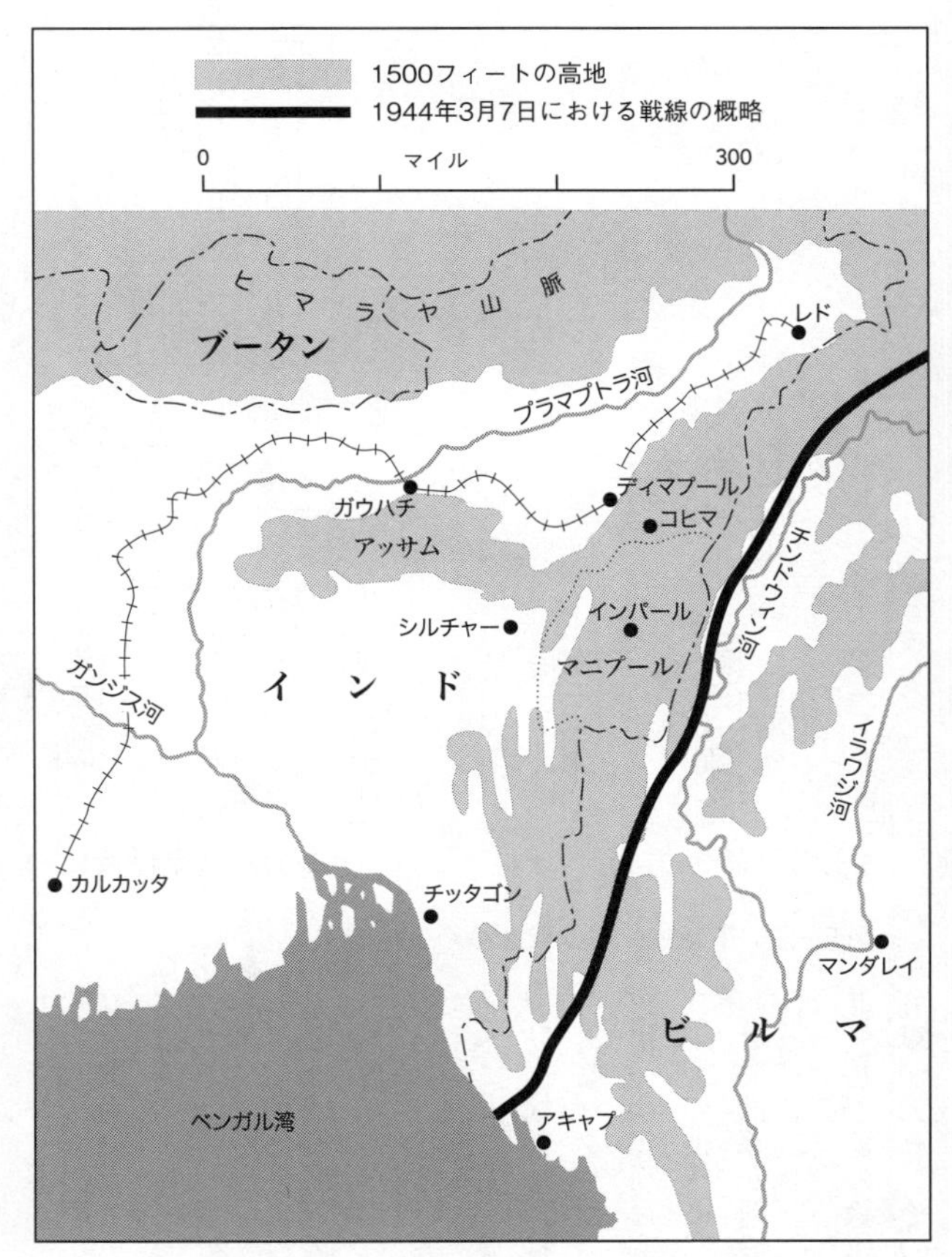

図５−１　ビルマ・インド地形図（Young, 1975）

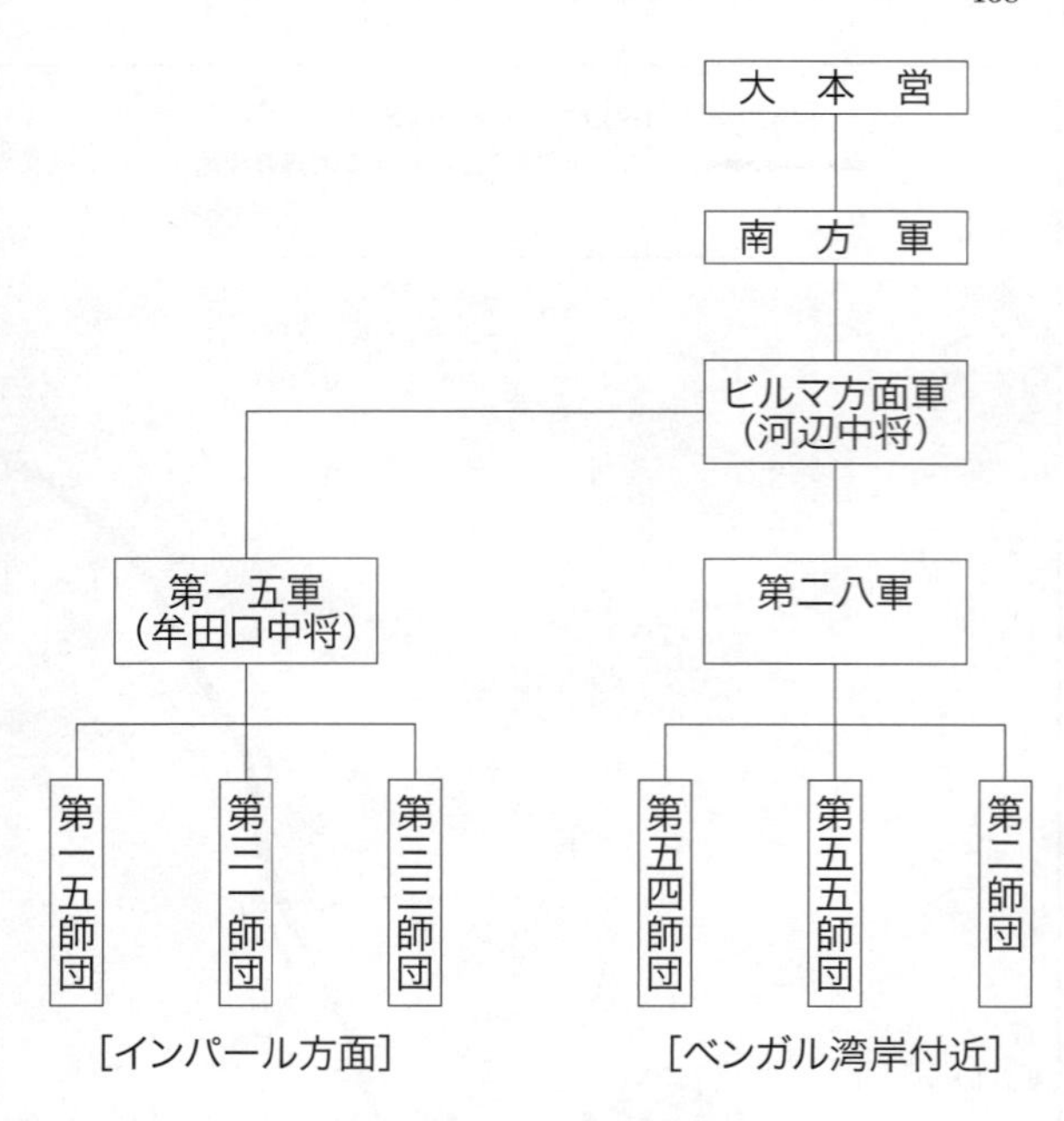

図5−2　インパール作戦をめぐる組織図

日本軍はビルマ・インドの国境地帯は大軍が踏破できるような地形ではないと考えていたからである。しかも、この判断のもとに、日本軍のビルマ防衛構想は展開されていたからである。それゆえ、この基本認識が崩れた以上、日本軍はビルマ防衛構想を再検討せざるをえなくなった。そして、昭和一八年三月下旬に、図5―2のように、新たにビルマ方面軍が新設され、その司令官に河辺正三中将が就任し、その隷属下に第一五軍が入り、その軍司令官には牟田口廉也中将が昇格した。

この新しい組織では、北部および中部ビルマの防衛・作戦指導は主に牟田口司令官率いる第一五軍に任された。これに対して、河辺司令官率いるビルマ方面軍は第五五師団を直轄として主にビルマの独立準備や対インド工作などの政戦略全般にあたることになった。

こうした戦局と組織状況から、第一五軍の牟田口中将がインパール攻略作戦を提唱することになったのである。

作戦反対論

さて、第一五軍司令官牟田口の作戦は、ウィンゲート部隊の出現により、北部ビルマが必ずしも作戦不可能な辺境の地ではないことを悟り、かつて自らが反対した「二一号作戦」の再現を考えた。すなわち、敵を迎え打つ受動的ビルマ防衛構想ではなく、逆にこちらからインドへ渡りインパールを攻撃する攻撃的防衛構想であった。

しかし、補給出身で当時「兵站（へいたん）の神様」と呼ばれていた小畑信良（おばたのぶよし）第一五軍参謀長は、この作戦に反対の意を唱えた。彼は、数度にわたる空中偵察を行った結果、補給困難を理由に、この作戦が実行不可能であると判断した。これに対して、牟田口は小畑参謀長を必勝の信念に欠ける臆病者と批判し、赴任後、わずか一か月半で彼を更迭した。しかも、この無謀なインパール作戦を実行するために、牟田口は軍上層機関に執拗な要請を続けていった。そして、結局、大本営がこの作戦の「準備命令」を下したのは昭和一八年九月であった。

しかし、その後、インパール作戦がなかなか実行されなかったのは、小畑参謀長が認識したように、多くの人々が、補給困難のため、この作戦によって多数の将兵が無駄死にすると考えたからである。とくに、当時、日本軍は、物資自体に限界があっただけでなく、ウィンゲート旅団が行ったように空中投下で補給できるような飛行機がなかったし、自動車もごく一部しか利用できなかった。そして、インパール周辺には道路らしい道路はなく、人力に頼るにはあまりに険しい地形だったのである。こうした状況を、ビルマ方面軍、南方軍、そして大本営の各作戦参謀たちが等しく認識し、インパール作戦は実行不可能であると主張していたのである。

また、インパール作戦に参加する三個師団、つまり第一五師団山内正文中将、第三一師団佐藤幸徳中将、そして第三三師団柳田元三中将の各師団長も、補給困難を理由にしばしば第一五軍牟田口司令官と対立していた。とくに、陸軍大学校三四期で成績優秀者として天皇から軍刀を授与された恩賜軍刀組の柳田中将は、何事も理論と計算によって行う合理主義者であった。彼は、ソロモン、ニューギニア、そして太平洋の戦訓から航空戦力の劣勢と補給能力を欠くインパール作戦は必ず失敗することを明言していた。そして、この柳田中将の意見に、山内中将と佐藤中将も共感していたのである。

これに対して、牟田口中将は「不可能を可能にすることこそが軍人の本務だ」と豪語し、彼らを不快に思っていた。とくに、牟田口中将は、柳田率いる第三三師団に対して、しばしば柳田中将を通じないで、自分と同じタイプの参謀長田中鉄次郎(たなかてつじろう)大佐に直接指示を与える始末であった。しかも、一月末にメイミョウでの第一五軍司令部で最後のインパール作戦兵棋(へいぎ)演習(図上演習)が開かれたとき、集められたのは参謀長と作戦主任参謀たちであって、三人の師団長はいずれも呼ばれなかったのである。

このような根強い反対がありながらも、結局、大本営は翌昭和一九年一月に、インパール作戦実施を承認した。そして、牟田口司令官によって「作戦開始命令」が出されたのは、昭和一九年三月に入ってからであった。

失敗の前兆

さて、インパール作戦承認後、第一五軍がこの作戦で最悪の事態になることを暗示するような戦闘が、すでに作戦実施一か月前の昭和一九年二月九日に起こっていた。[*2] インパール作戦とともに進出したビルマ方面軍はインド＝ビルマ国境のベンガル湾付近の盆地で英印軍の主力を包囲し、日本軍お得意の包囲殲滅(せんめつ)作戦を行おうとした。しかし、奇妙なことに、殲滅されたのは英印軍ではなく、逆に包囲した日本軍だった。

このとき、英印軍は外側を戦車と火砲で輪型に陣地をかため、突撃してくる日本軍を撃破し、補給は大型航空輸送機で食糧から弾薬までを落下傘につけて落下させるという立体的な円筒作戦を展開していた。このように、南太平洋と同様に、陸上でも航空力の優越が戦果を決定するという新しい様相がすでに現れていた。

この敗北の真相を直ちに理解したのは、インパール作戦に協力する第五航空師団の田副登師団長とその幕僚たちであった。インパールに行けば、連合軍によってさらに大規模な立体作戦が展開され、日本軍は包囲して逆に敵に殲滅される可能性が高いと主張した。しかし、この教訓はいかされることなく、大本営および第一五軍司令官牟田口はインパール作戦を断行し、昭和一九年三月八日から一五日にかけて三個師団はいっせいに作戦を開始した。

作戦開始

さて、インパール作戦のより具体的なシナリオは図5―3[*3]のように北、東、そして南の三方面からインパールを包囲し、急襲撃破しようとするものであった。

〔作戦1〕まず、第三三師団が南方（カレワ、ヤザギョウ）からインパールの背後を衝く。

〔作戦2〕次に、第一五師団は東方（タウンダット）からアラカン山系を真横に突っ切り、インパールの側面に出る。

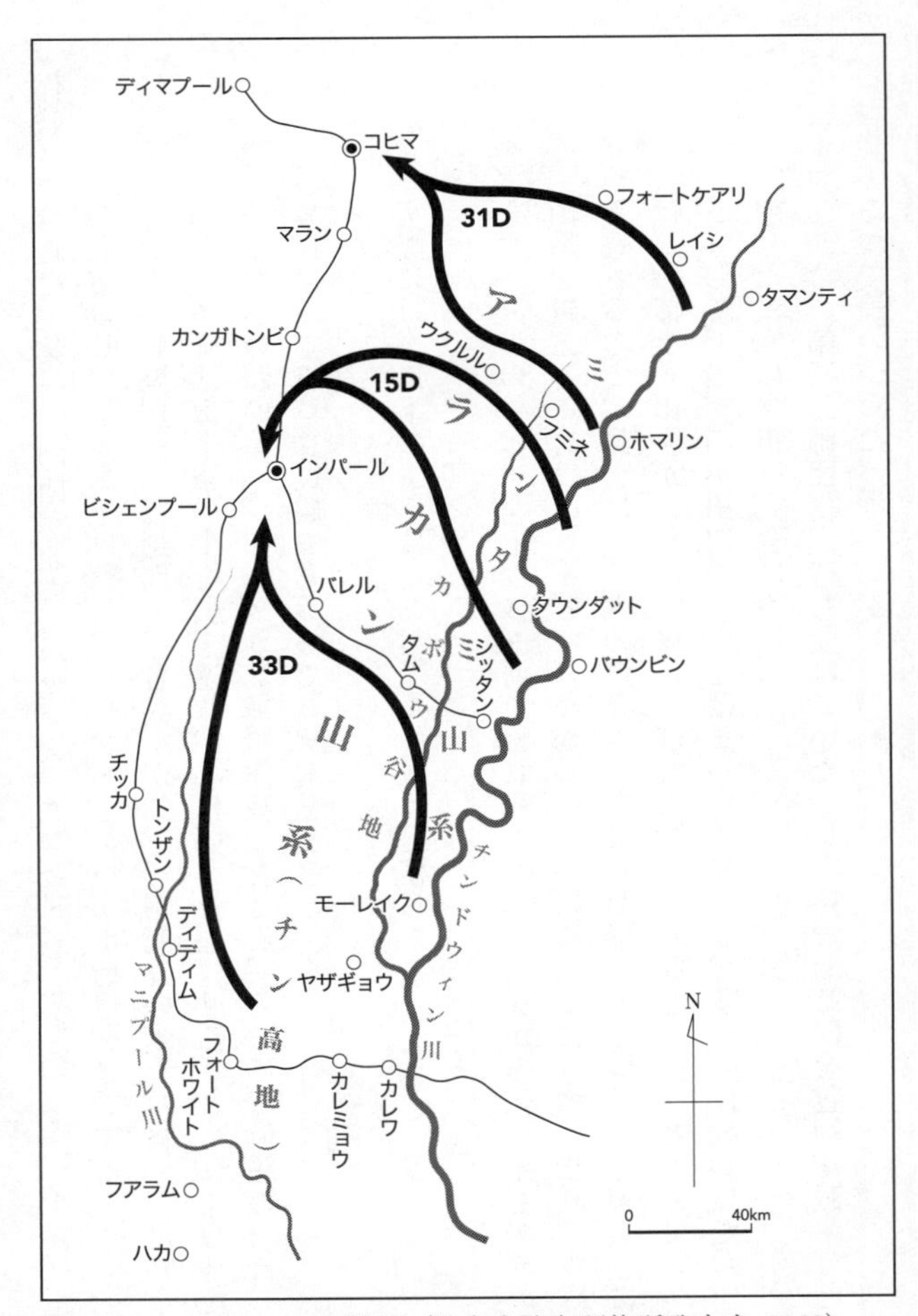

図５−３　インパール作戦図（防衛庁防衛研修所戦史室, 1968）

〔作戦3〕さらに、第三一師団が北方（ホマリン、カウンマン）から発して、インパールの北方コヒマの要衝を攻撃し、コヒマ・インパール街道を遮断する。
〔作戦4〕しかも、戦闘期間は三週間で、各兵士が二、三週間分の米を背負い、足りない部分は各師団数千頭の牛を引き連れ、牛に弾薬を運ばせるとともに牛自体を食糧とするいわゆる「ジンギスカン補給作戦」をとる。そして、最悪の場合、日本民族は本来草食民族であるので、草木を食糧とする。

しかし、実際には、以下のようにインパール作戦は推移した。

〔実行4〕まず、大半の牛はチンドウィン河で溺れ死んだ。生きながらえた牛もアラカン山系を越えることはほとんどできなかった。牛は道ばたにうずくまり、本隊から遅れるので、兵士はたき火の燃えさしを牛のお尻に押しつけ、その熱さに牛は驚いて歩き出すが、やがて皮がこげても動かなくなり、次々と死んでいった。こうして、当初の牟田口の予定とはまったく異なり、多くの作戦参謀たちが予想したように食糧は完全に不足した。
〔実行1〕しかし、第三三師団は、待ち受けていたインド第一七師団を包囲殲滅するところまで追いつめた。

〔実行２〕また、第一五師団の一部はわずか二週間でインパールの北四五キロのミッションまで進出した。
〔実行３〕そして、一番北から進軍した第三一師団の宮崎繁三郎（みやざきしげさぶろう）少将率いる宮崎支隊は四月五日にコヒマに突入し、約二か月間にわたってインパール街道を遮断した。

つまり、日本軍は一ヶ月くらいの間に各師団の一部はインパールの近くまで進撃し、形のうえではインパールを包囲した。

しかし、これが英国第一四軍司令官スリム中将の作戦であった。彼の作戦は、日本軍と戦闘を交えつつ徐々に後退し、日本軍をインパール近くまで引き込み、日本軍の補給線が完全に伸びきったところで攻撃するという作戦であった。彼らにとって、インパール街道の遮断は何ら苦痛ではなかった。田副師団長が一か月前に予測したように、彼らは航空機によって絶えず空中補給されるといった大規模な立体作戦を展開していた。しかも、彼らは日本軍のようにいたずらに強襲はしなかった。包囲遮断さえしていれば、補給の続かない日本軍は自滅するので、できるだけ貴重な兵力を温存したのである。

もちろん、英国軍にも損害はあった。ビルマ方面総司令官マウントバッテン大将がジープから落ちて大けがをし、ウィンゲート空挺旅団長も飛行機事故で死亡していた。

これに対して、牟田口司令官はビルマの軽井沢といわれるメイミョウから各師団にただ前進だけをひたすら命令した。補給線が伸びきった前線は予想どおり、弾薬も食糧もほとんど届かなかった。将兵は飢え始め、赤痢にかかって衰弱し、そして雨季の豪雨にさらされていた。わずかに途中で奪う敵の食糧で栄養補給に努めたが、食べ慣れないチーズを石けん臭いと捨てる兵士もいた。こうした状況で、牟田口司令官と各師団長は無線を通じて反目した。牟田口はひたすら前進命令を繰り返すだけであった。

結局、牟田口司令官は、戦意不足を理由に三人の師団長を次々と更迭していった（図5―4）。まず、この作戦を当初から反対していた第三三師団長柳田中将は「病弱のため不適任と認め……」との理由で更迭された。続いて、第一五師団長山内中将もまた更迭された。山内中将は、師団長剝奪の命令がきたとき、マラリアの発熱で倒れていた。更迭を不名誉とし、屈辱のためにわきたつ怒りのなか、山内師団長は重体に陥り、メイミョウの兵站病院で死んでいった。そして、第三一師団長の佐藤幸徳中将の場合、牟田口司令官の命令に反して、食糧のあるところまで撤退すると言明して戦場を後にした。陸軍始まって以来の師団長の抗命事件であった。

多くの将校が作戦実行中に更迭されるというのは、まさに異例の事態であった。とくに、戦闘中に、天皇から任命された三人の師団長を軍司令官が解任することは異常であったし、日本軍事史上、唯一の事例であった。

最悪の帰結

さて、作戦実施から約三ヶ月後の昭和一九年六月初め、インパール作戦の失敗はだれの目にも明らかになった。ビルマ方面軍司令官の河辺中将は、第一五軍戦闘司令所の牟田口司令官を訪れた。しかし、両者とも「中止」を口にしないまま、結局、インパール作戦中

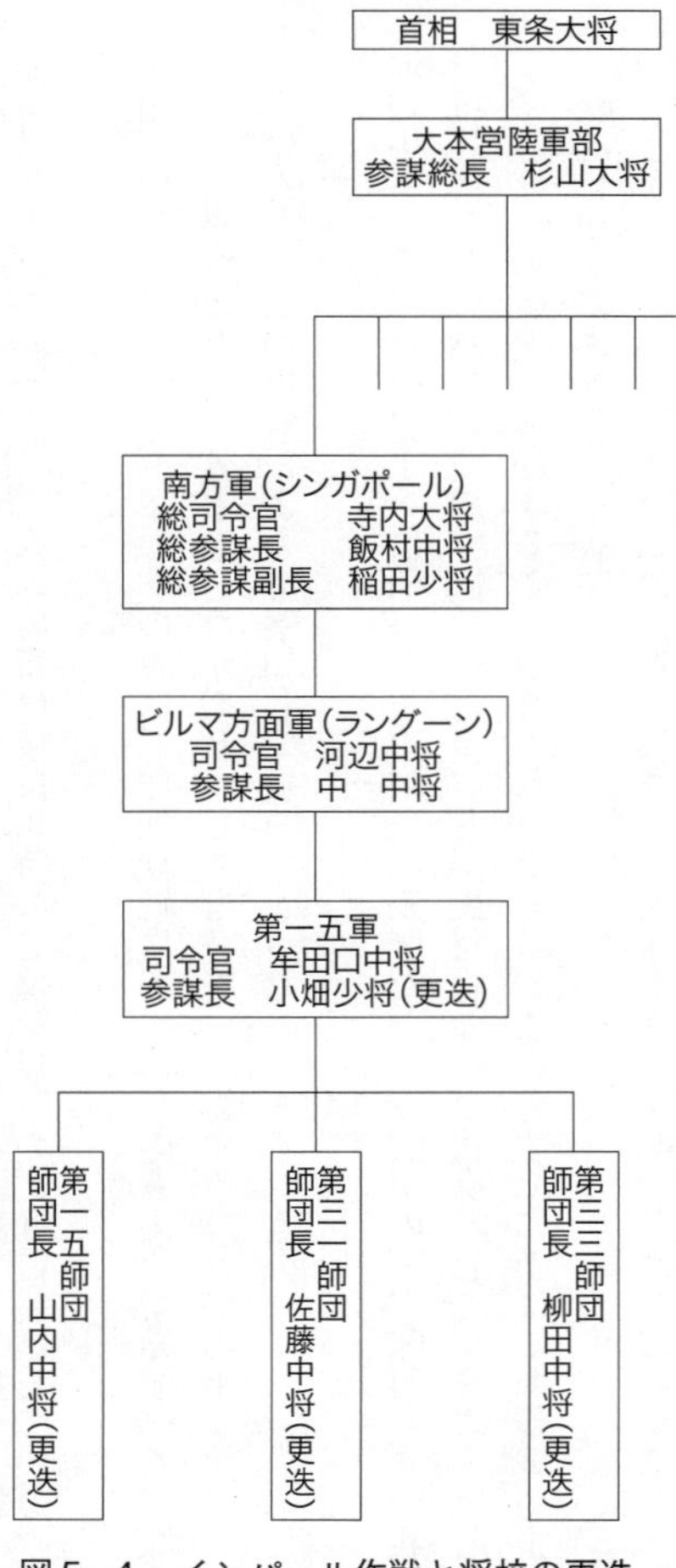

図5-4　インパール作戦と将校の更迭

止命令は下されなかった。二人の将軍は後に当時の心境を以下のように述懐している。*4

牟田口中将「私は河辺将軍の真の腹は、作戦継続に関する私の考えを察知すべく、脈をとりに来たことを十分察知したが、どうしても将軍に吐露することが出来なかった。私はただ、私の風貌によって察知して貰いたかったのである」

河辺中将「……ラングーンに帰った予の瞼には鬼気ただよう陰雨の下、陣頭に立つ我が将兵、ことにパレル戦線で握手したインド国民将兵の顔が彷彿としてやまぬ……若し冷静にこの戦況を客観することが許されたならば、この時すでに予はこの作戦中止の決心に出たであろう。

しかし、この作戦には私の視野以外さらに大きな性格があった。なんらか打つべき手の一つでも残っている限り、最後まで戦わねばならぬ。この作戦には、日印両国の運命がかかっている。そしてチャンドラ・ボースと心中するのだ、と予は自分自身に言い聞かせた」

事情のわからない南方軍と大本営からは、激励の電報が相次ぐばかりであった。そして、六月下旬、牟田口はようやく作戦中止を決定した。その後、ビルマ方面軍、南方軍、そして大本営が状況を認識した。そして、作戦中止が決定されたのは七月にずれ込んだ。その間、最前線の将兵は無意味で効果のない突撃を繰り返し、いたずらに犠牲者を増加させていた。

撤退命令が出たとき、ほとんどの将兵は食糧をもっていなかった。多くの将兵がジャングル内の草や筍を食べながら彷徨していた。あまりにも多くの日本軍将兵が力つきて倒れ死んでいったために、インパール・コヒマ周辺の道は「白骨街道」といわれている。飢え、マラリア、赤痢に苦しむ兵士のなかで疾病の戦友を運ぶことに愚痴をこぼす者はいなかった。道ばたに負傷兵が横たわり、目、鼻、口にウジ虫がうごめいていた。髪にウジが集まり、白髪のように見える兵士もいた。また、ぱっくりあいた腿の傷に指を入れてウジをほじくり出す兵士もいた。血と泥にまみれ、人間か土かわからないような者もいた。まさに、インパール作戦は、この世の生き地獄を再現した戦いであった。

この戦いでは、日本軍の死傷者は五万人以上となった。これに対して、英国軍の死傷者はおよそ一万七〇〇〇人であった。日本軍の各師団、つまり第一五師団、第三一師団、そして第三三師団の兵力はそれぞれ作戦開始前のおよそ二五％に激減した。つまり、この戦いに参加した日本兵のうち、チンドウィン河を越えて直接アラカン山系内の戦場で戦った日本兵は全滅したのである。しかも、ほとんどが戦死というよりも、飢えと病気である。これが、無謀なインパール作戦の結末であった。

このような流れをもつインパール作戦をめぐって現在でも問題となっているのは、なぜほとんどの人々が反対していたにもかかわらず、作戦が実行されてしまったのかという問題である。

この日本軍の不条理な行動をめぐって、これまで多くの研究者が日本軍の非合理性を指摘し、その非合理性を徹底的に批判してきた。[*5] たとえば、日本陸軍は軍事合理性よりも人情重視主義に偏向していたことが指摘されている。また、日本軍の非合理な楽観主義、敵戦力に対する過小評価、補給の軽視などが指摘されている。さらに、第一五軍牟田口司令官の非合理な性格にこの作戦の失敗の本質が求められている。

しかし、これらの指摘は、いずれも基本的に完全合理的な人間を仮定し、そのような完全合理的な人間行動を理想とし、その理想と現実を比較して現実が非合理であったと批判しているにすぎない。それゆえ、このような議論から導かれるのは、今後、われわれ人間は神のように完全合理的に行動すべきであるという実行不可能な要請でしかない。

２　エージェンシー理論について

基本的考え方

以上のようなインパール作戦について、神のような完全合理性の立場ではなく、不完全な人間の立場に立ち返って分析を行うために、現代組織論のフロンティアであるエージェンシー理論について簡単に説明しておこう。

エージェンシー理論では、すべての取引関係は依頼人であるプリンシパルと代理人であるエージェントというフレームワークによって分析される。プリンシパルとはある目的を達成するためにある権限を委譲する依頼人であり、その権限が委譲され代行する代理人がエージェントである。この理論では、依頼人であるプリンシパルも代理人であるエージェントも、ともに利己的利益を追求するが、その関心や利害は必ずしも同じものではなく（利害の不一致）、しかも相互に完全に合理的ではなく、限定合理的であるために、情報の収集、処理、そして伝達能力には限界があり、相互に同じ情報をもつとは限らない（情報の非対称性）と仮定される。

このように、もしエージェンシー（代理人）関係が結ばれるならば、代理人であるエージェントは依頼人であるプリンシパルと必ずしも利害は同じではないし、またプリンシパルはエージェントを完全に監視できないので、エージェントはプリンシパルの不備につけ込んで資源を悪用し、利己的利益を得るように行動することが合理的となる。これに対して、プリンシパルは、このようなエージェントの悪しき機会主義的行動を抑制するような何らかの制度を事前に設置することが合理的となる。このように、プリンシパルとエージェントが相互に合理的に行動することによって様々な制度が形成されるということ、これがエージェンシー理論的な見方なのである。[*6]

モラル・ハザード現象

さて、このようなエージェントとプリンシパルの行動として、今日、よく知られている現象は、モラル・ハザード（道徳の欠如）現象とアドバース・セレクション（逆淘汰）現象である。[*7] そして、これらの現象が組み合わされて不条理な現象が発生するメカニズムを、以下簡単に例示しておこう。

たとえば、ノンバンクと企業家との間の借入契約について考えてみよう。この場合、エージェントとしての企業家は借入契約以前に自分の経済状態について隠れた情報をもっている。他方、プリンシパルとしてのノンバンクは企業家の経済状態を完全に知ることができない。それゆえ、両者の間には情報の非対称性が成り立つことになる。

また、ノンバンクは企業家に対してリスキーな投資ではなく、元金と利息を返済できる程度の堅実な投資を行うことを望むだろう。これに対して、企業家は借金のもとによりリスキーな投資を行うことに関心をもつかもしれない。それゆえ、両者の利害も異なる可能性がある。

このような状況では、借入契約後、企業家はノンバンクとの契約内容を無視して、よりリスキーな投資を行うかもしれないし、赤字隠しのために借金で株主に配当を出そうとするかもしれない。それゆえ、最悪の場合、返済不能になる可能性もある。このように、契約後、エージェントがプリンシパルに隠れて悪しき行動を行うような現象がモラル・ハザード現象と呼ばれる現象であり、現実に数多く見出せる現象である。

アドバース・セレクション現象

しかし、プリンシパルは完全に非合理ではないので、できるだけエージェントのモラル・ハザードを抑止しようとする。

たとえば、プリンシパルであるノンバンクは、貸し倒れになるといった最悪の事態をできるだけ回避しようとするだろう。そして、そのために、たとえ貸し倒れになったとしても被害を最小にするために、はじめから広く一般的に貸し出し金利を比較的高めに設定し、他の資金利用者からも利益を得るような行動をとることが合理的となる。

しかし、この高い利子は経済的に健全な企業家にとってはあまりにも高くみえるので、この高い金利は健全な企業家にとっては魅力的ではない。それゆえ、経済的に健全な企業家はこの利子のもとに借入契約を行わないだろう。これに対して、その同じ利子は不健全な企業家にとってはなお安くみえるので、このような利子にもとづく借入契約は不健全な企業家にとって魅力的なものとなる。

したがって、経済的に健全な企業家はこの借入契約を避け、不健全で悪質な企業家だけがこの借入契約を結ぼうとするだろう。

こうして、不健全な企業家ばかりが集合し、健全な企業家が退出していくような現象、つまりアドバース・セレクション（逆淘汰）現象と呼ばれる現象が発生することになる。これは、関連する人々が合理的に行動する結果として発生する意図せざる不条理な帰結なのである。つまり、エージェンシー関係が生み出すモラル・ハザード現象を抑止するために設定された制度が、逆にアドバース・セレクションという不条理な現象を生み出してしまうというパターンなのである。

このような不条理なパターンが、インパール作戦をめぐる日本軍にも発生していたことを、以下説明しよう。

3　なぜインパール作戦を阻止できなかったのか

エージェンシー問題

さて、はじめに説明したように、インド侵攻構想は比較的早い時期からあった。しかし、現地軍による強い反対によって大本営はこの作戦準備を無期延期にした。当時、ビルマをめぐる戦局は比較的安定しており、現地軍と大本営との間にはそれほど大きな利害の不一致はなかった。つまり、大本営も現地軍もともに、この作戦を実行することによって発生するコストが現状のままでいるコストよりも大きいという共通の認識にあった。進化経済学者ネルソンとウインター流にいえば、当時、たとえ利害の対立があったとしても既存の組織的ルーティンを変化させるような環境の変化がない限り、メンバーはそのルーティンに従って行動し、その限りで利害対立は休止しており、表面化しなかったのかもしれない。[*8]

そのために、非効率な資源配分をもたらすような作戦実施命令は結果的に下されなかった。

しかし、戦局が悪化し、日本軍がこの悪化した局面を打開する必要性に迫られたとき、組織メンバーに対して既存のルーティン以外の行動が求められるようになった。そして、そのために組織内に潜んでいた利害の不一致が表面化しはじめた。

いま、軍事組織上、「南方軍」「方面軍」「大本営」などの上級機関、より正確にいえば「大本営」をプリンシパルとし、その命令にもとづいて最終的に行動する現地軍「第一五軍」をエージェントとすれば、これらの間には以下のようなエージェンシー問題が発生する条件が出そろっていた。

【利害の不一致】

当時、第一五軍の牟田口司令官と南方軍、方面軍、そして大本営の各参謀たちの利害は相互に必ずしも一致していなかった。

一方で、第一五軍の牟田口司令官はビルマ防衛という軍事的な組織目的だけではなく、個人的な経歴から自分が盧溝橋事件の当事者であり、この大戦のきっかけを作った自責の念から、この戦局に決定的な影響を与えることが国家に対して申し訳がたつという個人的かつ政治的利害をもっていた。[*9]

大東亜戦争は、いわば、わしの責任だ。盧溝橋で第一発を撃って戦争を起こしたのはわしだから、わしが、この戦争のかたをつけなければならんと思うておる。

しかも、牟田口中将には強い名誉欲があり、実際にはビルマ防衛を越えてインドのアッサムへ進攻することに強い関心があった。彼は、大将になりたかったのである。

他方、この第一五軍の牟田口中将のインパール作戦をめぐってたびたび作戦会議が開かれ、各軍参謀たちはいずれも効率的資源配分の観点からこの作戦の中止を唱えた。たとえば、ビルマ方面軍の中永太郎参謀長や南方軍の稲田正純総参謀副長は、インパール作戦が地形と補給を軽視したあまりにも非効率な資源配分を前提とした作戦であることを見抜き、その再考を強く求めていた。また、参謀本部第一部長の真田穣一郎少将も、補給および制空権の不利からその作戦発動に不可を唱え、しかも当時の戦局からいっても大本営ではインパール作戦に多大な資源を配分することに関心はなかったのである。

【情報の非対称性】

さらに、当時、第一五軍とビルマ方面軍、南方軍、とくに大本営との間には情報の非対称性があった。

たとえば、大本営は現場の第一五軍の現状を十分に把握し、監視し、そしてコントロールすることができなかった。他方、第一五軍の牟田口も、日本軍がすでに新たな大作戦を展開できるような状態にはないことを十分認識しえていなかった。それゆえ、大本営がインパール作戦に反対したとき、第一五軍の牟田口は大胆にも上層部の戦闘経験不足を指摘し、現状を十分理解できていないと批判した。そして、何よりも本来の命令系統、すなわち自分の直近上官たる河辺ビルマ方面軍司令官以外の意見には服従しないとさえ主張していたのである。

以上のような状況にあったために、当時、エージェントとしての第一五軍がプリンシパルとしての大本営の命令とは別の行動を密かに起こすいわゆるモラル・ハザード現象が発生する可能性が十分にあった。

事実、牟田口中将は、かつて日華事変の口火となった盧溝橋の攻撃命令を独断専行し、それを河辺旅団長が事後的に追認するといったモラル・ハザードを起こした経験のある人物であった。しかも、牟田口中将は自分の意見を通すために、インフォーマルな形で密かに関東軍時代の上司であった東条英機首相や富永恭次(とみながきょうじ)陸軍次官に頻繁に手紙を出していた。[*10]

他方、この第一五軍司令官牟田口の独断専行を防止するため、第一五軍の隷属下に入るために中国の戦場から輸送された第一五師団のビルマ到着は、南方軍によって意図的に遅らされていた。[*11]

モラル・ハザードとあいまいな命令

以上のように、大本営は基本的にインパール作戦を実行不可能と認識していた。しかし、現地の各軍がビルマをめぐる攻撃的防御の必要性については合意をみている以上、この作戦を完全に無視することはできなかった。こうして、第一五軍の牟田口のモラル・ハザード現象を事前に抑えるために、大本営は作戦実施の判断を将来にゆだねるインパール作戦実施準備命令というあいまいな命令を南方軍に発した。

この準備命令を受けて、さっそく、南方軍はビルマ方面軍に対して「ウ号作戦」の名のもとにインパール作戦準備を命じた。この作戦では、作戦目的をビルマ防衛強化とし、目標地をインパールに限定し、作戦の柔軟性と堅実性を図るように指示されていた。さらに、この南方軍の命令にもとづき、ビルマ方面軍は「ウ号作戦」準備要綱を作成し、これを第一五軍に通達した。この準備要綱は重点を南に指向せよと指示していた。しかし、その表現はきわめてあいまいなものであった。そのため、第一五軍の牟田口は、このあいまいな表現を自己案に有利な意味に解釈していった。

ところで、この「作戦実施準備命令」というあいまいな命令は、ある意味でコンティンジェント（状況依存的）で柔軟な命令である。というのも、この命令は、勝てると思われる状況では作戦を実施し、勝てないと思われる状況では作戦を中止する、という状況依存的命令だからである。また、この命令は、一方で少なくとも作戦を中止するわけではなく、他方で作戦を実行するわけでもないという意味で、中間的な状態を指示する命令でもある。換言すると、この命令は作戦が実行されるかもしれないし、中止されるかもしれないという、二つの状態を同時にあわせ示す中間的命令でもある。

このような「あいまい」で「柔軟」で「中間的」な特徴をもつ状態がおよそ三ヶ月間続

き、その間、以下のように、一方でこの作戦にわずかな成功の可能性を見出す人々をふるいたたせ、他方で資源配分の効率性に腐心する人々を沈黙させる効果をもたらしたのである。

あいまいな命令とアドバース・セレクション

まず、効率的な組織的あるいは人的資源配分に関心をもつ人々は、この作戦によって勝利を得る可能性はほとんどゼロに等しいと認識していた。それゆえ、この作戦を実行することによって発生するコストはあまりに高く、現状のままいる方がはるかにコストは低いと認識していた。したがって、彼らはこのあいまいな特徴をもつ作戦実施準備命令のもとではインパール作戦は少なくとも実行されることはないと考えていた。必ずだれかが反対し、結果的に作戦は中止になると考えていたのである。事実、前回だされたインド侵攻作戦は無期延期となり、結果的に中止になっている。それゆえ、この作戦実施準備命令のもとでは、インパール作戦をあえて積極的に否定する行動や言動に出る必要はなかった。この作戦準備状態を維持し、無期延期することが、彼らにとって合理的な行動だったのである。[*12]

たとえば、当時、各兵団の第一線の多くの参謀たちは、インパール作戦は無理あるいは無茶な作戦だと思っていた。それゆえ、結果的に、この作戦は中止されることになると考えていた。だから、この作戦の成否の見通しについて問われたとき、積極的に反対するものはいなかった。ほとんどの参謀たちは、言葉を濁し、沈黙したままであったといわれている。

　また、ビルマ方面軍の中参謀長は当初からこの作戦実施によるコストの大きさを認識し、たびたびこの作戦の修正要求を行っていた。しかし、「作戦実施準備命令」以後、この作戦は少なくともだれかが反対し、結果的に実行されることはないと考え、傍観することが多くなったといわれている。

　さらに、南方軍の稲田総参謀副長もラングーン兵棋演習の結果から、この作戦を実行することによるコストがあまりに大きいことを認識し、この作戦計画が修正されない限り、認可できないと主張した。しかし、その後、彼は、突然、第一九軍司令部付きに転出した。稲田は転出に際し、寺内総司令官に対してインパール作戦は問題があるので、認可には慎重を要すると進言した。しかも、山田成利および甲斐崎三夫の両参謀に対しても、第一五軍が堅実な構想に修正しない限り、認可しないように注意していた。

　そして、参謀本部第一部長の真田もまたこの作戦の実行によるコストがあまりにも大きいことを認識し、ビルマ防衛は戦略的持久戦によるべきであり、危険なインパール作戦のような賭けに出るべきではないと主張していた。しかし、「作戦準備命令」が出てからは、少なくともだれかがこの作戦を最終的に反対すると考え、結果的に杉山元（はじめ）参謀総長の人情論に押され、その決断を東条首相にゆだねた。
これに対して、政治的に利己的利益を追求する人々は、牟田口中将の企図する奇襲攻撃が成功し、細々でも補給が続き、そして将兵の猛進が実現すれば、インパール戦勝利の確率はゼロではないと考えていた。彼らにとって、インパール作戦による勝利の可能性がゼロでない限り、何もしないで現状のままいることはあまりにもコストが高かった。ましてや、この作戦を中止することによって発生するコストは、膨大なものだったのである。彼らにとって、この作戦をいち早く実行に移すことこそがベネフィットをもたらす可能性があった。
とくに、当時の陸軍首脳は、大東亜戦争中期以後、海軍に比べて陸軍の出番が少ないことを憂慮し、陸軍の活躍ぶりを国民に示す必要性を痛感していた。彼らは、作戦実施準備命令を、少なくとも勝つ可能性がゼロではない限り作戦実行の可能性があると解釈した。それゆえ、この作戦を実行させるように働きかけることこそが、彼らにとっては合理的な行動だった。[*13]
たとえば、ビルマ方面軍の河辺司令官は盧溝橋事件のときの牟田口連隊長の上司（旅団長）であり、この個人的関係から牟田口の主張をできるだけ通してあげたいといった個人的利益をもっていた。また、河辺は、この作戦に参加したいというチャンドラ・ボースの烈々たるインド独立の熱意に感服し、この作戦にはインド国民三億五〇〇〇万人の運命がかかっていると思い込んでいた。それゆえ、インパール作戦成功の可能性がゼロでない限り、この作戦を容認するように働きかけることは、彼にとっては非合理ではなかった。むしろ、何もしないでこのままいること自体が、いたずらにコストを増加させるだけだった。したがって、大本営の作戦実施準備命令を作戦実施命令に変えるように働きかけた彼の行動は、合理的だったのである。

日本軍の戦局全般の不利を打開することに関心があった南方軍の参謀長の綾部橘樹（あやべきつじゅ）中将（稲田の後任）も、この作戦での成功によって戦局が打開される可能性があると考えていた。それゆえ、この作戦の勝利の可能性がゼロでない限り、これが寺内南方軍司令官自身の強い要望であることを訴えながら大本営に作戦実施許可を求めることは、彼にとって合理的な行動であった。むしろ、このわずかな勝利の可能性を追求しないで、現状のままとどまること、ましてこの作戦を中止することは、日本軍にとってあまりにも大きなコストになると考えた。それゆえ、彼は、当然、大本営の作戦実施準備命令を作戦実施命令に変えるべきだと考えたのである。

戦況打開および陸軍の存在をアピールすることに関心があったす杉山元参謀総長も、この作戦の勝利によって目的が達成されると考えた。それゆえ、この戦いの成功率がゼロでない限り、寺内のたっての希望であるならば南方軍のできる範囲で作戦を決行させてもよいではないかと、真田を説得したのも、決して非合理な行動ではなかった。

そして、当時、悪化した戦局と並行して悪化する自らの政治的立場を打開することに関心があった東条英機首相兼陸相は、一方で昭和一八年八月にビルマを独立させ、他方でボースを中心とするインド独立運動で英国に圧力を加え、さらにインパールを攻撃することによって、この事態を転換できる可能性があると考えた。それゆえ、インパール作戦の成功率がゼロでない限り、作戦実施を容認することは決して非合理ではなかった。むしろ、彼にとって何もしないでいることはあまりにもコストが高かったのである。

以上のように、第一五軍の独断専行やモラル・ハザード現象を抑制するために大本営によって出されたあいまいで柔軟で中間的な「作戦実施準備命令」のもとに、一方で資源配分の効率性を重視する作戦参謀たちは、この作戦の実行はあまりに高いコストを伴うので、この作戦準備命令によってインパール作戦は少なくとも実施されることはないと考え、合理的に沈黙した。他方、この作戦の勝利に様々な個人的政治的利害をもっていた司令官たちは、この作戦の成功率がゼロでない限り、この作戦を中止したり何もしないでいることは、いたずらにコストを増加させることになると考えた。それゆえ、この作戦準備命令を作戦実行命令に変えるべきだと考えて、合理的に結集してきたのである。

こうして、インパール作戦の反対者は淘汰され、様々な個人的政治的利益を追求する人々が生き残り、非効率な資源配分をもたらすインパール作戦実施が合理的に承認されるというアドバース・セレクション現象、つまり逆淘汰現象が日本軍に発生したのである。

かくして、昭和一九年一月七日、大本営は、成功する見込みのまったくないインパール作戦の決行を承認した。

大陸指第一七七六号
大陸命令第六五〇号ニ基キ左ノ如ク指示ス
南方軍総司令官ハ「ビルマ」防衛ノ為適時当面ノ敵ヲ撃破シテ「インパール」付近東北部印度ノ要域ヲ占領確保スルコトヲ得
昭和一九年一月七日

註

＊1　インパール作戦の詳細については、防衛庁防衛研修所戦史室（一九六八）、磯部（一九八四）、池田（一九九五）、高木（一九六五）、戸部（一九九八）、戸部他（一九八四）を参考にした。また、インパール作戦のエージェンシー理論分析については、菊澤（二〇〇〇）に詳しい。

＊2　インパール作戦前に展開されたこの戦いについては、高木（一九六五）に詳しい。

＊3　インパール作戦のシナリオおよびその結果については、防衛庁防衛研修所戦史室（一九六八）、磯部（一九八四）、そして池田（一九九五）を参照。

＊4　児島（一九六六）一六五―一六六頁を参照。

＊5　このようなインパール作戦をめぐる日本軍批判については、磯部（一九八四）、川本（一九九六）および戸部他（一九八四）を参照。

＊6　エージェンシー理論については、Arrow (1985), Fama and Jensen (1983a), Fama and Jensen (1983b), Holmstrom (1979), Holmstrom (1982), Jensen and Meckling (1976), 菊澤（一九九五ａ）および菊澤（一九九八ａ）第四章に詳しい。また、本書第1章も参照。

＊7　モラル・ハザードおよびアドバース・セレクションについては、Arrow (1985), Milgrom and Roberts (1992), 菊澤（一九九八ａ）第四章を参照。

＊8　このような説明の仕方については、Nelson and Winter (1982) に詳しい。

＊9　このような牟田口の状況については、磯部（一九八四）、戸部他（一九八四）九八頁を参照。

＊10　このような牟田口の行動については、磯部（一九八四）二一六頁を参照。

＊11　これについては、防衛庁防衛研修所戦史室（一九六八）一八四頁、戸部他（一九八四）一一二頁に詳しい。

＊12　この具体的な様々な行動については、防衛庁防衛研修所戦史室（一九六八）一四三―

一六二頁に詳しい。

＊13　この具体的な様々な行動については、防衛庁防衛研修所戦史室（一九六八）一四三―一六二頁に詳しい。

第6章　不条理を回避したジャワ軍政
――なぜ組織は大量虐殺を回避できたのか

軍事独裁がもたらすのは効率性か不条理か

占領軍が市民や捕虜の権利を一切認めず、その軍事力を背景に人々を奴隷のように統治する「軍事独裁統治」が、歴史上しばしば展開されてきた。このような統治は、あるときには効率的とみなされ、またあるときには正当であるとみなされ、そしてまたあるときには正当でかつ効率的であると考えられた。

しかし、奇妙なことに、このような軍事独裁統治は、ほとんど皆無といっていいほど成功していない。逆に、捕虜や住民を奴隷として十分に統治しきれずに、結果的に最も非効率でかつ最も非倫理的な結末、すなわち大量餓死や大量虐殺に導かれるケースが多い。このような不条理な結果に導く軍事独裁統治は、当時もいまも人道的観点からして決して正当化できるものではない（価値の問題）。しかし、人間を奴隷のように利用するような統治方法がどうして効率的な人的資源の利用ではないのか（事実の問題）。この問題が十分解かれているとは思えない。この問題が解かれない限り、たとえ軍事独裁統治が倫理的に悪いことだと知っていたとしても、なお効率性を追求するために人間を奴隷のように扱うような統治が今後も採用される可能性が十分ある。

この問題をめぐって、第二次世界大戦中、日本軍によるジャワ軍政下で穏健統治を展開した今村均の占領地統治は、今日でも注目に値する。彼の占領地統治は、今日、倫理的観点から正当性をもっていたとして高く評価されており、事実、彼はオランダ軍による軍事裁判でも無罪となっている。しかし、彼の占領地統治は、実は経済学的観点からしても効率的であった。このような評価は、新制度派経済学の一つである所有権理論という新しい理論の光に照らして導かれる帰結である。

この今村均のジャワ軍政の例を用いれば[*1]、いま問題としている軍事独裁統治にみられる人間の奴隷的扱いの非効率性を明らかにできる。本章では、この今村均のジャワ軍政下での穏健統治を紹介し、なぜ今村均の穏健統治が効率的な資源配分をもたらす統治であったのかを明らかにするとともに、なぜ一見効率的に思える軍事独裁統治、とくに人間の奴隷的扱いが非効率なのかを明らかにしたい。

1　今村均のジャワ占領地統治の正当性

蘭印攻略作戦

さて、ジャワ軍政の指揮官は、今日、最も部下思いであった将軍として知られている「仁将」今村均中将（当時）である。彼は、明治一九（一八八六）年に仙台市に生まれ、陸軍士官学校を首席で卒業し、陸軍大学校もまた首席で卒業した陸軍屈指のエリートであった。今村は、大尉時代に英国駐在武官としてロンドンに滞在し、トランプ好きで英国士官とやってもひけをとらなかったといわれている。それに、山本五十六大佐（当時）ともトランプに興じたことがあったという。

日華事変中には、第五師団の師団長となり、中国の補給線である南寧（なんねい）攻略を命じられた。このとき、補給が続かず兵士が餓死寸前に追い込まれていたにもかかわらず、今村は上層部から「前進せよ、前進せよ」とせき立てられた。そして、この飢えた第五師団を助けるために、食糧を積んだトラックとそれを護衛する軽装甲車が到着したとき、空腹の将兵たちが両手を合わせて食糧を拝んだという。このときの苦い経験が、後にガダルカナル島から飢えた一万人の将兵を救出する際に役立ったといわれている。

その後、教育総監部の本部長となった今村は、東条陸軍大臣から「戦陣訓」作成を命じられた。有名な哲学者、宗教人、そして詩人などの意見を聞いて加筆修正を加えて完成したのが、「生きて虜囚のはずかしめを受くるなかれ」などを一節とするあの有名な「戦陣訓」である。さらに、今村は南中国で第二三軍司令官を経て、開戦を控えた昭和一六年、杉山元参謀総長に呼び出され、ジャワ攻略作戦を遂行するために第一六軍司令官を命じられた。

今村が第一六軍司令官として深くかかわった日本軍の南方作戦（次ページ図6―1）の最終目的は、石油など、多様な資源の産出地帯である蘭印の占領にあった。[*2] そして、そのために、〔作戦1〕その政治軍事の中心であったバタヴィア（現、ジャカルタ）のあるジャワ島の攻略と、〔作戦2〕経済資源の中心地であった油田地帯のあるスマトラを占領する必要があった。しかも、この油田を敵に破壊されることなく、速やかに占領することが、この作戦の最大の課題であった。そのため、〔作戦3〕ボルネオなどの外郭要地を攻略する必要もあった。

これらの作戦は、当時、南方作戦のなかでも最も困難な作戦とみなされ、開戦前から作戦は十全に思案されていた。しかし、真珠湾作戦、マレー作戦、そして比島（フィリピン諸島）攻略作戦の順調な展開によって、開戦後九〇日に予定されていたジャワ上陸作戦も開戦後七〇日に繰り上げられた。そして、ボルネオなどの周辺要地の攻略作戦は、開戦後

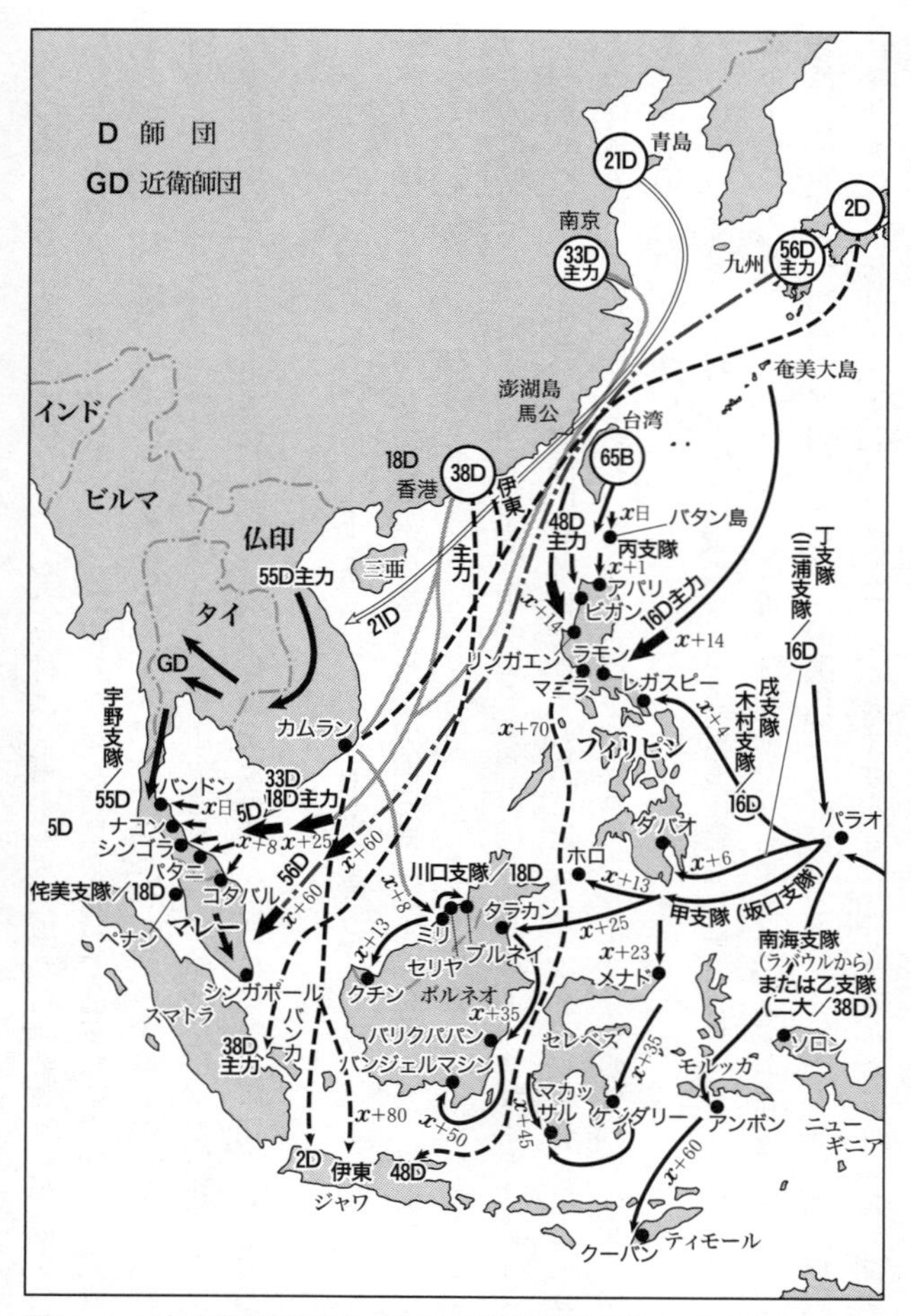

図６－１　南方作戦関係図（防衛庁防衛研修所戦史室, 1967）

三三日以降、逐次開始されることになった。

昭和一七年一月、比島から第四八師団、香港から第三八師団、そしてマレー作戦や比島作戦で使用された航空艦隊が転用され、しかも海軍蘭印艦隊も編成され、陸海空戦力が万全になると、ジャワ島をめぐる外郭要地への攻撃が次ページ図6―2のように開始された。その進撃プロセスは、こうである。

〔実行3〕まず、今村は、戦闘地域が広大なため、攻撃部隊を以下のように三ルートに分けて作戦を進行させた。(a)海軍東方部隊と陸軍第三八師団の東方支隊は、一月一一日から二月二〇日の間に、メナド、ケンダリー、マカッサル、バリ島、アンボン、そしてティモール島を占領した。(b)第五六混成歩兵団の坂口支隊と海軍西方部隊は、一月一一日からタラカン、バリクパパンを占領し、二月一〇日にパンジェルマシンを占領した。そして、(c)三個大隊からなる川口支隊は、二月二七日にボルネオ北部に上陸し、ペナンカトとレド飛行場を占領した。これをもって外郭要地の占領は終了した。

〔実行2〕他方、同時進行的に、今村率いる第一六軍主力は経済の要地である油田地帯パレンバン攻略作戦を進行させ、空挺部隊によって昭和一七年二月一六日に最小被害で油田地帯を占領することに成功した。とくに、この作戦によって開戦前

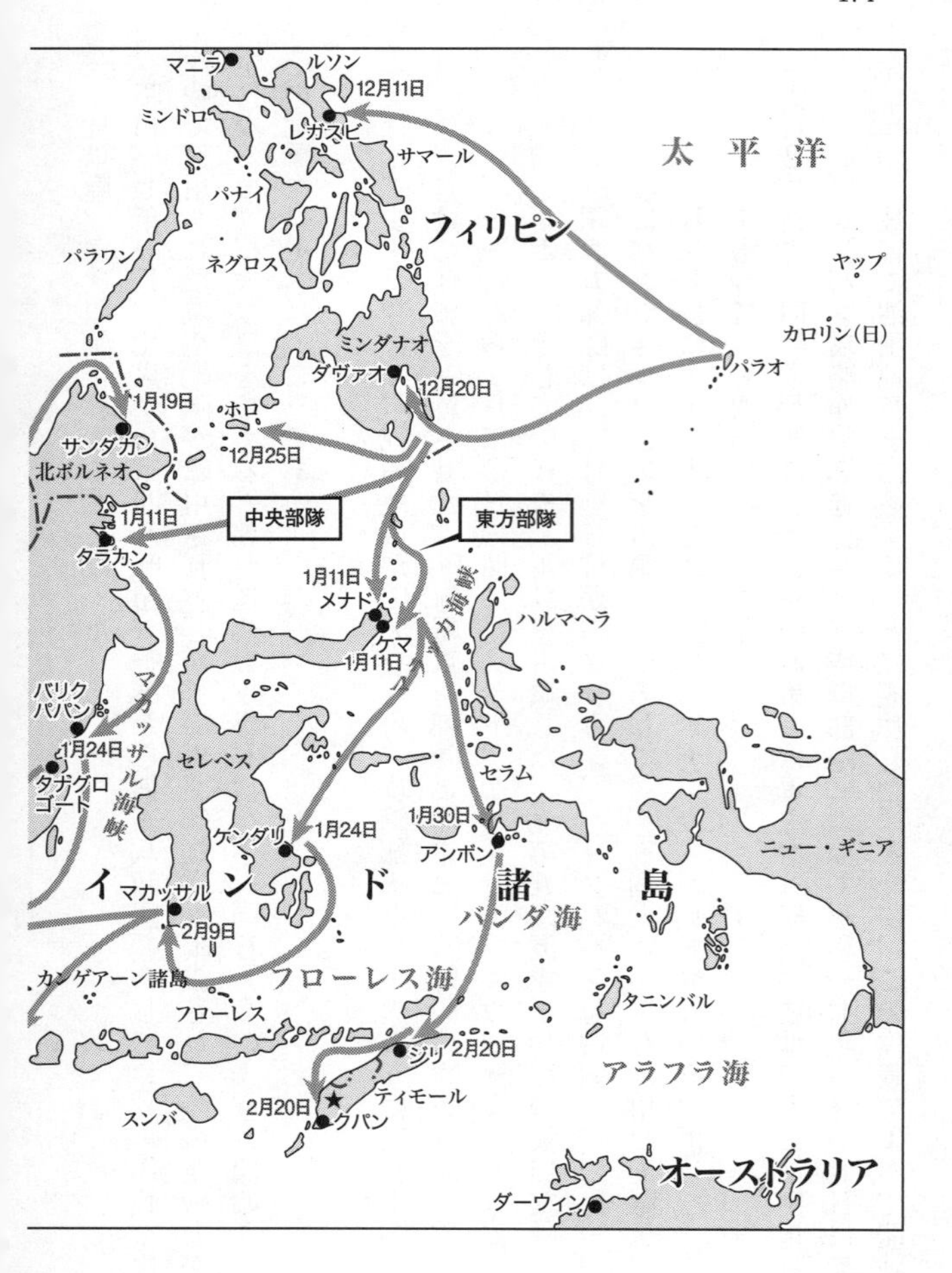
マニラ
ルソン
12月11日
ミンドロ
レガスピ
サマール
太平洋
パナイ
フィリピン
パラワン
ネグロス
ヤップ
ミンダナオ
カロリン(日)
ダヴァオ
パラオ
12月20日
1月19日
ホロ
サンダカン
12月25日
北ボルネオ
1月11日
中央部隊
東方部隊
タラカン
1月11日
メナド
ハルマヘラ
ケマ
1月11日
マカッサル海峡
バリクパパン
1月24日
セレベス
タナグロゴート
セラム
1月30日
ケンダリ
1月24日
アンボン
ニュー・ギニア
インド諸島
マカッサル
バンダ海
2月9日
カンゲアーン諸島
フローレス海
タニンバル
フローレス
ジリ
2月20日
アラフラ海
ティモール
2月20日
クパン
スンバ
オーストラリア
ダーウィン

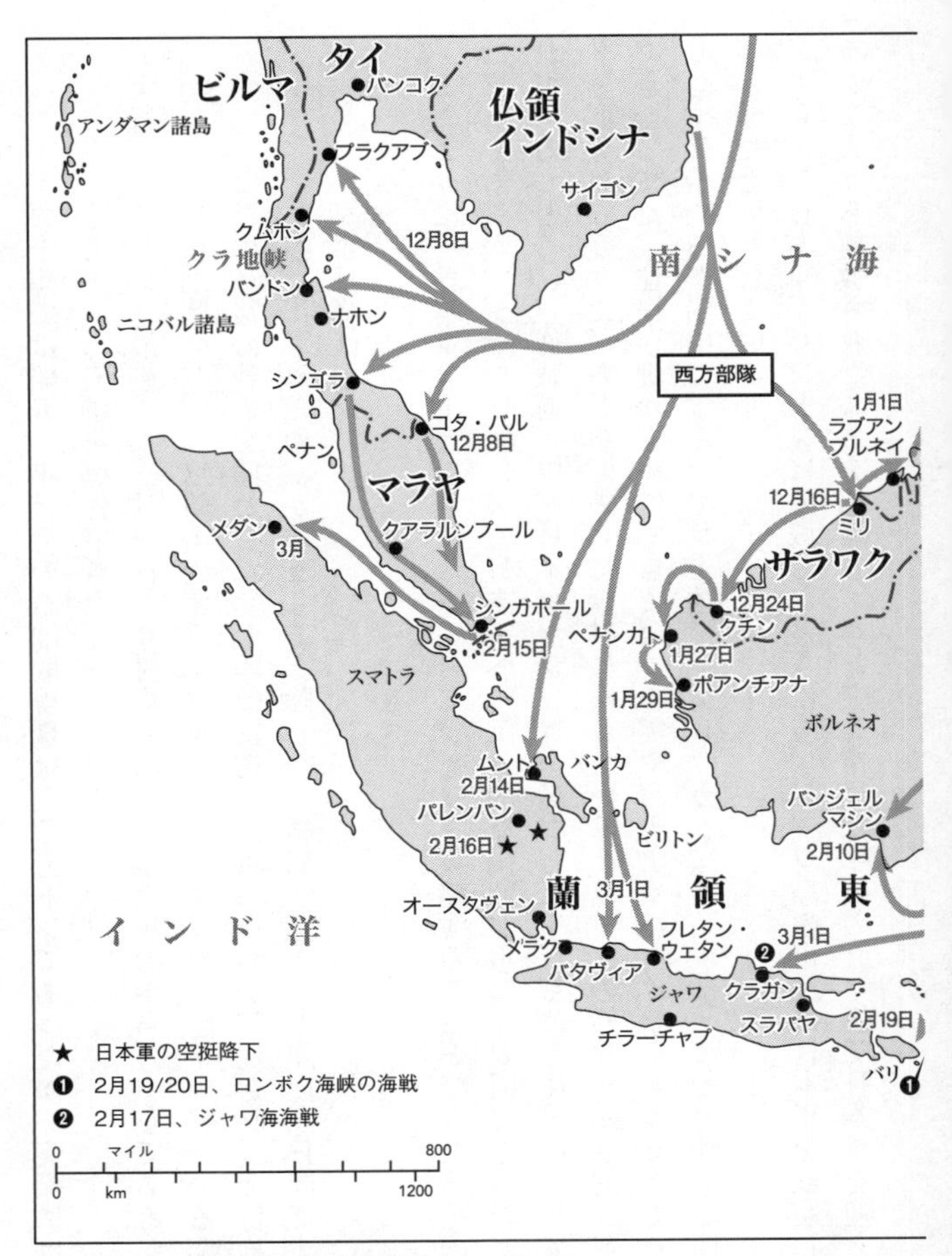

図6-2　ジャワ攻略作戦（Young, 1975）

の予想では開戦一年目での石油取得量は三〇〇万トンであったが、実際には一七〇〇万トンの石油を確保できた。

〔実行1〕そして、最後に、三月一日、今村均の第一六軍は政治軍事の中心であるジャワ島に上陸し、ジャワ防衛のオランダ軍テル・ポールテン陸軍中将率いる蘭印軍との最後の戦いを開始した。上陸前に第一六軍司令船が撃沈され、今村均も海に投げ出されたが、かろうじて上陸した。結局、ジャワ上陸後九日間でオランダ軍は降伏した。

このように、日本軍は予想以上にスムーズにジャワを攻略することができた。その要因は様々であるが、ジャワ住民による日本軍への献身的な援助が重要な要因であったといわれている。とくに、作戦進行中、日本軍がジャワ全島のどこへ行くにも住民に対して警戒する必要はなかった。むしろ、彼らは森林に隠れているオランダの残兵を積極的に連行してきた。また、住民が畑から駆けてきて椰子の実やバナナやパパイヤをもってきてくれたりし、兵士たちが船中で学んだマレー語で「テレマカシ（ありがとう）」と連呼する場面も多かったといわれている。

さらに、日本軍がバンドンに入城したときにも、ジャワ島の市民は日本軍を歓迎し、オランダ人から解放されたことを感謝し、バンドン市民は手製の日章旗で日本軍を迎えたといわれている。[*3] 三四〇年以上もオランダによって支配され、その間、インドネシア人は独立を目指して幾度か立ち上がったが、そのたびにオランダの軍事力の前に屈服してきた。その強いオランダ軍を日本軍はわずか九日間で駆逐したのである。これをみたインドネシア人は喜ぶとともに自信をもち、そして日本軍を信頼した。

今村均の統率スタイル

以上のようなジャワ攻略作戦を指揮した今村均のジャワ占領地統治を説明する前に、その基礎となっている彼の統率スタイルについて簡単に説明しておこう。[*4]

彼の統率方式は、部下の権利をほとんど認めないような極端に独裁的で専制的な統率方式ではなく、また、極端にすべてを部下の自由に任せておくような自由放任的な統率方式でもなかった。彼は、一方で自分の考えを示しながら、他方で可能な限り部下の意見を汲み上げようとする、いわゆる民主的な統率方式をとった。

今村の統率スタイルとして「懇談と雑談による調整」という点が、しばしば強調されることがある。しかし、これは彼の統率の本質ではなく、単なる手段でしかない。彼が公式な命令や指示を行う前に、機会あるごとにできるだけ部下と懇談し、雑談したのは、一方で自分の考えを部下に可能な限り浸透させるとともに、他方で部下の敵情判断、用兵対策、そしてその性格・力量・特質などをできるだけ理解し汲み上げ、部下の主体性を重視しながら、事前にお互いの考案を一致させておくという、いわゆる民主的な統率を実行するためであった。

しかも、彼は、部下との多くの懇談と雑談を通して、できるだけ各人の性格・特技・特性を理解しようと努めた。というのも、彼には、状況に応じて部下にその資質を発揮させるような任務を与え、部下にできるだけ功績をたてさせるような機会を与えるという、マネジメントのセンスがあったからである。これが、今村流の統率のスタイルであった。

第一六軍宣伝班の形成

こうした彼の民主的な統率スタイルは、ジャワ攻略作戦においても遺憾なく発揮された。今村は、第一六軍司令官として、ジャワ攻略作戦準備段階から、ジャワ本土に住む数千万人の住民を軍事独裁的に統治するのではなく、また、自由放任的に統治し不安定な治安状態にするのでもなく、何よりも治安を守りながらも住民の主体性や自主性を認めたうえで、彼らを日本軍の味方として効率的に統治する必要性を感じていた。

そして、そのために、対内・対外に対して文化宣伝戦の必要性があると判断し、大宅壮一、武田麟太郎、阿部知二、富沢有為男、浅野晃、そして北原武夫などの有名文化人、画家、音楽家、映画監督、印刷業者、そしてアドバルーン業者などをメンバーとする宣伝班が形成された。[*5] この宣伝班の編成は、もともと軍中央部の企画であった。しかし、この企画を今村は積極的に推し進め、彼の統率によってはじめて宣伝班は効率的に機能したといわれている。

とくに、当時、戦争批判に流れやすい文化人を統率するのは難しく、今村はこの部隊に対して、独裁的に扱うのではなく、他方、自由放任にさせるのでもなく、真摯に自分の考えを押し出すとともに彼らの意図をできるだけ汲んで調整するという今村流のスタイルがとられた。そして、結局、この宣伝班は、特技を生かして、ジャワ民衆そして全インドネシア民衆の啓蒙、および彼らと日本軍との心的団結の仲介という役割を、十分果たしたといわれている。

ジャワ占領地統治

以上のような今村の統率スタイルを理解した上で、バンドン攻略後の彼のジャワ占領地統治に注目しよう。

彼は、まず、オランダ軍捕虜に対して、彼らを奴隷のように扱うことなく、また自由放任にするのでもなく、一方でテル・ポールテン将軍による蘭印側戦死・戦傷者の収容の要請に対して、殉国者の収容には第二師団をもって積極的に協力した。しかも、蘭印要人の警護を周到に行った。また、殉国者の供養や傷病者の手当に関しても、敵味方の区別なく厚く対処するという形で、人道主義的な行動をとった。

そして、バンドン入城後、今村はジャワ軍政の進め方をめぐって、出征時に軍中央から通達された「占領地統治要綱」を検討し、硬軟の統治が可能であることが示されたとき、参謀長以下一二名の参謀たちに各自の忌憚のない意見を述べさせた。[*6]

少壮者の多くは、「やがて実績をみた上で、次第に緩和政策に移行するとしても、当初は日本国日本軍隊の権威を認識させるため、強圧政策に依るべきである」と主張した。

これに対して、軍政に専任することになっていた中山寧人（なかやまやすと）大佐は、「軍政の方針は、各軍出征のとき、中央から示達されている『占領地統治要綱』に明示されているとおり、公正な威徳で民衆を悦服させ、軍需資源の破壊復旧、それの培養、摂取を容易迅速にするものでなければならない」と主張した。そして、この意見に作戦課長の高嶋大佐、原田参謀副長、そして岡崎参謀長まで同意を表明した。

最後に、今村軍司令官が軍政の方針を述べた。それは、彼の生涯一貫して展開してきた統率方式、つまり軍事独裁統治でもなく、自由放任統治でもない、民族主体の穏健統治であった。

軍政事項は、主として参謀副長と中山寧人大佐とがその事務を分担することになる。軍司令官もまた、中央から指令されているとおりに軍政をやっていくことに決心している。八紘一宇というのが同一家族、同胞主義であるのに、何か侵略主義のように観念されている。一方的に武力をもっている軍は、必要が発生すればいつでも強圧をくわえることが出来る。だからできるかぎり、緩和政策をもって軍政を実行することにする。

以後、彼の行ったジャワ軍政の具体的な内容は、以下のとおりである。[*7]

①文化統治

まず、今村均は、インドネシア人の文化をオランダ人のように独裁的に無視することもなく、他方、まったく自由放任にするのでもなく、できるだけ彼らの文化、慣習を尊重するように統治した。たとえば、当時の日本軍はよく人の頭を殴る悪い癖があった。しかし、頭に神が宿ると信じるインドネシア人に対して、今村はこのような行為を訓示を出して禁止した。また、ジャワ攻略後、オランダ名のバタビアの代わりに日本名にするという提案があった。しかし、今村はこれをやめ、逆にインドネシアの旧名であるジャカルタに改名した。さらに、日本兵の慰霊塔や日本の宮の建築も提案された。しかし、ジャワ住民の心境を考慮して、これもまた戦後を待つという形で自粛された。こうした今村の文化攻略は、住民に熱狂的に支持された。さらに、言語も公用語とされていたオランダ語を禁止し、独立運動の主流派が望んでいたインドネシア語を統一語とした。

②教育統治

また、今村均は、インドネシア人に対して多大な教育投資を行った。日本軍政下のもとに、小学校、実業学校、官吏学校、師範学校、工業学校、商船学校、医科大学、そして農林大学などが設立され、約一〇万名のエリートが教育された。とくに、今村は、一村落一小学校の設置に努力した。また、宣伝班を通して日本の体操や日本語学校も流行させた。このような教育への投資は、決して強制的ではなかった。むしろ、インドネシア人の熱望によるものといわれている。というのも、このような教育への投資は日本軍にとっては多大な負担であり、事実、軍中央はジャワ住民への教育投資にはかなり批判的であり、教育投資を行う必要はないとの立場にあったからである。とくに、軍中央は「第一六軍の学校教育方針は、朝鮮での失敗のくり返しになる。原住民の独立心の涵養に役立つばかりで、日本の為にはならない」と強く批判していた。[*8]

③産業統治

さらに、今村均は、インドネシアの資源開発と工場建設を進めた。また、農業関係では品種改良と耕作法改良によって農産物を増産し、しかも綿の研究も進められた。そして、これまで水の国オランダの軍隊でも不可能であった水害対策のための河川の土木工事も成功させた。これら一連の産業政策は、やはり、軍事独裁的に一切の権利て、まさしく住民と協力して展開された。同様に、オランダ市民たちに対しても、従来どおりの仕事を続けさせて給料を支払った。

④政治統治

そして、今村は、民族主体の統治を展開するために、当時、オランダ政府によって政治犯として孤島に軟禁されていたバンドン工科大学教授スカルノを解放し、民族自主化統治の協力を要請した。その際、今村は、「協力されるかどうかはあなたの自由である。たとえ、拒否されたとしても、あなたの名誉と財産と生命は守ります」と真摯な申し出をしたといわれている。[*9] その後、昭和一七年秋にスカルノを中心とするインドネシア人の日本軍政協力団が発足した。スカルノは、日本のジャワ軍政に協力しつつ、日本軍から政治および軍事的知識を学び、民族独立を目指すことになった。そして、昭和一八年四月には、衆議院が開設されるまでに至った。さらに、日本軍は「第一六軍参謀部別班」と呼ばれる若い将校からなるグループを通してインドネシアの若者を教育・訓練し、義勇軍と士官学校を合併したような祖国防衛義勇軍（PETA）を創設し、三万八〇〇〇名の将校も養成した。

以上のように、今村均は、軍事独裁ではなく自由放任でもない、民族主体の穏健統治をジャワで展開したのである。

軍中央から軍政批判

しかし、こうした今村の穏健な捕虜の扱いおよび民族自主化政策に対して、軍中央はきわめて批判的であった。[*10] とくに、今村のジャワ軍政は、当時、強圧的な軍政を展開していたシンガポール軍政とは対照的であった。

そのために、軍政顧問であった児玉秀雄（こだまひでお）が中央からジャワに来着したとき、ジャワ軍政があまりにも寛大すぎるという東京・サイゴン・シンガポールの批判を今村に伝え、間接的にその統治スタイルの変更を要求した。

また、杉山元参謀総長がジャワ軍政を視察したときも、その統治のなまぬるさへの批判が伝えられた。とくに、杉山参謀総長は、今村の将来の人事を案じて、中央の意向をきいた方がよいとさえ助言した。

そして、軍中央からやって来た武藤章（むとうあきら）・富永恭次両陸軍省局長によっても、ジャワ軍政のなまぬるさや捕虜待遇が寛大すぎることが強く批判された。とくに、武藤軍務局長は、ジャワでもシンガポール同様の強圧政策の必要性を説いた。しかも、両局長はジャワ各地を視察しながら、ジャワ軍政は中央の意図に反しており、強圧的政策を行うべきだと公言したために、青年将校や憲兵までが、今村の方針に疑念を抱き始めた。

「今村はオランダ人に甘すぎる。兵隊でなくとも捕虜収容所に入れるべきだ」とか、「軍政部はインドネシアの指導者たちを大事にしすぎだ」とか、ジャワ軍政をめぐって「弱い弱い」といった悪声が流れてくるので、大局のわからない血気の多い青年将校たちは惑わされた。そして、日本の将兵のなかには、住民や捕虜に暴挙を働く者も出始めた。

しかし、このような軍中央からの怒濤のような批判にもかかわらず、今村は断固として民族主体の穏健統治を変更することはなかった。彼は、開戦時に軍中央が示達した「占領地統治要綱」の内容を改正しない限り、政策変更する気持ちはまったくないと主張した。そして、今後、もし軍の「占領地統治要綱」が穏健的統治を一切認めないような強硬なものに改正されるならば、今村均はまず自分を免職するように富永人事局長に申し出たのである。

強圧政策が、新しい中央の方針として、大臣から指令されれば、軍はそれに従わなければなりません。軍紀を破ることになりますから……。が、昨年大臣の名をもって、全陸軍に布告された戦陣訓は、ご承知のように、私が主宰して起案したものです。それにもとるものに屈しなければならんことは、私の良心の堪えられるところではありません。よって同席の富永人事局長は、陸相に上申の上、改正された統治要綱を指令される以前に、私の免職を計らっていただきます。結論は一つです。せっかく遠路やってこられての説得ですが、私のジャワ軍政方針は、変えることは致しません。[11]

こうして、今村によって進められたジャワ軍政下の慈民政策は続行された。今村は心からインドネシアを愛し、貧農の村々を慰問して歩いた。だから彼は、インドネシア人から「聖将今村」と崇拝されたのである。

今村の戦後の出処進退

戦後、今村の穏健的占領地統治は連合国からも賞賛され、彼は今日、「仁将」と呼ばれている。[12]もちろん、今村は、完全な神のような聖人君子ではない。だから、彼は自分の部下の行動を完全に把握できず、部下のなかには不正を働くものもいた。事実、戦後、今村は、自分の部下から戦犯を出した罪でオーストラリア軍の裁判により、一〇年の刑を受けている。

そして、昭和二三年には、オランダ軍による軍事裁判にかけられるために部下と分けられて、ジャワの刑務所に移された。この法廷が予定していたのは、もちろん、絞首刑であった。当時、インドネシア独立運動の最中にあったスカルノは、今村均に死刑判決が下されることを予期し、同志を獄中に送り込み、今村に脱獄を勧めた。しかし、今村はこれを拒否した。自分自身の生命よりも部下たちのことを気遣い、自分だけが助かることを良しとしなかったのである。

しかし、結局、この法廷では、弁護士も参考人のオランダ人も、今村は戦闘においても占領においても何ら不法な行為はなかったと証言した。また、多くの住民が証言台に立ち、今村の軍政が慈愛に満ちたものだと証言した。こうして、今村は無罪となった。そして、今村均は、残りの刑期を巣鴨刑務所で過ごすために、再び日本にもどってきた。

このとき、今村は、オーストラリアに抑留された部下たちがマヌス島で収容されていることを知り、自らもマヌス島で服役することを志願した。この要望を耳にした連合軍最高司令官ダグラス・マッカーサー元帥は、ただちに彼の望みを聞き入れ、飛行機を用意してくれた。マヌス島は、当時、悪疫や酷暑で人間が住めないと恐れられていた孤島であった。そのマヌス島に移送されるに当たって、今村は野菜の種などを日本から持ち運び、労役として畑仕事の許可を申請した。

今村が持ち込んだ野菜によって、マヌス島の日本人受刑者たちの栄養は助けられた。しかも、現地では、今村のもとに日本人受刑者は知識と労力を惜しまず、現地の教会や映画館の建設に積極的に協力した。彼らは可能な限り、現地人やオーストラリア軍との交流に努めた。それゆえ、住民もオーストラリア軍も、この日本人を受刑者とは思わなかったという。そして、昭和二八年、刑期を終えて、今村均は旧部下一六五名とともに横浜港に帰還した。

以上のように、彼の占領地統治は倫理学的観点からして、あるいは人道的観点からして、正当性をもっていたといえるだろう。しかし、彼の占領地統治は単に人道的であっただけではない。実は、経済学的観点からしても効率的であった。以下、このことを証明する。

2 所有権理論について

人間観と所有権

さて、以上のような今村均のジャワ占領地統治を経済効率性の観点から分析するために、その理論的基礎となる所有権理論[*13]について改めて説明してみよう。

この所有権理論は、R・コース、H・デムセッツ、そしてA・A・アルチャンによって新古典派経済学を修正する形で展開されてきた理論である。

とくに、この理論では、以下のように標準的な新古典派経済学で仮定されている完全合理的な人間が修正され、限定合理的な人間観が仮定される。

①効用極大化仮説――すべての経済主体は効用極大化する。

②限定合理性仮説――すべての経済主体は、その情報の収集、処理、そして伝達表現能力には限界があり、意図的に合理的あるいは限定合理的にし

か行動できない。

このような限定合理的な経済主体は、たとえ情報能力が限定されていたとしても、なお自分の効用を極大化するために、財の交換取引を行おうとする。しかし、ここで交換されるのは、財やサービスそれ自体ではない。すべての人間は、限定合理的なので、財のもつ多様な特質をすべて認識できず、実際には財の特定の特質をめぐる所有権だけを取引することになる。

たとえば、自動車を購入する場合、われわれが購入するのは、車の色、デザイン、加速力、そして燃費などの車がもつ特定の性質の所有権であって、物理的物体としての車の特質や他の特質ではない。また、医者のサービスを購入するとき、われわれが購入するのは医者の最高の医療技術だけではなく、実は医者の接客サービスや待ち時間という特徴かもしれない。

このように、所有権理論では、交換される対象は、財それ自体ではなく、財がもつ特定の性質の所有権である。

この「所有権」をより一般的に定式化すれば、以下のような権利を含む権利の束であると仮定される。すなわち、(a)財のある特質を自由に使用する権利、(b)財のある特質が生み出す利益を獲得する権利、そして(c)他人にこれらの権利を売る権利である。

外部性と所有権

さて、もし財がもつすべての特質をコストをかけずに認識でき、その所有権をコストをかけずにだれかに明確に帰属できるならば、その財の特質を利用することによってもたらされるプラス・マイナス効果はその所有権者に明確に帰属されることになる。そうなると、その所有権者は自分の効用を極大化するために、できるだけマイナス効果を避け、プラス効果を高めるように、その財の特質を効率的に利用しようとするだろう。したがって、所有権が明確にだれかに帰属されている場合、資源は効率的に利用され、配分されることになる。

しかし、実際には、人間は限定合理的なので、コストをかけることなくして財の多様な特質を認識できない。それゆえ、そのような所有権を明確にだれかに帰属させることは難しい。むしろ、現実には財のある特質の所有権の帰属は不明確となるケースが多い。この場合、その財の特質を利用することによって発生するプラス・マイナス効果は、「外部性」としてまったく関係のない人に導かれることになり、最悪の場合、公害のように被害を与えることになる。

ここで、外部性とは相互作用する人々が生み出すプラス・マイナス効果が彼ら自身に帰属されず、別の人々に帰属される効果を意味する。R・コースによると、「外部性とは、ある人の意思決定がその意思決定にかかわっていないだれかに影響を与えることと定義される。もしAがBから何かを買うと、Aの買うという意思決定はBに影響を与えるが、これは外部性とはみなされない。しかし、AのBとの取引が取引の当事者でないC、D、Eに、たとえば騒音や煙といった形で影響を与える結果になった場合には、C、D、Eへの影響は『外部性』と呼ばれるのである」[*14]。

たとえば、電力会社が火力発電をし、電気を顧客に供給するために排煙を出し、そのために近隣のクリーニング店がより多くの労働を投入することになるといった影響は、マイナスの外部性である。また、工場がその廃液を河川に流すことによって河川で漁をする人々の漁獲量が減少するような効果もマイナスの外部性である。

効率的資源配分と所有権

このような外部性が発生する世界、つまり所有権の帰属が不明確な世界では、資源を利用することによってもたらされるプラス・マイナス効果はその資源の利用者にもたらされない。それゆえ人々はその財を利用する場合、プラス効果を追求することもなく、マイナス効果を回避しようとすることもないだろう。つまり、所有権が不明確な世界では、資源は非効率に利用されることになる。したがって、資源を効率的に利用し配分するためには、資源がもつ多様な特質をめぐる所有権を明確にだれかに帰属させる必要があるといえる。

しかし、人間は限定合理的なので、財がもつ多様な特質を明確にし、その所有権をだれかに帰属させる形で外部性を内部化するためには、多大なコストがかかる。このコストを考慮すると、所有権を明確にし、それをだれかに帰属させることが、常に効率的であるとはいえない場合もある。

したがって、以下のことが原理としていえる。[*15]

①もし外部性を内部化するために、所有権を明確にだれかに帰属させることによって資源が効率的に利用され、これによって生じるベネフィットがそうするコストよりも大きいならば、所有権を明確にだれかに帰属させる何らかの制度や方法が展開される。また、そのような制度を政策的に展開することは合理的となる。

②しかし、もしそうすることによって生まれるベネフィットよりもコストの方が大きいならば、たとえ外部性が発生していたとしても、所有権を明確にだれかに帰属させるような制度や方法は発生しない。また、そのような制度を展開しない方が、逆に合理的となる。

このような原理にもとづいて、既存の様々な制度を説明したり、政策を展開したりするのが、所有権理論の理論的構想である。

3　なぜジャワ占領地統治は効率的だったのか

日本軍、捕虜、ジャワ住民と所有権

以上のような所有権理論に照らして、改めて今村均のジャワ占領地統治の経済効率性について考えてみよう。

①効用極大化仮説

まず、当時、ジャワ住民や捕虜などの被統治者たちも、統治者側である今村均を中心とする日本軍も、ともに自分たちの利益をより高めるように行動しようとしていたことは否定できない。具体的にいえば、一方で日本軍は自分たちの利益を最大化するために捕虜やジャワ住民からできるだけ効率的に労働力、生産力、そして資源を得ようとしていた。他方、捕虜や住民もまた自分たちの利益を最大化するために、日本軍からできるだけ多くの知識や資源を得ようとした。そして、そのために、彼らは、必要とあれば、様々な形でさぼったり、手抜きをしたり、そしてだまそうとしたりしたかもしれない。

②限定合理性

しかも、当時、ジャワ住民も捕虜も、そして日本軍もともに人間である限り、情報収集、処理、そして伝達能力には限界があった。とくに、日本軍は、ジャワ住民や捕虜がもつ潜在的な生産力や彼らが必要とする適切な消費量や睡眠時間などを完全に知ることはできなかった。それゆえ、実際には、住民や捕虜と日本軍との間には厳密な支配関係および完全な所有関係は成立していなかった。その支配関係はかなり不明確で、不完全な支配関係および不完備な所有関係にあったことは間違いない。つまり、住民や捕虜がもつ様々な特性をめぐる所有権は、実は明確に日本軍に帰属されることなく、そのほとんどは住民や捕虜に帰属されたままであった。

ジャワ軍政における外部性と所有権

このような不完全な支配関係および不完備な所有関係のもとでは、統治者である今村均を中心とする日本軍にとってマイナスの外部性が発生する可能性があった。一般に、占領統治下のもとで、軍事独裁統治がなされた場合、住民や捕虜は自分の労働に対応した報酬を得ることができない。この意味で、住民や捕虜は搾取され、彼らにとってマイナスの外部性がもたらされることになると思われるかもしれない。

しかし、実際には、統治者である日本軍が捕虜や住民に十分な食事や休憩時間、そして知識を与えたとしても、それに対応して彼らが十分に働く保証はまったくなかった。むしろ、彼らは巧妙に欺いて手を抜いたり、怠けたり、そして疲れているふりをして、支配者側を欺くようなモラル・ハザード現象あるいは機会主義的行動をとる可能性があった。しかも、これを厳密に監視しようとすると、あまりにも高い監視コストが発生することになる。それゆえ、このような不完備な所有関係あるいは不完全な支配関係のもとでは、逆に統治者にとってマイナスの外部性が発生する可能性があったといえる。

事実、米国では、南部の奴隷制をめぐって、奴隷のもつ多様な特性をその主人が十分認識できなかったために、奴隷に十分な食事と睡眠を与えても、奴隷は巧妙に手を抜いたりして非生産的となり、他方、食事と睡眠を与えず、暴力を用いて奴隷を強圧的に働かせ、奴隷を殺してしまうと、逆に高い資金で購入した人的資産を失ってしまうというジレンマ状態にあったといわれている。[*16]

ジャワ軍政の効率的資源配分と所有権

このような外部性を内部化するために、日本軍がジャワ住民や捕虜の行動を徹底的に監視し、彼らの潜在的な生産能力やその労働の成果を徹底的に評価し監視しようとすると、非常に高い内部化コストが発生することになる。それゆえ、外部性を内部化するために、統治者が導かれる道は、論理的に以下の二つの道である。

すなわち、第一に、暴力のもとに住民と捕虜からすべての権利を奪い、奴隷として強制的に働かせる軍事独裁統治政策を展開する方法である。この場合、住民や捕虜は自分たちの労働力をめぐる所有権を一切もっていないので、労働によって生み出されるプラス・マイナス効果は自分たちに帰属されることはない。それゆえ、住民や捕虜にとって自発的に効率的に労働しようとするインセンティブは低下する。彼らは、可能な限りさぼって食事と睡眠だけを要求するような機会主義的行動に導かれる。したがって、この場合、支配者は多大なコストを負担することになる。このコストがあまりにも高い場合には、このコストを削減するために、住民や捕虜を餓死させたり、大量虐殺を展開するという形で、軍事独裁統治そのものを放棄するという最も非効率な人的資源利用に導かれることになる。つまり、合理性を追求して、非効率で非倫理的な行動に導かれるという不条理に導かれることになる。

これに対して、第二の方法は、逆に捕虜や住民に権利の一部を与えるような非軍事独裁統治、つまり穏健統治である。たとえば、統治者が住民や捕虜に彼らの労働によって生み出されるアウト・プットの一部を与えたり、あるいは労働に応じて自由時間や休暇を認めたりすることによって、労働に対するプラス・マイナス効果を彼らに帰属させる方法である。この場合、彼らはできるだけマイナス効果を避け、プラス効果を得るように効率的に働くようになる。事実、米国南部では、主人が奴隷にアウト・プットの一部を与えることによって、より効率的に働くようになり、結果的に奴隷はお金を貯蓄し、自分の奴隷契約自体を購入する奴隷も出現したといわれている。[*17]

これらのうち、ジャワ軍政下で前者の軍事独裁統治を推進していたのは、当時の日本の軍中央である。この方法では結果的に人的資源を効率的に利用できないので、ジャワ軍政下でも餓死や大量虐殺という最も非効率で非正当な資源配分がなされた可能性は十分ある。

これに対して、軍中央からの批判を押し切って、後者の統治を進めたのは、今村均第一六軍司令官である。彼は、ジャワ住民や捕虜に自主性をもたせるために、先に説明したように、文化、農業、工業、教育、そして政治において様々な権利を認め、多大な投資を行った。そして、これによってインドネシア住民や捕虜の活動によって生み出されるプラス・マイナス効果は、ある程度彼らに帰属された。それゆえ、住民や捕虜は、できるだけマイナス効果を避け、プラス効果を得るように日本軍に協力して活動した。

事実、インドネシアの治安は満点で、はじめに、七、八万人いた日本軍が大部分引き揚げて、一万人足らずの新編成部隊で全土を守るようになっても、ゲリラは一人も出ず、どこを回ってみても、まるで日本内地にいるような気楽さがあったといわれている。住民は、日本人に親しみを寄せており、オランダ人は敵対を断念し、華僑もいかにして日本人に迎合しようかと努めていた。占領下のジャワでは、白人が妻子を連れて夕暮れの街を散歩し、ほろ酔いのほおを海辺の風に当てる姿が日常みられたという。[*18]さらに、産業の復旧、軍需物資の調達も他の占領地と比べてずば抜けて優れていた。

こうした状況だったので、第一六軍司令部内の全職員は徐々に自信を強めていった。とくに、武藤・富永両局長によって軍中央の方針と違うやり方でいいのかといわれ、不安をおぼえていた職員や青年将校たちも自信を深め、以後、軍政施行は円滑に進んでいった。このように、ジャワ軍政は、倫理学的に正当であったことのみならず、経済学的にも効率的であったといえる。

註

＊1　ジャワ軍政については、今村（一九六四）、岡崎（一九七七）、菊澤（一九九九）、高嶋（一九八〇）、防衛庁防衛研修所戦史室（一九六七）、陸軍省企画（一九四二）、現代タクティクス研究会（一九九四）を参考にした。

＊2　ジャワ攻略作戦については、今村（一九六四）、高嶋（一九八〇）、防衛庁防衛研修所戦史室（一九六七）、陸軍省企画（一九四二）、現代タクティクス研究会（一九九四）に詳しい。

＊3　以上のようなジャワの状況については、岡崎（一九七七）四八―六〇頁を参照。

＊4　今村均の統率スタイルについては、高嶋（一九八〇）二九一頁を参照。

＊5　宣伝班については、高嶋（一九八〇）二九一頁および防衛庁防衛研修所戦史室（一九六七）一〇四頁を参照。

＊6　以下のジャワ軍政をめぐる議論については、今村（一九六四）一七八頁を参照。
＊7　以下のジャワ軍政の内容については、岡崎（一九七七）を参照。とくに、文化については、岡崎（一九七七）七一—七三頁、教育については岡崎（一九七七）七六頁、産業については岡崎（一九七七）七五頁、そして政治については岡崎（一九七七）七九頁に詳しい。
＊8　この批判については、今村（一九六四）一二三頁を参照。
＊9　これについては、現代タクティクス研究会（一九九四）一九八頁を参照。
＊10　軍中央によるジャワ軍政批判については、今村（一九六四）および高嶋（一九八〇）に詳しい。
＊11　今村（一九六四）一八三頁を参照。
＊12　戦後の今村均の動向については、伊藤（一九六一）二六〇頁および現代タクティクス研究会（一九九四）一九八頁に詳しい。
＊13　所有権理論については、Alchian（1965, 1977）, Coase（1960）, Demsetz（1964, 1967）, 菊澤（一九九八ａ）の第五章、菊澤（一九九五ｂ、一九九七）, De Alessi（1980, 1983）, そして Furubotn and Pejovich（1972）に詳しい。
＊14　この外部性の定義については、Coase（1988）p.24 を参照。
＊15　以下の原理については、Demsetz（1967）, Coase（1960, 1988）を参照。
＊16　この奴隷制の所有権理論分析については、Barzel（1989）第六章に詳しい。

＊17　この奴隷制の帰結については、Barzel（1989）第六章に詳しい。

＊18　統治下のジャワの状況については、今村（一九六四）、岡崎（一九七七）七三頁、そして伊藤（一九六一）二六〇頁に詳しい。

第7章　不条理を回避した硫黄島戦と沖縄戦
――なぜ組織は大量の無駄死にを回避できたのか

敗退する陸軍に合理性はなかったか

戦後、日本帝国陸軍は、多くの観点から、その非合理性、非効率性、そして非人道性が批判され、反省を促されてきた。とくに、旧日本陸軍の組織的硬直性はこれまで多くの研究者によって徹底的に批判され、組織論上、最悪の組織といったイメージが日本陸軍にはつきまとっている。

しかし、終戦間近の日本陸軍の健闘ぶりは、米軍に脅威を与え、日本陸軍の底力を示すものであった。とくに、硫黄島戦と沖縄戦での日本陸軍の組織的戦闘は、今日、米国でも高く評価されている。これに対して、日本では、これらの戦いの基礎は日本軍の精神力にあり、その戦闘は非科学的で、非人道的で、そして不条理に満ちていたとみなされている。

ところで、最近、注目されている新制度派経済学では、組織を資源配分システムとみなして分析することにより、組織の新しい側面に光を当てている。この理論を用いて、戦局が悪化し、末期的状況で日本陸軍を中心に展開された硫黄島戦、沖縄戦、そしてこれらの戦いに至る日本軍敗退プロセスにおける日本陸軍の組織行動を改めて分析してみると、日本軍の戦闘行動はそれほど不条理なものではなかったし、何よりも敗退プロセスで日本軍は効率的に資源を利用するために自生的に組織変革を起こしていたことが明らかになる。

このような新しい見方は、これまでの日本陸軍をめぐる極悪イメージを部分的に修正でき、新しい認識に至る可能性がある。とくに、今日のような多くの日本企業で組織変革が求められているような時代には、日本軍敗退プロセスでの組織行動は学ぶ点が多いように思われる。

本章では、日本軍敗退プロセスの最終局面で展開された硫黄島戦と沖縄戦を取り上げ、この敗退プロセスで組織的不条理を回避するために日本軍が自生的に組織変革を起こしていたことを明らかにしたい。

1　硫黄島戦と沖縄戦

硫黄島戦の戦略と戦術の分離現象

さて、硫黄島戦[*1]で指揮をとったのは栗林忠道(くりばやしただみち)中将[*2]である。彼は、陸軍士官学校を二六期で卒業し、その後、陸軍大学校で優秀な成績を修め、天皇から軍刀が授与される「恩賜（おんし）軍刀組（ぐんとうぐみ）」として卒業した超エリートである。彼は、大尉のときに米国大使館付武官補佐官となり、少佐のときにはカナダ大使館の初代武官となったため、陸軍では米国通であった。日本に帰ってからも、彼はしばしば米国やカナダで友人になった外国人家庭に絵はがきを出していたという。また、陸軍省の兵務局の馬政課長時代には、上司の兵務局長として今村均を仰いだこともある。

さらに、彼は陸軍きっての文人としても知られ、戦争中の国民歌謡として愛唱された「愛馬進軍歌」の制作にもかかわっていた。しかも、容姿端麗で、そのダンディな物腰は陸軍将校のなかでも群をぬいていた。

開戦後、栗林は第二三軍参謀長として香港攻略作戦を指揮し、香港入城式の時には酒井隆中将に続いて愛馬に乗って行進した。

半年後、彼は東京都千代田区の宮城内で留守の近衛第二師団長を務めた。近衛師団がインドネシアに行ってしまったので、彼はその留守を守り、全国から送られてくる近衛師団兵を編成し直し、再教育していた。

この栗林が小笠原兵団長として硫黄島に派遣されたのは、昭和一九年五月であった。

硫黄島では、栗林が着任する前の三月からすでに厚地兼彦（あつじかねひこ）大佐指揮のもとに約五〇〇〇名が防御陣地を構築していた。その戦闘配備は、大本営が昭和一八年一一月に各方面に配布した「島嶼守備隊戦闘教令」と翌昭和一九年四月の「島嶼守備隊戦闘教令の説明」にもとづくものであった。簡単にいえば、当時、大本営が指導していた戦術は海岸線に陣地を構え、敵が上陸してきた場合、敵を水際でたたき打つという、元寇以来の伝統的な「水際配備・水際撃滅作戦」であった。

しかし、栗林は、このような「水際配備・水際撃滅作戦」を硫黄島で実行することは、戦術的に効率的ではないと判断した。というのも、彼はこの作戦に従って惨敗した南方諸島の日本軍守備隊の戦訓から、このような戦術は適切ではないことを組織学習していたからである。

そこで、栗林は、着任後まもない六月二〇日に、大胆にも大本営指導の戦術に反して「縦深配備・持久作戦」、つまり敵の上陸を前提とし、洞窟陣地を基礎として組織的に火力を用い敵を攻撃する、徹底的な持久作戦を企て、これを支隊に指示した。

この基本的戦術のもとに、栗林は、小笠原兵団約二万一〇〇〇名（陸軍一万四〇〇〇名、海軍七〇〇〇名）とともに死ぬまで戦う意志をかため、自ら「敢闘の精神」六ヶ条を定め、朝夕斉唱させて、将兵の志気を高めた。そこには、爆弾を抱いて戦車にぶつかり、敵陣に切り込んで敵を倒し、そして最後の一人になってもゲリラとなって戦う決意が示されていた。

また、幹部に対しては、「戦前の汗の一滴は開戦後の血の一滴に相当」と檄を飛ばして、使命必遂の精神を高めた。栗林は、とくに将校が兵よりもよい生活を送ることを厳禁して、自ら兵と同じ食事をとり、工兵とともに寝起きしていた。栗林は、またオートバイで島内を巡回し、陣地視察の際には本土からの土産である煙草を将兵に配り、そして作業中の敬礼は省略させて、笑顔で兵士をいたわった。ひげを生やした威厳ある将軍は、少しも威張ったところがなく、部下から親しまれていた。

このような硫黄島での栗林の戦術変更は、本来、中央集権型組織としての伝統的な軍事組織論的観点からすれば、明らかに反組織的行動であった。それゆえ、現場と大本営との間には、コンフリクト（葛藤）が起こった。このコンフリクトを緩和するために栗林は、一方で自らの戦術である縦深配備・持久戦術を基礎としつつ、他方で大本営が指導する水際拠点を疑似陣地として扱う形で大本営の戦術指導を受け入れた。もちろん、彼の戦術の基礎にある戦略、つまり本土決戦に時間的余裕を確保するという点については、大本営の意図とは決して矛盾するものではなかった。

しかし、その後、刻々と迫りくる米軍に対して、大本営指導の水際撃滅作戦は各島で次々に失敗し、その無力さが明らかになっていった。そのため、大本営は方針を徐々に修正し、後知恵（あとぢえ）的に栗林の縦深配備・持久戦術を黙認するようになった。硫黄島戦では、こうした形で軍中央の戦略と現場の戦術の分離現象が発生した。

硫黄島戦開始

こうした栗林の作戦のもとに、昭和二〇年二月一九日、米国海兵隊司令官ポーランド・M・スミス中将率いる海兵師団が硫黄島に上陸を開始し、決戦は始まった。上陸直前の米軍の軍艦からの艦砲射撃の巨弾は八〇〇〇発といわれ、摺鉢山（すりばちやま）の火砲がすべて破壊された。そして、海兵隊は上陸した。しかし、摺鉢山の山頂では、日章旗と星条旗が交代で上がったり倒されたりしていた。あれだけ激しい艦砲射撃を受けたにもかかわらず、日本兵は生きていたのである。

栗林は予定の作戦に従い、各将兵に守備地を自分の墓場と考え、最後の瞬間までこれを死守し、「一人十殺」を合い言葉に敵に多大な打撃を与えるよう指揮した。そして、敵戦車に対して爆弾を抱えた肉弾攻撃と夜間の切り込み突撃作戦によって持久戦にもち込んでいった。米兵は、ほとんど日本兵の姿をみることはなかった。というのも、日本兵は不意に横合いの洞窟の入り口から狙撃し、ときには身をおどらせて攻撃を仕掛けてきたからである。

二月二四日、元山飛行場をめぐって白兵戦が起こり、白兵戦を得意とする日本軍守備隊は、一時米軍を撃退するほどであった。

しかし、米軍は、すぐに予備の第三海兵師団を上陸させ、戦力を徹底的に増強し、そし

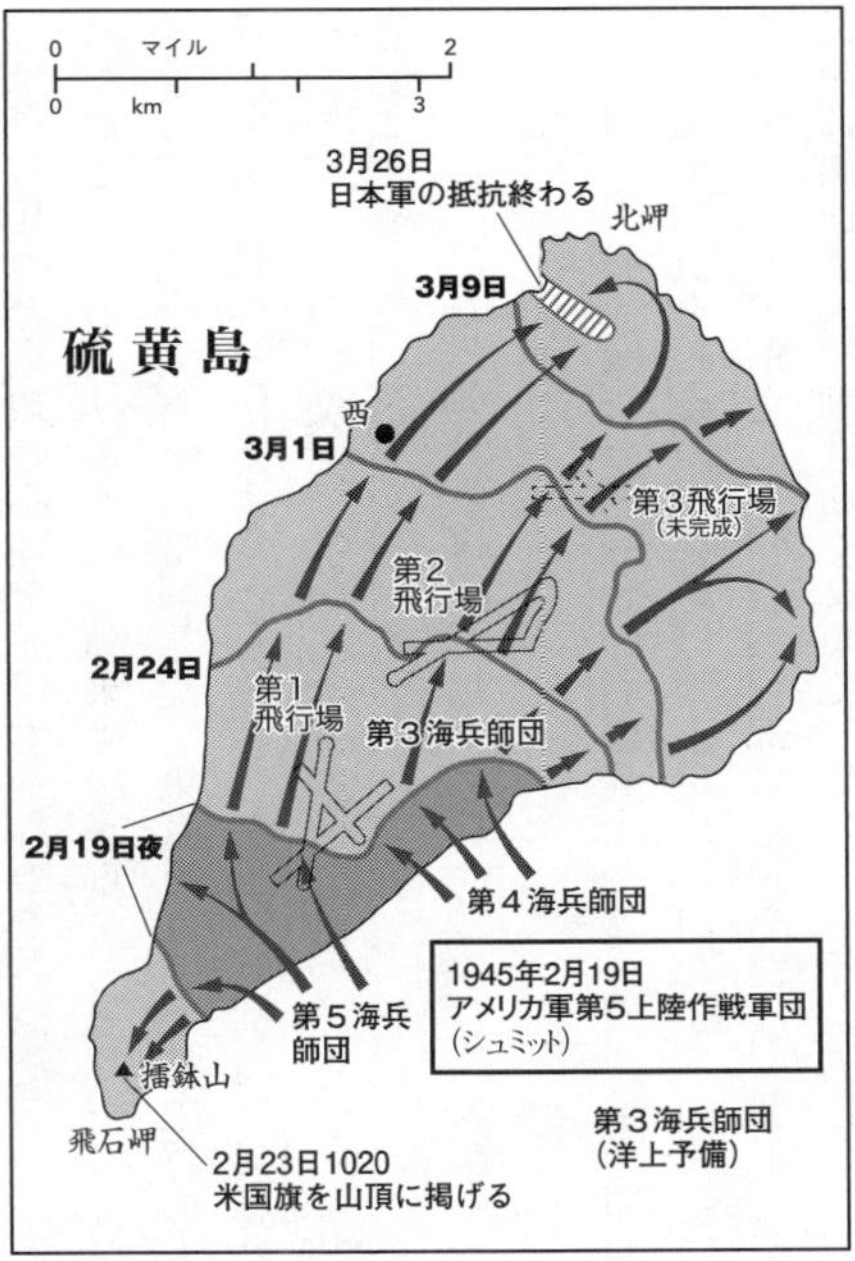

て一大攻撃をかけて二月二七日に元山飛行場を占領した。このときまでに、米軍は八〇〇〇人が負傷し、日本軍の守備隊一万人が死傷したと推定されている。

三月四日、日本軍の残存兵は約四一〇〇名となり、戦闘開始時の二〇％にまで兵力は低下した。他方、米海兵隊の第四師団も、三月六日までに兵力は四〇％までに低下した。兵力の衰えた日本軍守備隊の攻撃も、ゲリラに近い戦術となった。爆薬を身にまとい戦車に体当たりしたり、戦友の死体から内臓を取り出し、自らの身に巻きつけ、死者のふりをして敵部隊を見過ごし、敵が通りすぎるのを見計らって起きあがり、手榴弾を投げつけたりするような戦法へと変化していった。この戦法は、横たわっている将兵にはとどめの一発を撃ちたがらないとい

図７−１　硫黄島戦（Young, 1975）

う米軍将兵の無意識の心理を逆用するものであった。

しかし、このゲリラ作戦も効果はあがらず、三月一六日に至り、栗林は最後の総攻撃を決意し、決別を大本営に電報した。東京では、栗林中将の大将昇進を決め、その旨を父島経由で硫黄島へと伝えようとした。しかし、硫黄島は父島の呼び出しには答えなかった。そして、二三日、突然、通信してきた。「父島ノ皆サン　サヨウナラ」と打ち終わると、通信は途絶えた。

しかし、このとき、栗林は犬死にを避け、さらに残存兵とともに出撃の好機をうかがっていた。

三月二五日深夜に、約四〇〇名の兵士とともに突撃を開始し、硫黄島での日本軍の最後の組織的抵抗を終えた。栗林は地下足袋に白たすきの軍服に身を固めて、先頭に立ち軍刀を振りかざして前進した。右大腿部に砲弾を受け、部下に背負われながらもなお前進し、最後に出血多量で動けなくなって、ピストルで自決した。「我が死体を敵に渡すべからず」と命令し、栗林の後には常に遺体を埋める兵士が付き添っていたといわれている。

栗林は、硫黄島の砂と消えた。その後も、残存兵はゲリラとなって地下に潜伏し、終戦後も抵抗し続けた。

硫黄島戦敗北

さて、米軍は、当初の緻密な計画では五日間で硫黄島を攻略する予定であった。硫黄島はサイパンよりも小さく、地形もサイパンのように複雑ではなかったからである。しかし、実際には、二六日間という予想をはるかに超えた壮絶な戦いを米軍は経験することになった。スミス中将は「この戦闘は、過去一六八年の間に海兵隊が出合った最も苦しい戦闘の一つであった。……太平洋で戦った敵指揮官中、栗林はもっとも勇敢であった」[*3]と述べている。

しかも、この戦いの興味深い点は、勝利した米軍の戦死傷者が敗北した日本軍の死傷者の数を上回るという、きわめて異例な戦闘であったという点である。とくに、硫黄島上陸四日目での死傷者の数が米国全土に発表されたとき、南北戦争のゲティスバーグの戦いやノルマンディー作戦よりも死傷者が多いことから、全米で非難の渦が起こり、上陸指揮官であるスミス中将をやめさせるべきだという声があがったほどであった。事実、この戦いにおける米軍の最終死傷者数は二万八六八六名であったのに対して、日本軍の死傷者は二万九三三名であった。

また、この戦闘には、ロサンゼルス・オリンピック大会馬術で金メダルをとり、「バロン・ニシ（西男爵）」として米軍にも知られていた西竹一（にしたけいち）中佐も、戦車隊長として参戦していた。西中佐は、死ぬまでかつての愛馬ウラヌスの遺髪をもって戦ったといわれている。

沖縄戦の戦略と戦術の分離現象

沖縄戦[*4]を指揮したのは牛島満(うしじまみつる)中将[*5]である。彼は陸軍士官学校では、成績優秀者として恩賜の銀時計を授与された秀才である。しかし、陸軍大学校では、恩賜軍刀組ではなかった。「ちょっとお酒の方を勉強しすぎましたので……」と笑って答えていたといわれている

牛島は、昭和一九年八月一一日に、首里市(現、那覇市)の沖縄師範学校に設けられた第三二軍司令部に赴任した。その後、一一月の「捷号(しょうごう)作戦」に伴い、台湾から第一〇師団がレイテ島に抽出されると、それを補強するために、沖縄の第三二軍から伝統ある精鋭部隊第九師団が台湾に転用されることになった。この第九師団の抽出によって、沖縄の防衛兵力は第二四師団、第六二師団、そして独立混成四四旅団に激減した。そのために、牛島および参謀たちは米軍の沖縄上陸に備えて、これまでの大本営の命令にもとづく「航空決戦作戦」を抜本的に見直す必要に迫られた。しかも、第九師団の抽出後、沖縄島の配備をめぐって新たに第八四師団の派遣の内示が大本営からあったが、結局、第八四師団の沖縄への補充はなされなかった。

こうした大本営の場当たり的な行動から、沖縄第三二軍作戦主任であり、恩賜軍刀組エ

リートである八原博通大佐（高級参謀）は、大本営の目的が沖縄決戦ではなく、本土決戦にあり、それゆえ本土決戦準備のために時間を稼ぐことが各戦地に共通する戦略であることを明確に認識した。そして、この認識のもとに、八原大佐は、以後、新たな兵力の補充をあてにせず、現存兵力で最善を尽くすという基本理念のもとに、一一月二〇日に新作戦計画を発表した。

すなわち、これまでの戦術は、基本的に米軍が上陸する前に航空機によって上陸部隊の輸送船団を攻撃する「航空決戦作戦」であり、また米軍が上陸した場合には海岸地帯で敵の進入をたたき打つ「水際配備・水際撃滅戦術」であった。とくに、大本営海軍部および連合艦隊司令部は、沖縄作戦については米軍をその上陸前と上陸時点で攻撃し、撃滅を図ろうとしていたのである。これに対して、第三二軍八原大佐によって変更された戦術は、これとはまったく反対に地上決戦であり、敵を地上に引き込み、洞窟陣地から敵を攻撃する長期持久戦を基礎とした「洞窟陣地・持久戦術」であった。

このような航空作戦から地上作戦への変更は、大本営、第一〇方面軍（台湾）司令部、連合艦隊、そして航空関係者とは十分に調整されずになされたために、当時、非常に問題となった。しかし、この戦術上の変更は十分調整されないまま、結局、四月一日、米軍の上陸を迎えることになった。沖縄戦では、こうした形で軍中央の戦略と現場の戦術との分離現象が発生した。

沖縄戦開始

さて、昭和二〇年四月一日、嘉手納(かでな)・北谷(ちゃたん)海岸沖に集結した米軍の戦艦一二隻、巡洋艦一三隻、そして駆逐艦五〇隻が壮絶な艦砲射撃を行った後、シモン・B・バックナー中将の指揮のもとに米海兵隊が沖縄に上陸した。米軍は、一時間もしないうちに、四個師団一万六〇〇〇人と戦車一〇〇両を陸揚げした。そして、昼までに嘉手納の中飛行場と読谷(よみたん)の北飛行場を占領し、日暮れまでに六万人の将兵が沖縄に上陸した。しかし、そこには日本兵の姿はまったくなかった。米軍は「敵はどこだ」と緊張のなかで身構えていたが、やがてその日が「エイプリル・フール」であることに気づき、徐々に大演習気分にひたり始めていた。

これに対して、牛島将軍率いる日本軍第三二軍は飛行場を占領されたにもかかわらず、長期持久作戦にもとづき、攻撃の気配を一切みせず、息を殺して米軍の動きをじっと見守っていた。この第三二軍の行動に対して、四月三日、日本軍の第一〇方面軍、第八飛行師団、そして連合艦隊から相次いで攻撃の要望が第三二軍に出された。とくに、四月七日に戦艦大和が沖縄に肉迫するときに、第三二軍はこれにタイミングを合わせて攻撃を行うべきだと命令してきた。

この要望に応えて、長勇(ちょういさむ)参謀長は軍参謀を集めて参謀会議を開いた。ここでは、長期

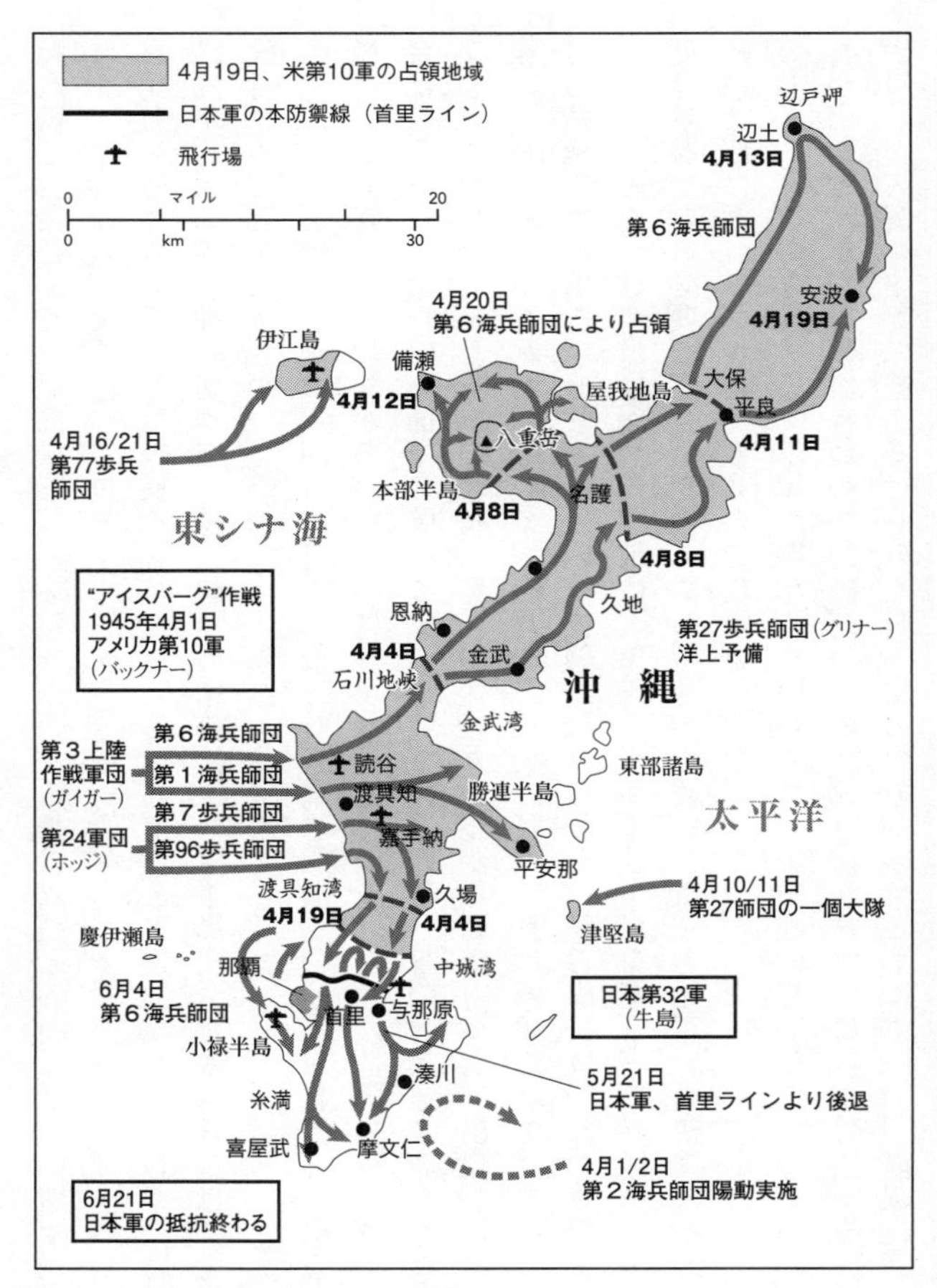

図７−２　沖縄戦（Young, 1975）

持久戦を良策とする八原高級参謀と攻撃を主張する長参謀長との間に激しい議論がかわされた。冷静な八原大佐は、「自暴自棄になってはいけない。突撃すれば全滅する。少しでも兵力を温存し、できるだけ長くもちこたえるべきだ」と主張した。しかし、結局、長参謀長が八原参謀を押し切って「総攻撃」の結論に至り、牛島司令官は四月八日に総攻撃を決行することを命令した。

しかし、この総攻撃は、四月七日の午後三時に米軍船団一〇〇隻が牧港沖に出現し、背後に敵が上陸する可能性があったために、攻撃直前で中止になった。その後、この中止命令は変更され、第一〇方面軍の強い要望に従い、再び四月八日の総攻撃が命令された。しかし、この命令もまた米軍の戦艦三隻、輸送船九〇隻が那覇南方海上に出現したという情報によって取り消された。そして、四月一二日夜、長参謀長は八原作戦参謀を抑えて三度目の積極攻勢に出た。そして、ついに夜襲が試みられた。長参謀長は、この攻撃に自信をもって臨んだわけではなかった。彼は、第三二軍および牛島軍司令官の立場を考えて、一度は攻勢をとる必要に駆られたのである。そのために、軍主力を用いた決戦は行わず、上級司令部に面目を保つ程度の兵力で攻撃を行った。

しかし、この攻撃もまた米軍の照明弾に照らされ、集中砲火を浴びて、多くの部隊に損害が出た。米軍の反撃がきわめて的確だったのは、捕虜からすでに「信号表」を入手しており、その日の夕刻に打ちあげられた日本軍の信号弾の色と形によって、前線夜襲をキャッチしていたからであった。こうして、日本軍は再び持久態勢にもどった。

米軍は、上陸後一日約一〇〇メートルの陣地を侵食して行った。四月下旬には、日本軍主力の第六二師団の戦力も五〇％に低下した。軍司令部のある地下三〇メートル、延長一五〇〇メートルの洞窟の中には、約一〇〇〇人の将兵がひしめき合っていた。湿度一〇〇％で疲労も重なり、戦局の前途に悲観ムードが漂ったときに、総反撃の議論が展開された。参謀会議では、八原参謀が依然として守勢に立って本土決戦に向けて日数を稼ぐことを主張した。しかし、今回は牛島司令官が総攻撃で自ら軍刀を振るって切り込むことを主張した。これまで、作戦立案を参謀に一任し、自分からあまり意見をいわなかった牛島中将も、今回は、「八原、来い」といって人のいないところへ八原参謀を呼び出し、消極的な兵力温存主義を叱ったといわれている。

こうして、五月四日、第三二軍はこれまでの持久作戦を変更し、牛島は「皇国の安危懸かりて、この一戦に在り」と訓示し、総攻撃を開始した。この攻撃によって、日本軍ははじめて優位に立つ戦いを繰り広げた。しかし、米軍の圧倒的な物量と兵力の前に、日本軍は戦況を好転させることはできなかった。四六時間に及ぶ総攻撃もついに中止となった。五月二七日、牛島は玉砕（ぎょくさい）するのをやめて、摩文仁（まぶに）の新司令部に後退し、あくまで戦闘を継続するように部下を指揮した。数万人の沖縄県民が、日本軍と行動を共にした。そのなかには、ひめゆり部隊（女子高校生）の可憐な姿もあった。各地で県民と部隊が、同じ壕のなかに身を潜めることもめずらしくなかった。赤ん坊の泣き声を制するために、母親が赤ん坊の鼻と口を押さえ窒息死させたという悲惨な光景もみられた。このような非戦闘民に対して、大田実(おおたみのる)少将のように、「沖縄県民斯く戦えり。県民に対して後世特別の御高配を賜らんことを」といった心遣いをした軍人もいた。*6

そして、六月一九日、牛島軍司令官から関係方面に「告別の辞」が打電された。*7

秋を待たで枯れゆく島の青草は　皇国の春に甦らなむ
矢弾尽き天地染めて散るとても　魂がえり魂がえりつつ皇国護らむ

六月二二日、米軍の戦車が摩文仁の牛島司令官の陣地に迫り、洞窟陣地が戦車に馬乗りにされた。六月二三日、牛島満は長参謀長とともに古式に従い割腹自決した。その後、終戦まで戦った部隊が一部あった。しかし、順次、米軍の降伏勧告に応じて、約七〇〇〇名が投降した。

沖縄戦の敗北

さて、この戦いでは、牛島中将率いる第三二軍約八万六四〇〇名が、バックナー陸軍中将率いる第一〇軍約二三万八七〇〇名という数量的に圧倒的に上回る米軍を八六日間にわたって苦しめた。

とくに、最初の約一〇日間までの戦いでは、制空権も制海権もない孤立したなか、日本軍は健闘した。日本軍の死傷者は二二七九名、米軍の死傷者は二六〇〇名であり、戦死者は日本軍が一一七四名であったのに対して、米軍が四七五名であった。これは、医療施設の差によるものとされている。また、この戦いでは、最終的に日本軍の戦死者は約六万五〇〇〇名、日本側住民約一〇万人であった。これに対して、米軍はバックナー中将の戦死を含む一万二二八一名で、死傷者は約八万五〇〇〇人いたといわれている。

この戦いは多くの沖縄県民を巻き込んだという点で、今日、問題視されている。しかし、「長期持久戦」という現地軍主導の戦術によって、米軍の本土攻撃を遅らせ、米軍に「日本軍恐るべし」を実感させた。この戦いでは、およそ三万人弱の米国兵士が神経症にかかったといわれている。その原因は、耳をつんざくような味方の砲撃と、爆弾を抱え、手榴弾を投げながら体当たりしてくる日本兵の狂気にも似た攻撃に恐怖心を募らせたからであったという。

伝統的軍事組織論からのアノマリー（変則事例）

さて、以上のような敗戦末期の二つの戦闘に関して、もし軍事組織が中央集権型階層組織であるという伝統的組織論に従うならば、硫黄島戦での栗林や沖縄戦での牛島および八原参謀の行動は、いずれも大本営の命令に忠実に従うものではなかった。それゆえ、彼らの行動は反組織的行動とみなされる。事実、硫黄島戦での栗林の戦術は大本営の指導と衝突していた。また、沖縄戦での牛島たちの行動は、当時、大本営と調整がつかないまま戦闘状態に入ったことは、すでに述べたとおりである。見方を変えれば、栗林や牛島たちの行動は、中央集権型階層組織としての日本軍の組織自体がすでに壊滅していたことを象徴するものであると解釈することもできるだろう。

しかし、栗林も牛島も、ともに本土決戦を遅らせるという共通の組織戦略に従っていたという点で、彼らの行動は必ずしも反組織的行動とみなすことはできない。また、彼らの戦闘行動をみれば、依然として当時の日本軍は組織として健在であり、効果的に組織的な行動をしていたといえる。事実、本土決戦までの時間を稼ぐために、彼らは現存する稀少な人的物的資源をできるだけ効率的に配分し、徹底的に米軍に抵抗した。さらに、栗林はサイパン、グアム、そしてペリリューの戦いをめぐる情報を得ており、それを戦訓として十分生かしていた。また、沖縄戦でも八原参謀は硫黄島戦での栗林の戦術情報を得て、それを戦訓としていた。そこには、優れた組織にみられる組織学習効果が見出せるのである。

このように、一方では伝統的軍事組織からすると、硫黄島戦や沖縄戦での栗林や牛島や八原の行動は反組織的行動としてみなされ、それゆえ彼らの行動は軍事組織の崩壊を象徴するように解釈されることになる。他方、実際には、彼らは効率的に稀少資源を利用し、十分組織的に米軍に抵抗した。事実、硫黄島戦では、負けた日本軍よりも勝った米軍の損害の方が大きいのである。この矛盾した状況をどのように理解すればよいのであろうか。

２　組織形態の取引コスト理論分析

集権型組織と分権型組織

さて、伝統的組織論によれば、カリスマ支配や伝統的規範による支配から解放された近代組織は、人間の管理限界にもとづいて垂直的に上中下に階層化され、これを規則化し、その規則を組織メンバーたちに守らせることによって効率的となる。同様に、組織は機能に従って水平的にも分化され、これを規則化し、それをメンバーたちに守らせることによって専門化され、効率的となる。つまり、組織は垂直的および水平的に分化され、それを規則化し、これをメンバーたちに守らせることによって効率的な資源配分システムとなる。また、分化した機能を調整し、実行するために権限は上位に集中し、一元的な命令伝達システムが展開されることになる。このような巨大な集権型階層組織が、官僚制組織と呼ばれるものであり、その代表例が軍事組織にほかならない。

しかし、現代の経営組織論では、このような集権型階層組織が唯一絶対的に効率的な組織形態とはみなされない。一方で、組織が巨大化し、他方で情報システムが発達し、外部から多様な大量の情報を取り入れることが可能になると、組織は激しい環境変化や多様な不確実性にさらされることになる。このような流動的で不確実な状況に、集権型階層組織は効率的に対応することはできない。何よりも、このような環境の変化に対応できる組織として展開されたのは、分権型組織としての事業部制組織である。

この事業部制組織では、基本的に組織は本部といくつかの事業部に分けられる。本部は、各事業部に共通する戦略的意思決定を行うのに対して、各事業部はこの共通の戦略のもとにより具体的な戦術的意思決定を自律的に行う仕組みとなっている。このような分権型組織では、本部の負担は大幅に軽減され、しかも自律的な各事業部はタイムリーに環境に適応できるので、環境の変化に強いといわれている。しかし、この議論はいまだ直観的で必ずしも理論的ではない。このような組織論上の議論をさらに理論的に説明したのが、以下の取引コスト理論である。

コースの定理を組織形態論に応用する

さて、組織を市場と同様にヒト・モノ・カネなどの資源配分システムの一つとみなすことによって、組織を経済学的に分析できることを考え出したのは、第Ⅰ部でも説明したように、R・コースである。彼によると、もしすべての人間が完全合理的ならば、取引上、互いに駆け引きができず、取引コスト・ゼロで資源は市場で取引されることになる。この場合、ある資源の所有権が最初にだれに帰属されようと、それを効率的に利用できない人はマイナスの結果を生み出すのでそれを売りたくなり、他方、効率的に利用できる人はプラスの結果を生み出すので買いたくなる。それゆえ、その資源は市場取引を通して結果的に最も効率的に利用できる人のところに配分されることになると主張した。これがコースの定理である。[*8]

この定理を組織論に応用すれば、次のようになる。すなわち、もしすべての組織メンバーが完全合理的ならば、メンバー間に駆け引きが起こらず、組織内での取引コストはゼロとなる。この場合、組織がどのような形態であれ、資源は組織内で効率的に配分され利用されることになる。

たとえば、いま大本営が現地軍に作戦実施命令を下したとしよう。そして、この命令に従い現地軍が白兵突撃を行ったところ、現場の将兵に多大な損害が発生したとする。この状況に対処するために、いま、以下の三つの解決案があるとしよう。

〔解決案１〕戦術を変更することなく、このまま白兵突撃を続行するには五〇〇〇万円のコストが発生する。

〔解決案２〕戦術を変更し、ゲリラ戦にもち込み、長期持久戦を通して戦い続け、兵士の補充を待つには、六〇〇〇万円のコストが発生する。

〔解決案3〕戦術を変更し、一時撤退し、新たな戦術と兵力の立て直しを図るには、四五〇〇万円のコストが発生する。

ここで、もしすべての組織メンバーが完全合理的でしかも組織形態が大本営を中心とする中央集権型組織であるならば、現場の指揮官も大本営もすべての解決案を理解でき、さらに大本営と現場は取引コストを生み出すことなく相互に交渉できるので、大本営は戦術を変更し、一時的に軍を撤退する〔解決案3〕つまり最も効率的な解決案を現地軍に命令するだろう。また、もし組織形態が現地の指揮官に戦術的意思決定を委任するような現地分権型組織であるならば、現地の指揮官も完全合理的なので、すべての解決案を理解でき、それゆえ彼は自律的に白兵突撃戦術を変更し、一時的に撤退し、新たな戦術を構想するという最も効率的な〔解決案3〕を選択するだろう。このように、もしすべての組織メンバーが完全合理的であるならば、組織形態が集権制であれ分権制であれ、その形態とは無関係に常に効率的な資源配分を行う〔解決案3〕が選択されることになる。

しかし、もし組織メンバーが限定合理的で、その情報収集、処理、伝達表現能力が限定されているならば、組織内の命令伝達をめぐって相互に駆け引きが起こる可能性がある。そして、そのために取引コストが発生し、組織形態によっては効率的な解決案が選択されず、非効率な解決案が合理的に選択されていくという不条理が発生する。

たとえば、白兵突撃戦術を変更し、戦場から将兵を撤退させた場合、大本営は作戦指導の失敗をめぐる責任が問われることになる。それゆえ、大本営は戦術変更を容易に認めようとしないかもしれない。この場合、戦術を変更し軍隊を現場から撤退させるためには、現場と大本営との間に多大な取引コストが発生することになるかもしれない。いま、このような大本営と現場との取引コストが仮に六〇〇万円かかるとしよう。この場合、もし組織形態が現地分権型組織であるならば、現場の指揮官は大本営と交渉することなく自由に戦術を変更できるので、一時的に撤退し新しい作戦準備を行う効率的な〔解決案3〕を選択することになるだろう。しかし、もし大本営にすべての権限が集中する中央集権型組織であるならば、戦術を変更する場合、現場の指揮官は大本営と交渉する必要があり、そのために取引コストが六〇〇万円かかることになる。したがって、この取引コストを考慮すると、現場の指揮官にとって作戦を変更することなく、このまま白兵突撃を続行する非効率な〔解決案1〕を選択することが彼らにとって合理的となる。このように、限定合理的な世界では、取引コストのために非効率な解決案を選択することが合理的となるような不条理な事態が発生することになる。つまり、個別合理性と全体合理性は一致しないのである。

以上のように、すべてのメンバーが完全合理的で取引コストがゼロの場合には、組織形態とは無関係に組織内の資源は効率的に配分されていく。しかし、取引コストが発生する場合には、組織形態によって資源は効率的に利用されたり、非効率に利用されたりするこ

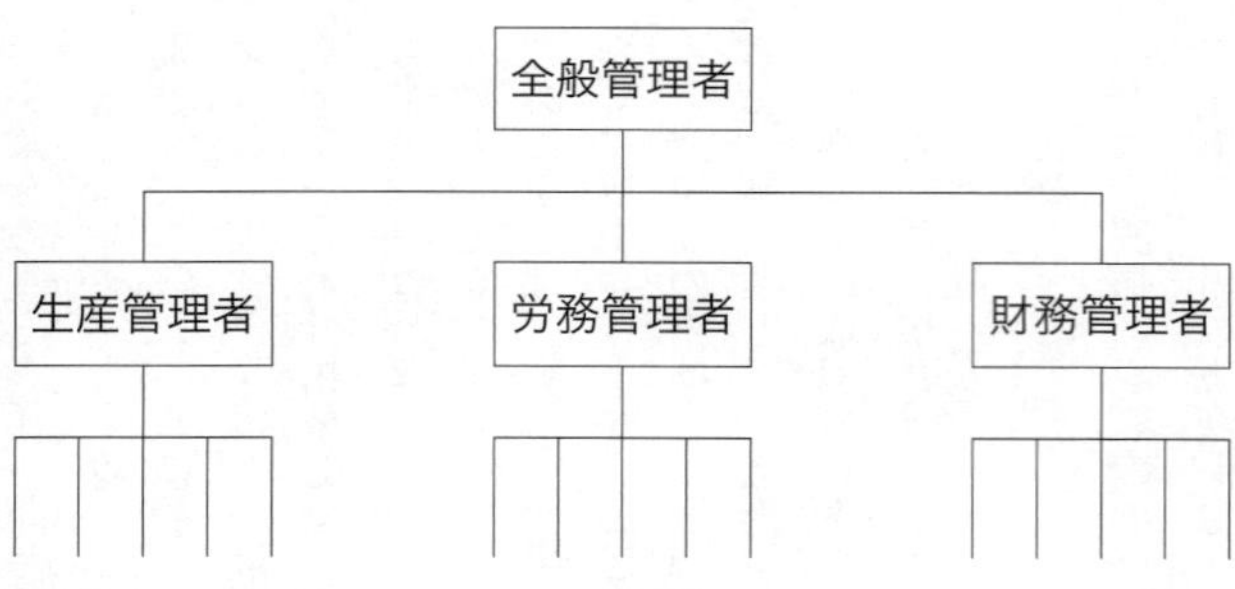

図7－3　統合型組織――U型企業

とになる。これが、R・コースの定理の組織形態への応用なのである。

組織形態の取引コスト理論分析

さて、以上のようなR・コースの議論をさらに具体的に研究したのは、O・ウイリアムソンである。彼は、すべての人間は限定合理的であり、人間は機会があれば悪徳的であっても利己的利益を追求するような機会主義的行動をとる可能性があると考えた。このような機会主義的な人間同士の取引では、常にだましあいや駆け引きが起こるので、取引コストが発生することになる。このような機会主義的行動を組織内で統治するために、様々な組織形態が統治構造として展開されるというのが、ウイリアムソンの取引コスト理論の考え方なのである。[*9]

たとえば、図7―3のように、従業員を専門的観点から監視する何人かの専門管理者が存在し、しかもこの専門管理者を監視し調整する全般管理者から構成されるような集権的統治構造は、統合型組織（unitary form）あるいはU型企業と呼ばれる。このような組織構造は、規模の拡大が経済的メリットをもたらすという「規模の経済性」を求めて組織が巨大化すると、階層をもたない仲間組織や一人の管理者だけからなる単純階層組織よりも、組織メンバーの機会主義的行動をより効果的に統治できるので、組織内取引コストを節約することができる。それゆえ、取引コスト理論によると、組織がある程度巨大化すれば、機会主義的行動を抑止するために、このような集権的な統合型組織構造が現れてくると考えるのである。

しかし、このような統合型組織構造における全般管理者や専門管理者は依然として限定合理的なので、さらに規模の経済性を求めて組織が巨大化すれば、これら全般管理者や専門管理者は日常業務に追われ、環境の変化に対して新しい戦略や戦術をタイムリーに展開できなくなる。しかも、組織メンバーのさぼり、手抜き、ただ乗りなどの機会主義的行動も十分統治できなくなるので、組織内取引コストは非常に高くなる。

このような組織内取引コストを節約するために展開される統治構造が、分権型組織としての多事業部制組織あるいはM型企業と呼ばれる統治構造なのである。

この統治構造では、次ページ図7―4のように、基本的に組織は、本部、スタッフ、複数の事業部に分化される。そして、これらのうち、まず本部は、環境の変化に対応して各事業部に共通する戦略を提示し、しかも各事業部の業績を評価し、そして各事業部に効率

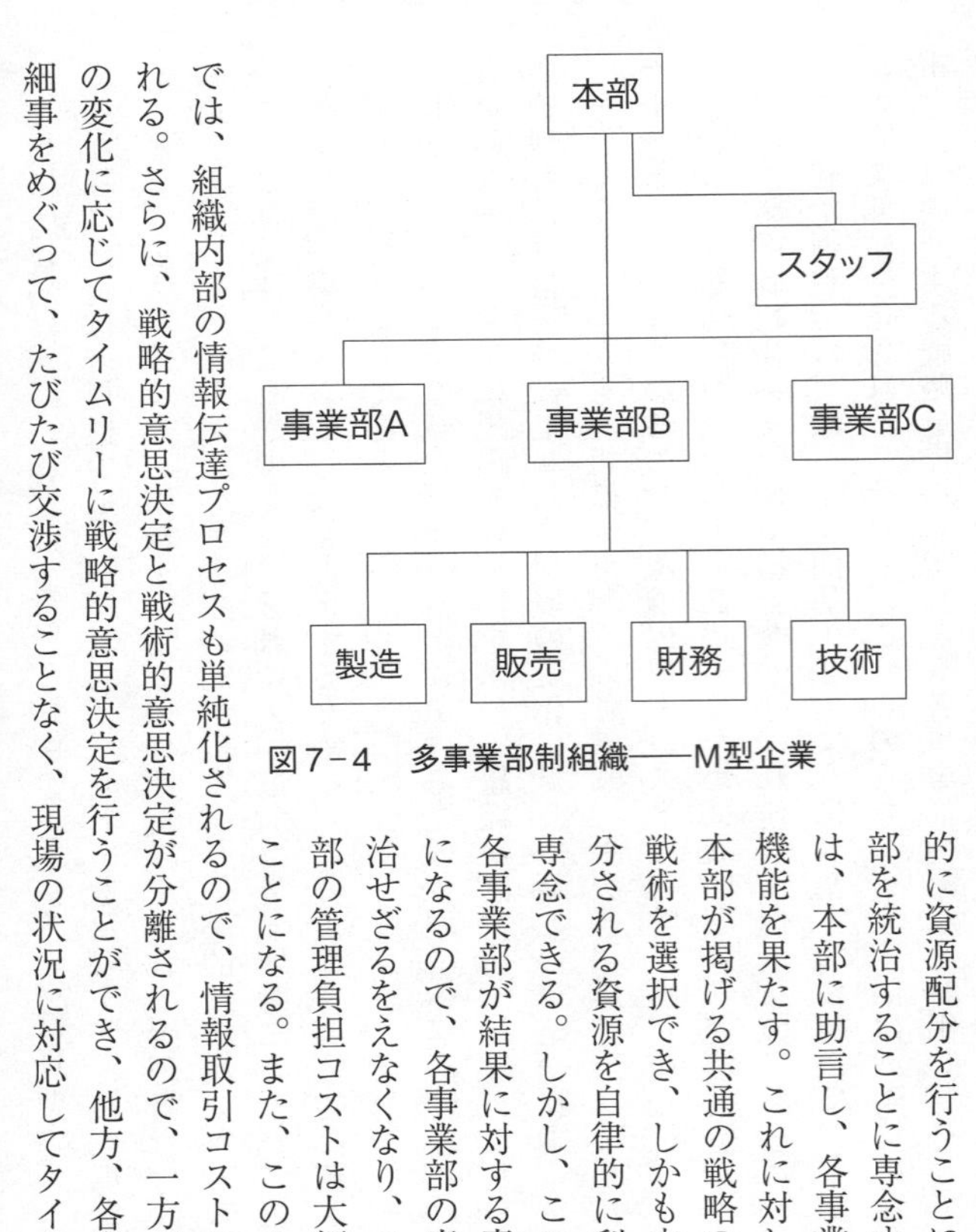

図7－4　多事業部制組織——M型企業

的に資源配分を行うことによって各事業部を統治することに専念する。スタッフは、本部に助言し、各事業部を監査する機能を果たす。これに対して各事業部は、本部が掲げる共通の戦略の枠内で自由に戦術を選択でき、しかも本部によって配分される資源を自律的に利用することに専念できる。しかし、このことは同時に各事業部が結果に対する責任も負うことになるので、各事業部の責任者は自己統治せざるをえなくなり、これによって本部の管理負担コストは大幅に軽減されることになる。また、このような統治構造では、組織内部の情報伝達プロセスも単純化されるので、情報取引コストは大幅に節約される。さらに、戦略的意思決定と戦術的意思決定が分離されるので、一方で経営者は環境の変化に応じてタイムリーに戦略的意思決定を行うことができ、他方、各事業部も本部と細事をめぐって、たびたび交渉することなく、現場の状況に対応してタイムリーに戦術的効率的に資源は利用されることになる。

しかし、たとえ比較制度論的に分権型事業部制組織が中央集権型統合組織よりも効率的統治構造であろうと、このような組織形態への移行や変化は必ずしも容易ではない。というのも、組織形態の移行や変革には多くのメンバーや関係者の反発や抵抗が予想され、変革をめぐって膨大な取引コストが発生する可能性があるからである。たとえば、集権型組織から分権型組織へと移行する場合、これまでの集権型組織のもとで形成されていた人間関係が新たに再編成されることになるので、多くのメンバーの反発や抵抗があるかもしれない。また、組織変革は組織的資源の大幅な再配分を伴うので、そのための計画や調査や調整コストも必要となるだろう。

したがって、このような組織変革に必要な取引コストをも含めて、もしこのような組織変革によって生み出されるコストがそのベネフィットよりも大きいならば、組織は自生的に変化することはないし、意図的に変革する必要もないだろう。しかし、もし組織変革によって発生するベネフィットがそのコストよりも大きいならば、組織は自生的に変革されるだろうし、何よりもそのような変革を行わない組織は淘汰されるということ、これが取引コスト理論的な考え方なのである。

3　なぜ戦争末期の日本陸軍は自生的に組織変革できたのか

中央集権型組織が生み出す不条理

以上のような取引コスト理論にもとづいて、改めて硫黄島戦および沖縄戦での日本軍の組織行動を分析してみよう。

まず、日本軍は基本的に多くの階級から構成される巨大な中央集権型階層組織として形成されてきた。もしすべての組織メンバーが完全合理的であるならば、大本営も現地軍も相互に行動を完全に監視できるので、組織内のメンバーはだれも非効率で不正な行動をとらないだろう。この場合、合理性と効率性と正当性は常に一致し、資源は組織内で効率的に利用されることになる。

しかし、実際には、どんな人間も限定合理的なので、大本営は現場の状況や現地軍の行動を完全に知ることはできない。それゆえ、中央集権型組織のもとでは、大本営は限定合理的であるにもかかわらず、あたかも完全合理的であるかのように現場の指揮官を指導し命令することになる。とくに、環境の変化が激しく、不確実性が高まり、しかも意思決定に時間的余裕がない場合には、大本営は不完全な状況認識のもとに不完全な作戦を展開し、それを現場に押しつけることになる。しかも、中央集権型組織のもとでは、現場の指揮官が大本営の作戦を非効率なものとして変更を求めることはほとんど不可能である。というのも、そのような交渉にはきわめて高い取引コストが発生するからである。この高い取引コストのために、現場の指揮官は、たとえ大本営の作戦指導が非効率であったとしても、その作戦に従う方がより合理的となるような不条理な状況に追い込まれることになる。ここに、中央集権型組織が生み出す不条理がある。

事実、ガダルカナル戦以降、米軍の反撃が激しくなり、日本軍の敗退プロセスが始まると、大本営は資源的にも時間的にも余裕がなくなった。しかも、十分な状況認識もできなかった。しかし、大本営はあたかも自分たちが完全合理的であるかのように戦略的意思決定だけでなく戦術的意思決定も行い、現場の指揮官に事細かに直接作戦を指導していた。とくに、大本営は、各現場固有の状況とは無関係に、米軍の上陸を海岸線で阻止し、一気に攻撃して玉砕する短期・水際撃滅作戦を一律に各現地軍に指導していた。

これに対して、現地では、このような水際撃滅作戦が、強力な火力で上陸して来る米軍に対してもはや役に立たないことを認識していた。しかし、戦術変更をめぐる大本営との交渉で発生するあまりにも高い取引コストのために、現地軍は大本営の指導する戦術に従い、水際撃滅作戦、肉弾突撃、バンザイ突撃、そして玉砕戦法などのまったく非効率な戦術を合理的に選択するという不条理に陥っていたのである。

自生的組織変革発生

実際、大本営が指導した水際撃滅作戦は、サイパン、テニアン、そしてグアムなどで実行されたが、いずれも米軍に対してまったく役に立たなかった。米軍は、まず日本軍の水際陣地を激しい空爆によって丸裸にし、その後で日本軍の砲弾を撥(は)ね返すM４戦車、三連射迫撃砲弾、二〇センチ長距離砲弾などの、これまで日本軍がみたこともない強力な新兵器をもって上陸してきたからである。

しかし、これら一連の水際撃滅作戦失敗の積み重ねは、日本軍にとって必ずしも無意味ではなかった。このような一連の失敗によって、やがて後続する現場の将兵たちは既存の戦術が米軍に対してあまりにも無力であり、何よりも大本営の戦術指導に無批判に従った場合、非常に多くの兵士が無駄死にすることを認識し始めたからである。

とくに、大本営指導の水際撃滅戦術の無力さにいち早く気づいたのは、ペリリュー島の戦いで指揮をとった中川州男大佐であった。[*10] 玉砕を覚悟していた中川大佐にとって、これまでの島嶼戦で繰り返されてきた大本営指導の水際撃滅作戦を変更することによって発生するコストはそれほど高いものではなかった。彼は、現場の稀少な人的物的資源をできるだけ効率的に利用するために、大本営と直接交渉することなく水際撃滅作戦を変更した。

彼は、サンゴで覆われたペリリュー島の自然の洞窟を利用し、堅固な洞窟陣地のもとに、逆に米軍を引き込んで攻撃するという持久作戦を展開し、長期にわたって米軍に執拗に抵抗した。

これら一連の戦訓から、現場の将兵は、大本営指導の水際撃滅・短期決戦作戦の非効率性を認識した。とくに、大本営の指導に無批判に従うことによって大量の兵士が無駄死にすることをはっきり認識したのは、硫黄島戦での栗林であり、沖縄戦での八原であった。彼らは、いずれも現場の稀少な人的物的資源をより効率的に利用するために、一方で日本軍の戦略であった本土決戦を遅らせるというミッションを守りつつ、他方で大本営と十分交渉取引することなく、水際撃滅・短期決戦戦術を変更し、現場主導で自律的に洞窟陣地・持久戦術を展開し始めたのである。

こうして、硫黄島戦および沖縄戦では、大本営の戦略的意思決定と現場の戦術的意思決定は分離され、日本軍は大本営を絶対的頂点とする「中央集権型組織」から自律的な現地軍からなる「現地分権型組織」へと変貌していった。この意味で、硫黄島戦での栗林や沖縄戦での牛島や八原の行動は、決して反組織的ではなかった。また、彼らの行動は日本軍の組織崩壊を象徴するような行動でもなかった。彼らは、現場の人的物的資源をできるだけ効率的に利用しようとした。そして、その意図せざる帰結として、日本軍は新しい現地分権型組織へと移行していたのである。

中央集権型組織から現地分権型組織への移行コスト

しかも、中央集権型組織から現地分権型組織への移行には、それほど大きなチェンジング・コストは発生しなかった。というのも、当時、中央集権型組織を維持することによってメリットを受ける人々は少なく、その移行に反発し抵抗しようとする人はほとんどいなかったからである。むしろ、日本軍敗退プロセスで大本営があまりにも多くの誤った作戦指導を繰り返したために、現地では大本営の指導に対する疑念が高まり、批判的であった。

とくに、当時、日本軍は、ヒト・モノ・カネなどの資源不足に陥っていたために、たとえ大本営が中央集権的に事細かに作戦を指示しても、大本営はその作戦実行に必要な資源を現地に供給できない状況にあった。それゆえ、現地では、大本営の指導に対する不信感が強く、自律的に現場の稀少資源を利用しようという意識が芽生えていた。

たとえば、大本営は米軍の反撃に対処するために、急遽、中国における関東軍から第一四師団をオーストラリア北部地域へ、そして第二九師団をマリアナへと転用する予定であった。しかし、オーストラリア北部地域が予想以上の早さで米軍によって陥落させられたために、大本営はあわてて方針を変更した。そして、今度は、第一四師団をサイパンやテニアンなどの北部マリアナへ、そして第二九師団をグアムやロタなどの南部マリアナへ転用することにした。しかし、米軍はさらに大本営の予想をはるかに超えた早さで進軍し、マリアナ諸島をめぐって大空襲を行うとともにパラオ諸島にも大空襲を仕掛けてきたために、あわてた大本営は今度は第一四師団のマリアナ派遣を中止してパラオへ向かわせ、マリアナ諸島を第二九師団と海軍部隊で防衛することに変更した。

このように、大本営は急速な戦況の変化に対応できず、関東軍からの精鋭部隊を転用する際に、その転用のタイミングと転用先を何度も変更するという失態を繰り返していたのである。[*11] それゆえ、転用される軍隊も、そしてそれを待つ現地軍も、大本営に対して深い疑念と不信感を抱いていた。したがって、大本営を中心とする中央集権型組織を維持しようというより、むしろ現場では、自律的に、いかにして稀少な人的物的資源を効率的に利用するかという問題意識が強まっていたのである。

また、その後のレイテ島地上決戦においても、大本営は台湾沖航空戦で米機動部隊の大部分を撃沈したといった誤報のもとに、中央集権的に組織的資源の再分配を強行して、作戦は失敗した。すなわち、この誤った情報のもとに、本来、ルソン島で米軍を待ち伏せして大決戦を行う予定であった捷一号作戦の内容を、大本営はあわてて変更した。そして、現地軍第一六方面軍司令官山下奉文将軍[*12]の強い反対にもかかわらず、大本営は、台湾沖航空戦で弱体化した米軍を撃つために急遽レイテ島に日本軍を集中させて、水際撃滅作戦を命令した。このとき、山下将軍は天を仰いで、「レイテ決戦は、後世史家の非難を浴びることになろう」といったといわれている。

結局、この誤報にもとづく場当たり的な作戦は、完全に失敗した。そのため、レイテ決戦失敗後、大本営が再びルソン決戦を提案したとき、山下司令官はこれを受け入れなかった。今後は、本土決戦への時間稼ぎを戦略的目標とし、戦術的には米軍をなるべく多く牽制抑留する「自活・自戦・永久抗戦」を現地軍に命令した。そして、逆にこの作戦を大本営が承認したのである。[*13]

また、当時、大本営は、現地の実状が日本国民に洩れることを恐れ、フィリピン諸島の婦女子を日本に還送させることに反対していた。しかし、山下はこれを無視して「どうかりっぱな日本の母になってください」とはなむけの言葉を残して内地に脱出させたりもしていた。さらに、山下は、軍中央に反して作戦上マニラを放棄し、戦場外にして、マニラ市民の安全を図るとともに、米軍捕虜一三〇〇名と抑留民間人七〇〇〇名を解放した。そして、大部分の部隊をマニラから撤収させ、バギオの手前サンタフェ、バレテ峠、バンバンにたてこもった。栄養失調で倒れる兵士が続出した。食糧不足のために、山下は「ぼくもスマートになった」と、笑ったといわれている。そして、山下は、終戦の八月一五日まで戦い続けた。

このように、現地軍では自主自立の精神が芽生え、組織上の変化に対して大きな抵抗や反発はなかった。こうして、日本軍は自生的に中央集権型組織から現地分権型組織へと移行していったのである。

しかも、大本営内部でも、中央集権型組織の限界が認識されはじめていた。たとえば、サイパン、テニアン、そしてグアムなどの失敗から大本営は態度を徐々に軟化させ、現地固有の作戦を後知恵的に承認するようになっていた。とくに、参謀本部第一部長であった宮崎周一（みやざきしゅういち）中将は、大本営陸軍部作戦課が持久戦を展開し続ける沖縄第三二軍の消極的態度に疑念を抱き攻撃を要望する電報を打電しようとしたとき、ガダルカナル戦での経験から作戦開始以降に大本営が現地軍に干渉しすぎるのは問題があると主張し、これを押さえた。このように、大本営内部でも既成の中央集権型組織の限界は認識されていたのであり、それゆえ現状を維持しようとする力は弱くなっていたのである。

以上のように、日本軍敗退プロセスで、現地の日本軍は、大本営の中央集権的行動に疑念と不信を抱き、批判的であった。そして、現地軍には自主自立の精神が芽生え、しかも大本営内部でも中央集権型組織の限界に気づいていった。それゆえ、敗退する日本軍の組織内部では現状を維持しようとする力は低下し、中央集権型平時組織から現地分権型戦闘組織への移行にはそれほど多くの抵抗や反発は起こらなかった。つまり、この新しい組織への移行には、膨大なコストは発生しなかった。こうして、日本軍は効率的な資源配分システムへと合理的に変化していったのである。

註

＊1　硫黄島戦については、池田（一九九五）、児島（一九六六）、防衛庁防衛研修所戦史室（一九六八）、戸部他（一九八四ａ）を参考にした。

＊2　栗林の人物像については、半藤（一九九五）を参照。

＊3　半藤（一九九五）一五六頁を参照。

＊4　沖縄戦については、池田（一九九五）、防衛庁防衛研修所戦史室（一九六八ｂ）、戸部他（一九八四）を参照。

＊5　牛島満の人物像については、岡田（一九七二）五四頁および伊藤（一九八〇）に詳しい。

＊6　これについては、半藤（一九九五）を参照。

＊7　以下の告別の辞は、伊藤（一九八〇）一五頁を参照。

＊8　コースの定理については、Coase（1960,1988）に詳しい。また、菊澤（一九九八ａ）第五章では、コースの定理がやさしく説明されているので、参照されたい。

＊9　取引コスト理論については、Williamson（1975,1985）に詳しい。また、Douma and Schreuder（1991）ch.8, 菊澤（一九九八ａ）第三章でも、取引コスト理論はやさしく説明してあるので、参照されたい。

＊10　ペリリュー島の戦闘については、防衛庁防衛研修所戦史室（一九六八ａ）、池田（一九九五）一〇九頁に詳しい。また、中川大佐の人物像については半藤（一九九五）に

詳しい。

＊11　この大本営の失態については、池田（一九九五）に詳しい。

＊12　山下の人物像は、岡田（一九七二）、半藤（一九九五）に詳しい。

＊13　この大本営と山下司令官との関係については、高山（一九八〇）一九八頁以下および渡邊（一九八〇）三三二頁以下を参照。

第Ⅲ部　組織の不条理を超えて

第8章　組織の本質――軍事組織と企業組織

さて、これまで多くの正統派研究者が、完全合理性の立場から日本軍を分析してきた。そして、そのほとんどが日本軍の行動の背後に存在する非合理性を指摘し、それを徹底的に批判するものであった。しかも、このような日本軍の非合理な行動は、戦争のような特殊な状況で発生するものであって、日常的な現象ではないとした。そして、今後、このような不条理な組織行動を繰り返さないために、人間はより完全合理的に行動すべきであるということ、これがこれまでの正統派の軍事組織研究からの政策提言であった。

しかし、このような完全合理性の立場からの分析は、H・デムセッツがいうように、ニルバーナ・アプローチ、[*1]つまり涅槃（ねはん）の境地に入った仏陀（ぶっだ）の立場からのアプローチ、神の立場からのアプローチでしかない。それは、神ではないわれわれ人間にとって実行不可能な政策提言である。

これに対して、すべての人間の合理性は限定されており、人間は限定された情報のなかで意図的に合理的にしか行動できないという限定合理性の立場から、日本軍の行動を新たに分析したのが本書である。この立場からすると、これまで非合理といわれてきた日本軍の行動の背後には、実は人間の合理性があることがわかる。しかも、日本軍の不条理な行動は、決して戦争に固有な非日常的なものではない。むしろ、そこには、現在でもしばしば日常的にみられる合理性がある。それゆえ、今日でも、軍事組織研究から多くのことを学びうるのである。

以下、人間が合理的に行動することによって不条理に導かれるケースがあることを改めて確認するために、本書で分析した一連の日本軍の戦いを整理する。しかも、これらの事例がいずれも非日常的で軍事組織に固有のものではなく、今日でも普遍的にみられる組織現象であることを示すために、いくつかの類似した企業組織の事例を取り上げてみよう。

1　組織が不条理に導かれた事例

さて、人間が限定合理的に行動したにもかかわらず、結果的に、組織は不条理な行動に導かれていった事例として、「ガダルカナル戦」および「インパール作戦」における日本軍の組織行動について要約する。しかも、これらが非日常的な現象ではないことを説明するために、いくつかの現代巨大企業の不条理な事例を取り上げよう。

ガダルカナル戦の不条理

まず、これまで日本陸軍の非合理な行動を象徴するものとみなされてきたガダルカナル戦について第4章で分析した。この戦いは、近代兵器を駆使した米軍に向かって、日本軍が三回にわたって伝統的な白兵突撃作戦を繰り返し、日本軍が完全に殲滅（せんめつ）された最悪の戦いである。

今日、完全合理性の観点から、ガダルカナル戦では、一回目の白兵突撃作戦の後、日本軍はすぐに退却すべきであったとか、あるいは、兵力を小出しにするのではなく最初から総攻撃を仕掛けるべきであったとか、あるいは日本軍も火力中心の近代戦術を採用すべきであったとか、批判的にいわれている。

しかし、もしすべての人間が神ではなく限定合理的であるならば、一度踏み入れた戦術をいとも簡単に放棄できない場合がある。とくに、ガダルカナル戦では、長い年月をかけて構築し、多大なコストをかけて教育してきた白兵突撃戦術を一夜にして変更し、放棄するには、あまりにもコストが大きかったのである。しかも、戦術を変更するためには、多くの人間関係上の駆け引きやトラブルなどの取引コストも発生する状況にあった。

このあまりに高い埋没コストや取引コストを考慮にいれると、後もどりして確実に巨大なコストを発生させるよりも、むしろかすかな勝利の可能性さえあれば、たとえ非効率な戦術であろうと、それを変更することなく、このまま未来に向かって進む方が合理的となる。このような合理性が、ガダルカナル戦での日本軍の非効率な戦術の選択行動の背後に潜んでいたのである。

したがって、一見、非効率にみえるカダルカナル戦における日本軍の組織行動も、その背後を分析すれば、それが人間の非合理性によって起こるものではないといえる。何よりも、人間が合理的であるために、そのような非効率な行動が生じたのである。つまり、個別合理性と全体効率性は必ずしも一致しないのであり、個別合理的に全体非効率な方法が選択され、日本軍は淘汰されていったのである。

拓銀の不条理

しかも、このような不条理な現象は、戦場に固有の非日常的な組織現象ではないことに注意しなければならない。何よりも、このような現象は現代の企業組織においてもしばしば見出せる普遍的な現象なのである。

たとえば、一九九九年、絶対に倒産しないといわれてきた都銀の一つ北海道拓殖銀行が倒産に導かれていくプロセスでも、これと似た場面があった。[*2] 拓銀は、最後の生き残りをかけて、北海道の巨大リゾート・ホテルの建設に勝負をかけた。そのために、この巨大プロジェクトには巨額の資金が投資された。

しかし、バブル崩壊後、この巨大プロジェクトの見直しがなされたとき、先行き成功の見込みがかなり小さいことが確認された。このとき、拓銀の上層部の人々は、以下のような後もどりできない状況に追い込まれていたのである。すなわち、この巨大プロジェクトを放棄し、後もどりした場合、一〇〇％巨大な埋没コストを発生させてしまうのに対して、このプロジェクトをこのまま進めれば、必ずしも一〇〇％失敗するとは限らないという状況である。

この場合、このプロジェクトを中止するよりも、わずかな成功の可能性を求めてこのプロジェクトを続けていく方が合理的となる。こうして、このプロジェクトは中止されることなく、一縷の成功の可能性に向かって進められていったのである。しかし、この巨大プロジェクトは結局、成功することなく、拓銀は倒産してしまった。

このように、合理性と効率性は必ずしも一致しないのであり、人間の個別合理性によって全体非効率に導かれ、そして組織が淘汰される可能性があるといえる。しかも、このような現象は、日本軍に固有の特別な現象なのではなく、一般企業にも見出せる普遍的な現象なのである。

大沢商会の不条理

一九八四年に倒産した大沢商会でも同じ現象がみられる。[*3] 当時、大沢商会は、カメラ・メーカーのマミヤ光機と輸出独占販売契約を結び、同社の製品の約九割を海外で販売していた。そのために、多額の資金を投入し、海外現地法人を次々に設立していった。しかし、第二次オイル・ショックと米国の異常な高金利によって、各国の耐久消費財の需要は急激に落ち込んだ。そして、これによって、海外現地法人の経費が膨らみ、売り上げも伸びず、結局、大沢商会は破綻した。

なぜ、当時、コストのかかる現地法人を展開する必要があったのか。なぜ、現地販売代理店ではだめだったのか。なぜ、撤退できなかったのか。その理由は、大沢商会が独占輸出契約を結んでいたマミヤ光機との長年の関係にあった。

マミヤのカメラは、当時、プロ用機材としてはある程度評価されていた。しかし、アマチュア用としては、どの代理店も無関心で相手にしなかった。マミヤは、アマチュア市場に出遅れ、しかも精密機器としてのカメラから電子機器としてのカメラへと急速に変化しつつあったカメラ業界の流れに、完全に出遅れていた。この遅れをとりもどすため、マミヤはエレクトロニクス技術開発資金が必要となり、そのコストを吸収するために大量販売がどうしても必要だったのである。この要請に応えて、海外現地法人を積極的に展開し、多額の投資を行っていたのが、大沢商会だったのである。

大沢商会は、倒産の数年前から異常な状態にあることに気づいていた。しかし、大沢商会は、このマミヤとの関係を廃棄できなかった。つまり、この関係を放棄し、後もどりするには、これまで投資した多額の資金が埋没コストになるとともに、これまでつちかってきた様々な人間関係上の取引コストが発生する可能性があったのである。後に、大沢善朗社長が述べているように、「メーカー側の熱意を無視できなかった。長年つちかってきた両社の関係を破壊してまで、それに反対する行為はとれなかった」のである。

また、輸入に関しても、大沢商会はまったく同じ状況に置かれていた。大沢商会は、これまで外国から輸入した高級ブランド商品、「ベン・ホーガン」のゴルフ・クラブや「ヘッド」のスキー用品を国内で販売し、これらを表看板としてきた。しかし、第二次オイル・ショック後、日本の消費需要が低下し、高級輸入ブランド商品の販売にかげりが出てきていたのである。このような事態を認識し、大沢商会は、当時、何を切り捨て何を継続するか、何を新しく輸入するかの判断を迫られていた。

しかし、これまで多額の投資を行い、長年にわたって築きあげたベン・ホーガンとの関係を変えることができず、結局、現状を維持した。つまり、大沢商会は、ここでも現状を変化させるにはあまりにも巨大な埋没コストと取引コストが発生する状況にあった。こうして大沢商会は、変化することなく、合理的に淘汰されるという不条理に陥ったのである。

以上のように、非合理性によってではなく、限定合理的な人間が意図的に合理的に行動した結果、組織は非効率な状態に導かれ、淘汰される可能性があることを、われわれは理解する必要がある。つまり、個別合理性と全体効率性は必ずしも一致しないのであり、人間の個別合理性によって組織は非効率に導かれ、淘汰される可能性が常にあるということである。

インパール作戦の不条理

次に、第5章では、日本軍が展開した作戦のなかでも最悪の作戦といわれているインパール作戦について分析した。このインパール作戦もまた、これまで多くの研究者によって完全合理性の立場から分析され、その非合理性が批判されてきた事例である。

完全合理性の観点からすると、インパール作戦はあまりにも不条理な作戦なので、なぜこのような愚かな作戦が実行されてしまったのか、ほとんど理解できない。したがって、ここでも、日本軍の非合理性が徹底的に批判され、このような不条理な行動は常軌を逸した非日常的なもの、あるいは例外的な現象として扱われることになる。

しかし、限定合理性の観点からすると、インパール作戦もまた決して非日常的な例外的な現象ではない。それは、各人が合理的に行動した意図せざる結果なのであり、日常的にも起こりうる恐ろしい現象なのである。

第5章で詳しく説明したように、大本営は、第一五軍司令官牟田口廉也中将が独断専行（モラル・ハザード）しないように、インパール作戦を実行するのでもなく中止するのでもないあいまいな「作戦実施準備命令」を長期にわたって出し続けた。こうしたあいまいな状況のもとに、一方で良識的なインパール作戦反対派は作戦が中止されるものと考えて合理的に舞台から下り、沈黙した。他方、様々な個人的政治的利益をもつ賛成派は、作戦を実行するために合理的に舞台に躍り出てきた。とくに、彼らにとって、インパール作戦による勝利の確率がゼロでない限り、この作戦を中止することはあまりにもコストが高かったのである。

こうして、成功する見込みのないインパール作戦は承認され、実行されていった。それは、人間の非合理性がもたらした現象ではなく、利害の異なる人々の意図的に合理的な行動がもたらした意図せざる帰結だった。つまり、人間が合理的に行動したために、組織は非効率な事態に導かれ、淘汰されていったのである。

山一証券の不条理

このような現象も、軍隊に固有の非日常的で例外的な現象ではない。現代企業でもしばしば見出せる普遍的な現象なのである。そして、その背後には常に人間の合理性が潜んでいる。

たとえば、このような現象として、自主廃業に陥った山一証券の事例を挙げることができる。[*4]当時、最悪の経営状態にあった山一証券は、その支援をメインバンクであった富士銀行（現、みずほ銀行）に依頼した。そして、山一証券がどのような状態にあるのかを調査するために、富士銀行はあいまいな態度を約一ヶ月間にわたってとり続けたのである。

その間、一方で、伝統的な富士銀行との関係にとらわれずに、効率性の観点から会社の存亡をかけていち早く外国企業との革新的で戦略的な提携を模索していた人々や、実際に支援を申し出ていた外国企業は舞台から消えていった。他方、富士銀行との伝統的なメインバンク関係に固執し、大蔵省（現、財務省）による伝統的支援策をも考慮にいれていた人々の期待は膨らみ、舞台に残るというアドバース・セレクションが発生したのである。このような伝統に縛られた人々にとって、従来の伝統的なメインバンク関係を放棄し、外国企業と新しい革新的な関係を結ぶには、あまりにもコストは高かったのである。それゆえ、彼らにとって、伝統的関係に固執することは、合理的だったのである。

しかし、結局、富士銀行によって出された最終回答は、山一証券が外国企業と提携することを前提とし、しかも一部しか支援できないというものであった。そして、その直後、山一証券は格付け会社によって格付けが下げられ、外国企業と提携する機会も完全に失った。さらに、大蔵省からもこれまでのような伝統的なやり方で支援を得ることができず、しかも倒産することもできず、最終的に自主廃業という意図せざる帰結に導かれていったのである。

この事例もまた、人間が非合理なために起こった非日常的な現象ではない。むしろ、人間が合理的に行動したために、組織は非効率な事態に導かれ、淘汰されていったのである。

日本商事の不条理

インサイダー取引で問題となった製薬および薬品卸会社の日本商事の事件(一九九三年)でも同じような不条理が発生していた。[*5]

一般に、社内持株制度は、企業にとってできるだけ資金を調達しやすくするとともに、社員に自社株をもたせることによって社員を動機づけ、会社に対して社員の忠誠心を引き出す効果があるとされてきた。それゆえ、日本商事でも、多くの社員に自社株を保有させ、販売提携先である製薬会社エーザイの社員や昭和薬品の社員に対しても自社株の保有を促してきた。しかし、ある事件によって、会社への忠誠心を求めたこの自社株持株制度は、まったく逆に作用してしまうことになる。

その事件は、日本商事が従来の薬に比べて少量で効果のある「ソリブジン」を他社と共同開発し、「ユースビル錠」の名で販売したことに始まる。この発売によって、過去最高の経常利益を生み出す見通しを発表したことから、日本商事の株価は急上昇した。しかし、発売直後、副作用による死者の報告が入り、日本商事は急いでこれを厚生省(現、厚生労働省）に報告した。厚生省は、あわてて緊急安全性情報を出すように日本商事に指示し、日本商事はソリブジンの出荷を停止した。日本商事は即座に副作用による三名の死亡を公表し、これを受けて大証は日本商事株の売買を停止した。

その翌日から、日本商事の株価は異常な動きを示し、結果的に株価は大幅に下落した。その後も、副作用の死亡例が増え、日本商事がソリブジンの回収をはじめると、株価はさらに急落していったのである。

この株価の動きの異常さに早くから気づいていた大証は、インサイダー取引の疑いのもとに調査をはじめ、副作用公表の直前の午前中に日本商事の社員が自社株を売却していたことが明らかになった。副作用の公表日までこの情報は社内では秘密情報として管理されていたにもかかわらず、社員四九名が社内規定による自社株の売却申請を会社に提出していたのである。また、事前の売却申請なしに自社株を売却した社員もいた。しかも、当初、売却していた社員は八名といわれていたが、調査が進むにつれて四八名に増え、さらに八〇名へと増加し、最終的に家族も含めて一七五人、全社員の七％が株式を売却していたことが明らかになった。しかも、販売提携先のエーザイや昭和薬品の社員もまた副作用情報の公表前に株式を売却していたのである。

このように、人間が合理性を追求したために、忠誠を求めたこの制度は逆に不正を生み出す制度になってしまったのである。つまり、アドバース・セレクションが発生したのである。この事例もまた、人間が非合理なために起こった非日常的な現象ではない。むしろ、人間が合理的に行動したために、組織は不正な事態に導かれ、淘汰されていったのである。

2　組織が不条理を回避した事例

次に、人間が限定合理的に行動することによって、不条理が回避され組織が進化していった事例として、「ジャワ軍政」と「硫黄島戦・沖縄戦」における日本軍の行動について改めて要約する。しかも、このような組織現象が非日常的なものではないことを示すために、いくつかの現代企業の事例を取り上げてみよう。

ジャワ軍政の条理

まず、第6章では、歴史上、しばしばみられる軍事力を背景にして一切の権利を認めずに占領地住民や捕虜を独裁的に統治する軍事独裁統治について分析した。もし人間が完全合理的であり、人間が人間の能力を完全に認識できるならば、捕虜や住民を奴隷として効率的に利用できるかもしれない。それゆえ、軍事独裁統治は、たとえ倫理的に正当な方法とはいえないとしても、効率性の観点からすれば、最も効率的な人的資源の利用と配分の方法となる。

しかし、どんな人間も神のように完全合理的ではない。人間は人間のもつ多様な能力を十分理解できない。それゆえ、人間は人間を完全に所有することはできないのである。それにもかかわらず、人間があたかも完全合理的であるかのように人間を奴隷のように扱おうとすると、逆に奴隷にだまされ、食事や睡眠だけを与えて、奴隷のさぼりや手抜きを許すことになる。支配者は奴隷に搾取され、多大なコストを負担することになる。このコストがあまりに大きい場合、このコストを節約する合理的な方法の一つとして歴史的に採用されてきた方法が、奴隷や捕虜の大量虐殺という最も非効率で非倫理的な方法なのである。

このような不条理を回避するためには、自らが限定合理的であることを認識し、逆に権利の一部を奴隷や捕虜に与え、彼らのインセンティブを高めるような穏健統治を展開する必要がある。このような方法を採用した典型的事例が、大本営の激しい批判に抵抗して実行された今村均のジャワ軍政なのである。

今村を中心とするこのジャワ軍政は、これまで心情的あるいは倫理的にしか評価されてこなかった。しかし、その統治は経済学的にも効率的な方法であったといえる。彼は、軍上層部が指示したように住民や捕虜に強制労働や日本文化を押しつけるのではなく、逆に住民や捕虜にできるだけ多くの権利を与えて彼らの主体性を引き出そうとした。

このような彼の穏健統治によって、ジャワでは日本軍の監視コストは大幅に削減され、住民や捕虜のインセンティブは高められ、占領地の生産性は上昇していった。つまり、ジャワ軍政では、完全合理性の妄想にとらわれることなく、自らが限定合理的であることを自覚し、独自の軍政が展開されたのである。こうして、ジャワ軍政では不条理は回避され、占領軍と住民と捕虜との間に新しい関係が形成されていった。ここでは、合理性と効率性と倫理性の一致がみられる。

京セラの条理

同様に、今日、一般に、中小企業の経営者は自らが限定合理的であることを忘れ、強いリーダーシップのもとに非効率で不正な経営に陥りやすいといわれている。そのため、社員にインセンティブを与えることができず、結局、倒産してしまう企業も多い。しかし、これとは逆に徹底的に組織を分権化して成功したのが、カリスマ的な稲盛和夫率いる京セラである。

京セラでは、わずか八名で創業した当時から部課長制が廃止され、アメーバと呼ばれる少人数のグループを単位とする組織が形成されてきた。しかも、このアメーバと呼ばれる単位に、経営の三要素であるヒト・モノ・カネの裁量権つまり所有権を与えて、分権的に経営管理する「アメーバ経営」が展開されてきた。[*6]

アメーバ経営組織のもとでは、各アメーバの責任者だけでなく、社員一人一人が経営者的な感覚をもって仕事ができるので、会社の資源は効率的に利用されることになる。とくに、この制度のもとでは、ある生産工程の一部を担当する一つのアメーバ・グループが、前工程から受け渡された半製品に自分のグループで手を加え、次の工程を担当する別のアメーバ・グループに手渡すまでにかかった経費や投入時間が明確に計算される仕組みになっている。それゆえ、各アメーバ・グループが一日にどれだけ新たな付加価値を生み出したのかが、だれにでもわかる。そして、この仕組みによって、各アメーバはマイナスの結果を避けプラスの結果が出るように効率的に働くインセンティブをもつことになる。

このように、完全合理性の妄想にとらわれず、人間の限定合理性を基礎として、徹底的な分権的経営管理を展開することによって、急速に生産性を向上させ、成長した企業が京セラなのである。ここでも、合理性と効率性は一致したのである。

トヨタの条理

また、今日、躍進し続けているトヨタと凋落する日産との差違の一つに、ディーラーにかかわる問題が指摘されている。[*7]

一般に、自動車のディーラーの資本形態は、三種類に分類される。すなわち、①全額メーカー出資の直営店、②一〇〇％現地の個人資本による個人経営店、③メーカーと現地が株式をもち合う共同経営店である。これらの形態のうち、今日、トヨタは現地資本の地元店が多いといわれ、これに対して日産は地元資本のディーラーが減少し、メーカー直営店の比率が急激に増加しているといわれている。

ここで、もしすべての人間が完全合理的ならば、メーカーは直営店を完全に監視でき、完全に管理できるので、効率的な販売管理が可能になる。それゆえ、メーカーは直営方式によって効率的に資源の配分を行うことができるだろう。

しかし、実際には、すべての人間は限定合理的なので、メーカーは直営店の活動を完全に監視し管理することはできない。それゆえ、直営店のディーラーは、市場やユーザーよりもメーカーの方に顔を向けて仕事を行う可能性がある。たとえば、最終的にメーカーが何とかしてくれるだろうという甘えのもとに、売上主義のメーカーに応えて無理な販売、粗雑な販売、大量の架空登録などを行い、最終的にメーカーに損失を与えるようなモラル・ハザードが発生する可能性がある。直営店の多い日産では、このようなディーラーが増加している可能性があるといえる。

これに対して、人間の限定合理性を考えて、販売をめぐる所有権を現地のディーラーに与えることによって、ディーラーは強いインセンティブをもつことになる。このような現地資本形態の地元店はメーカーに甘えるようなことはないし、メーカーの反感を買うような行為もしない。期末に集中して車両を引き取らせるような強引なメーカーの要請があったとしても、ディーラーは過剰在庫を抱えてまで、そのような命令には応じようとはしないだろう。

　このように、健全なディーラーはこうした現地資本形態をとることは、経験的にだけではなく、理論的にもいえるのである。今日、このような形態のディーラーが日産に比べてトヨタには多いという点でも、トヨタの日産に対する優位が説明できる。それは、合理的であるとともに効率的なのである。

硫黄島戦・沖縄戦の条理

最後に、第7章では、硫黄島戦および沖縄戦における日本軍の行動を取引コスト理論にもとづいて分析し、新しい解釈を提示した。これらの戦いもまた、これまで完全合理性の立場から分析され、いずれも非合理で非効率な戦いとして批判されてきた。しかし、これらの戦いはいずれも米軍に敗れたものの、だれの目にも日本軍の敢闘ぶりは否定しがたいものがある。それゆえ、これまでこれらの戦いは心情的にあるいは同情的にしか評価されてこなかった。

　しかし、これらの戦いは、心情的だけでなく、理論的にも評価されるべきである。完全合理性の妄想にとらわれることのなかった当時の現場の将兵たちによって、ヒト・モノ・カネなどの稀少資源は効率的に利用された。とくに、現場の指揮官は、限定合理性の立場から敗退プロセスにおいて短期間で組織学習し、できるだけ現場の人的物的資源を効率的に利用するように戦術を選択していた。より具体的にいえば、硫黄島戦や沖縄戦では、大本営が指導する「水際撃滅作戦」は放棄され、組織学習を通して現地軍によって独自に「洞窟陣地・持久作戦」が展開されていったのである。

このように、硫黄島戦や沖縄戦では、完全合理性の立場に立つ大本営の非効率な戦術指導を避け、あくまで限定合理性の観点から現場の将兵は現場の稀少資源を効率的に利用するような独自の作戦を展開していった。こうした行動の意図せざる結果として、日本軍は中央集権型組織から現地分権型組織へと自生的に組織変革を起こしていた。つまり、敗退する日本軍は不条理に陥り続けることなく、合理性と効率性を一致させる方向で進化していたのである。

味の素の条理

同様に、今日、多大なコストを払って積極的に組織変革を進めているのは、総会屋への利益供与事件に揺れた、日本を代表する老舗巨大企業の味の素である。[*8]総会屋への利益供与事件は、もちろん味の素に限らず日本固有の不正支出事件として欧米では注目された現象である。

たとえば、総会屋への利益供与事件は、一九八四年には伊勢丹と大阪変圧器、八六年にはそごうとノリタケカンパニーリミテド、八七年には住友海上火災保険、八八年には共和電業とパルコ、八九年には富士火災海上保険、九〇年には日本合成化学工業、北海道振興、不二越、九一年には平和堂、日興酸素、四大証券、富山化学工業、九二年にはイトーヨーカ堂、九三年には麒麟麦酒とＮＴＮ、九六年には髙島屋、九七年には第一勧業銀行、松坂屋、三菱自動車工業、日立製作所、三菱地所、三菱電機、東芝、そして九八年には、旭硝子と日本航空など、多くの日本を代表する企業にみられた不正事件である。このような不正発覚後、多くの企業が改革を進めてきたが、なかでも徹底的に改革を進めている企業の一つが味の素である。

味の素は、これまで創業者一族が歴代、非常に優秀な経営者を輩出し、しかも実質的に無借金経営を展開してきた。そのため、メインバンクから圧力を受けることなく、外部から経営者に進言できる人もほとんどいなかった。もちろん、内部には経営者に批判的な社員はいないし、助言を与えるような人もいなかった。それゆえ、経営者はあたかも自らが完全合理的であるかのような状況にあったといえる。

こうした状況で、総会屋へのカネ配りや交際に当たる「社内総会屋」として、警視庁を巡査長で退職した人物が雇われた。「何事も創業一族のため」という社内の空気のために、総会屋を相手に多額の交際費が使用されるという不正行為がなされていても、だれも批判するものはいなかった。しかし、このような行為があまりにも常軌を逸したものであったために、社内に危機感が生まれた。そして、結局、総会屋への利益供与は表面化し、味の素はマスコミや社会一般によって徹底的に批判されることになった。

しかし、この不祥事によって、味の素が完全に失墜し淘汰されることはなかった。逆に、味の素は、自らの限定合理性を自覚し、多くの批判を受け入れ、誤りから学び、不祥事再発防止のために自発的に「企業行動委員会」を設置した。しかも、役員三〇人のうち約三分の一を入れ換えるなどの積極的な変革に乗り出した。

とくに、この事件を契機にして創業者一族は、これまでの体制を変革し、同社の長い歴史のなかではじめて所有と経営の分離政策を打ち出している。つまり、巨大企業の所有と経営を強引に一致させることによって生み出されるこれまでのような非効率や不正を排除するために、味の素は所有と経営を分離させ、分権性を進めている。このようにして、味の素は、致命的な不条理に陥ることなく、合理性と効率性を一致させる方向で進化し続けている。

ソニーの条理

さらに、分権的方向の究極的形態へと進化し続けているのが、ソニーである。その進化の象徴が、「カンパニー制」である。[*9] この組織形態は、市場の取引コストを節約するとともに、組織内の取引コストもまた節約しようとする革新的な組織形態である。

より具体的にいえば、ソニーのカンパニー制は、組織内部にあたかもいくつもの企業が存在しているような分権的な組織形態であり、それは市場的であるとともに組織的でもあるような、効率的な資源配分システムとなっている。従来の事業部制組織では、各事業部は商品開発・生産・販売に関して自律性をもっていたが、資金と人材に関しては依然として本部が支配していたのである。これに対して、ソニーのカンパニー制では、もう一歩進んで各カンパニーが一定範囲内で投資の決定権や人事権などももっており、より自律したものとなっている。

カンパニー制組織のもとでは、各カンパニーはあたかも市場競争にさらされるような状況に置かれることになる。それゆえ、このような組織形態は、巨大企業組織で発生する官僚主義的な非効率、つまり組織内取引コストを大幅に節約することができる。

また、このカンパニー制のもとに、ソニーでは社内公募制が展開され、各部門やカンパニーが求める人材は社内報で公募され、入社三年目以上の社員であればだれでも自由に応募できる仕組みになっている。このような組織内労働市場と呼びうるシステムでは、実際の外部労働市場に比べて、人的資源に関してより正確な情報を得ることができる。それゆえ、このシステムは、実際の労働市場に比べて大幅に労働市場取引コストを節約することができる。

このように、ソニーでは、カンパニー制のもとで、組織内取引コストと労働市場取引コストがともに節約される仕組みとなっている。これによって、取引コストが生み出す不条理は避けられ、ヒト・モノ・カネ・情報などの資源がより効率的に配分される仕組みになっている。つまり、ソニーは不条理に陥ることなく、合理性と効率性を一致させる方向で進化し続けることができる。

3　組織の本質は限定合理性である——組織の形成、淘汰、進化の本質

さて、本書で一貫して採用した新制度派経済学と呼ばれる理論では、すべての人間は完全合理的ではなく、限定合理的であるといった観点から、分析が進められる。このアプローチは、第I部で説明したように、本来、R・コースやO・ウイリアムソンなどによって組織の形成を説明するために展開されてきた議論である。[*10]

すなわち、限定合理的な人間同士の取引では自分に有利になるように相互に駆け引きが起こる可能性があり、そのために取引コストが発生し、このコストのために市場取引では資源が非効率に配分される可能性がある。そして、この取引コストがあまりにも高い場合には、市場取引よりも人間が組織的に資源を利用した方がより効率的となる。このとき、組織は市場に代わる代替的な資源配分システムとして形成されるということ、これが新制度派による組織形成の説明であった。

不条理な事例 （合理的で非効率で非倫理的事例）		条理な事例 （合理的で効率的で倫理的事例）	
ガダルカナル戦	大沢商会	ジャワ軍政	トヨタ
インパール作戦	山一証券	硫黄島戦・沖縄戦	味の素
拓銀	日本商事	京セラ	ソニー

表８－１　不条理な事例と条理な事例

しかし、本書では、さらに、この同じ人間の限定合理性によって、組織が不条理に導かれ淘汰される場合と不条理を回避し進化する場合があることを明らかにした。

とくに、人間が合理的に行動したにもかかわらず、組織が非効率で不正な行動に導かれた不条理な事例として、「ガダルカナル戦」と「インパール作戦」における日本軍の行動を分析した。そして、企業の事例としては「北海道拓殖銀行」「大沢商会」「山一証券」「日本商事」の事例をここでは分析した。

これに対して、人間が限定合理的に行動することによって、組織が非効率で不正な行動を回避し、進化した事例として「ジャワ軍政」と「硫黄島戦と沖縄戦」における日本軍を分析した。そして、企業の事例として「京セラ」「トヨタ」「味の素」「ソニー」の例を分析した。

これらをまとめると、表8―1のように整理できる。

このように、組織を形成させる原因が人間の限定合理性にあるとともに、組織を不条理な行動へと導いて淘汰されたり、組織を不条理から解放し進化させる原因もまた人間の限定合理性にある。したがって、組織を形成し、淘汰し、そして進化させる原因が人間の限定合理性にあるという意味で、組織の本質はまさしく人間の限定合理性にあるといえるだろう。

註

＊1　ニルバーナ・アプローチの批判については、Demsetz（1969）を参照されたい。

＊2　拓銀の事例については、北海道新聞社（一九九九）に詳しい。

＊3　大沢商会の事例については、日経ビジネス編（一九八四）に詳しい。

＊4　山一証券の事例については、読売新聞社会部（一九九九）に詳しい。

＊5　日本商事の事例については、吉見（一九九九）に詳しい。

＊6　京セラのアメーバ経営については、国友（一九九七）に詳しい。

＊7　トヨタと日産のディーラーの違いについては、上杉（一九九九）に詳しい。

＊8　味の素の不正事件については、石神（一九九九）、ぎょうせい（一九九七）に詳しい。

＊9　ソニーのカンパニー制については、高橋（一九九九）に詳しい。

＊10　これについては、Coase（1937）, Williamson（1975）に詳しい。

第９章　組織の不条理と条理——進化か淘汰か

前章では、組織の本質が人間の限定合理性にあることを、しかも、人間が限定合理的に行動したにもかかわらず組織が非効率で不正な行動に導かれるような不条理な場合と、人間が限定合理的に行動することによって組織が非効率で不正な行動を回避する場合があることを明らかにした。このような違いは、なぜ起こるのか。そして、いかにしてわれわれは組織の不条理を回避できるのか。

これらの問いに答えるために、本章では、まず人間組織が歴史的に後もどりできない「歴史的不可逆性原理」と呼びうる原理に従っていることを明らかにする。次に、この不可逆的現象のうち、組織が不条理な行動をとり続け淘汰されていく場合と、組織が不条理な行動を回避し進化していく場合の違いについて説明する。最後に、いかにして組織は不条理を回避することができるのかを明らかにする。

1　後もどりできない組織現象

経済活動の不可逆性

経済社会では、人間は日々活動を行う過程で絶えず何かに投資し、特殊な資産を形成し続けている。たとえば、ある会社のある社員は、企業からお金を出してもらって海外留学し、英語や特殊な技術を学んでいるかもしれない。また、ある会社は、従業員たちを社内教育し、自社にとって必要な特殊な人材として育てているかもしれない。さらに、一般に企業は原料を購入し、それにもとづいて生産販売活動を行っている。

これら日常的な経済社会活動は、いずれも時間をさかのぼってもとにもどすことが難しい不可逆的な現象である。つまり、社員がいったん獲得した知識をもとにもどし、自分に投資された資金を再び会社に返却することは、ほとんど不可能なのである。また、いったん雇用し、経験を積んだ労働者を再び解雇し、支払った賃金を会社が再び労働者から回収し、雇用契約前の状態と同じ状態にもどすことも、ほとんど不可能である。さらに、販売した生産物をもとにもどして原料に還元し、供給者にもどすことも、物理的にだけでなく、経済取引上でもほとんど不可能である。

このように、熱力学的な現象と同じように、経済社会活動においても、不可逆的現象が多く存在し、過去、現在、未来の状態はそれぞれ等価ではない。このことは、経済社会には不可逆的な「時間の矢」が発生していることを意味する。このような現象は、物理的不可逆性とのアナロジーで「歴史的不可逆性」と呼ぶことができるだろう。

歴史的不可逆性原理と限定合理性

では、なぜそのような歴史的不可逆性が経済社会で起こるのだろうか。これを本書で一貫して用いてきた新制度派経済学によって解釈してみよう。

まず、新制度派経済学では、すべての人間は情報を収集し、処理し、そして表現する能力が限定されており、限定された情報のなかで利己的利益を追求するので、人間は意図的に合理的にしか行動できないとする。このような限定合理的な人間が相互に取引を進める場合、相手の情報の不備につけ込んで、互いに自分に有利になるように相手をだまそうとする可能性がある。それゆえ、取引する場合、だまされないために相互に駆け引きが起こり、取引コストが発生することになる。この取引コストのために、一度結んだ契約を時間をさかのぼってもとにもどすことができなくなるのである。

たとえば、ある組立メーカーが部品メーカーと長期取引契約を結んだとしよう。この取引契約関係のもとに、部品メーカーは、より効率的に部品を生産するために、この取引関係にだけ役に立つ特殊な設備を購入したとしよう。しかも、その特殊な機械設備を社員に適したように改良したとする。

しかし、その後、組立メーカー側が契約の不備につけ込んで、この契約関係を修正あるいは破棄したいといい出したとしよう。この場合、部品メーカーは、何の駆け引き・トラブル・摩擦もなく、過去に時間をさかのぼって、この部品供給契約前の状態にもどることができるだろうか。部品メーカーがすべてをもとにもどすためには、まず社員に合わせて改良された機械設備をもとにもどし、この設備を購入した流通会社にそれを返品する必要がある。さらに、その流通会社もその機械設備を製作したメーカーにそれを返品する必要があり、そのメーカーもまた機械設備を分解し、各パーツをその下請け部品会社に返却するといったように長い取引プロセスをさかのぼることになるだろう。

このような逆行する取引プロセスでは、多くの取引上の駆け引き・トラブル・摩擦が発生するので、多大な取引コストが発生することになる。このコストがあまりに高いために、ほとんどこの取引プロセスは不可逆的となる。したがって、この場合、取引プロセスを逆行するよりもその機械設備を放棄し、その投資を回収できない埋没コストとして負担した方が、はるかに安くなるのである。

このように、人間の限定合理性によって生み出される取引コストのために、われわれは容易に歴史的に後もどりできない状況に置かれることになる。これが経済活動における

「歴史的不可逆性原理」なのであり、経済活動においても「歴史的時間の矢」が存在するといえる。

2　組織はなぜ不条理に導かれるのか

維持か変化か

それでは、以上のような歴史的不可逆性のなかで、われわれ限定合理的な人間は、時間の矢に従ってどのような行動を行いうるのであろうか。

「歴史的不可逆性原理」によると、われわれ人間は単に歴史的に不可逆的な状況に置かれているだけで、未来が決定されているわけではない。未来に対して、われわれは常に以下のような選択に迫られている。すなわち、われわれは過去にもどれないが、未来に対して、①既存の戦略・状態・制度をそのまま受け入れ維持していくのか、あるいは②既存の戦略・状態・制度とは別の新しい戦略・状態・制度へと変化するのか、といった選択をしなければならない。したがって、われわれは不可逆的な状況に置かれていても、依然として未来は非決定的で開かれているのである。

これらのうち、組織が合理的に現状の戦略・状態・制度を受け入れ続け、結果的に淘汰された不条理な事例が、前章で説明した「ガダルカナル戦」「インパール作戦」「拓銀」「大沢商会」「山一証券」「日本商事」の事例である。これに対して、新しい戦略・状態・制度を形成することによって不条理を回避した事例が「ジャワ軍政」「硫黄島戦・沖縄戦」「京セラ」「トヨタ」「味の素」「ソニー」の事例なのである。この違いはどうして起こるのであろうか。

組織が不条理に陥るケース

これらの違いは、以下のように解釈できる。まず、われわれは限定合理的なので、われわれが作り出すどんな戦略・状態・制度も基本的には完全ではない。それゆえ、このような戦略・状態・制度のもとでは、絶えずマイナスの外部性や不正や非効率が発生し、非効率で不正に資源が利用されることになる。

いま、このような非効率と不正を排除するために、組織が新しい戦略・状態・制度を形成するものとしよう。この場合、われわれは既存の戦略・状態・制度に関連する多くの取引関係を放棄し、新しい取引関係を展開する必要性に迫られることになる。そして、そのために、多くの取引上のトラブルや駆け引きが発生し、多大な取引コストが発生することになるだろう（図9―1）。

ここで、もし新しい戦略・状態・制度を形成することによって得られるメリットよりも、

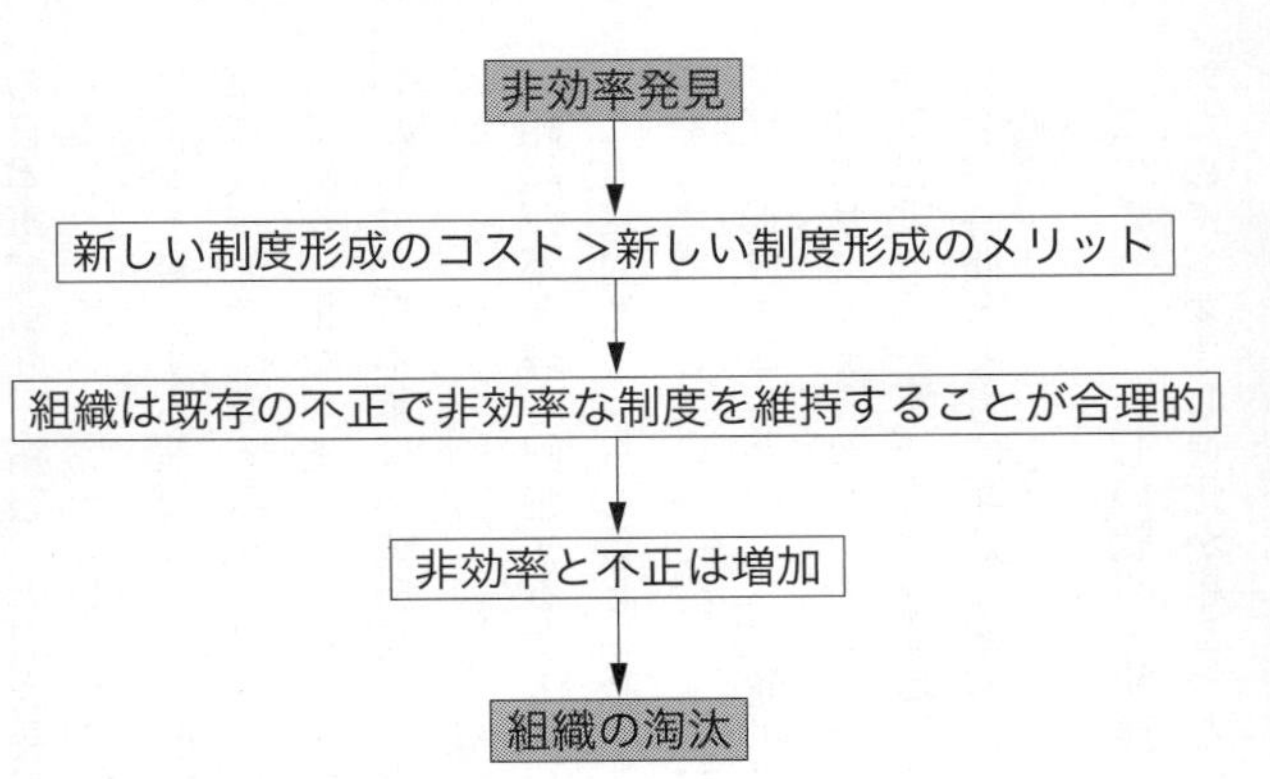

図9－1　不条理に陥るパターン

それに必要なコストが大きいならば、たとえ既存の戦略・状態・制度が非効率で不正な状態にあったとしても、なおそれを維持し続ける方が組織にとっては合理的となる。単純にいえば、変化によって生み出されるコストがあまりに大きいか、あるいは変化によって得られるベネフィットがあまりに小さい場合、たとえ現状が非効率で不正であったとしても組織はなおその行動をとり続けることが合理的になるような不条理に導かれることになる。

この場合、組織内部で発生する非効率や不正は排除されず、時間とともに絶えず増加し続けることになる。この非効率と不正の増加によって、結局、組織は淘汰されることになる。

このような不条理な状態に置かれたために、組織は非効率と不正を排除できず、結果的に失敗した事例がガダルカナル戦やインパール作戦における日本軍であり、拓銀、大沢商会、山一証券、日本商事なのである。

とくに、ガダルカナル戦では、明治以来の長い伝統をもつ白兵突撃戦術を放棄することによって発生する埋没コストや取引コストがあまりにも大きかったために、たとえ白兵突撃作戦が非効率であろうと、日本軍にとって白兵突撃作戦をとり続ける方が合理的だったのである。また、インパール作戦でも、それを変更し放棄するにはあまりにコストが大きいために、日本軍は作戦を変更・中止することなく、作戦を遂行していったわけである。

組織が不条理を回避するケース

これに対して、もし新しい戦略・状態・制度を形成することによって得られるメリットがそうすることによって発生するコストよりも大きいならば、組織は新しい戦略・状態・制度を形成することになる。簡単にいえば、変化しないことによって発生するコストがあまりに大きいか、変化しないことによって発生するメリットがあまりに小さい場合には、組織は非効率や不正を排除するために新しい戦略・状態・制度を作り出すのである。この場合、時間とともに非効率と不正は排除されるので、組織は進化することになる（図9―2）。

このように、新しい戦略・状態・制度を形成することによって得られるメリットが大きいために、変化し進化が起こったのは、ジャワ軍政と硫黄島戦・沖縄戦における日本軍で

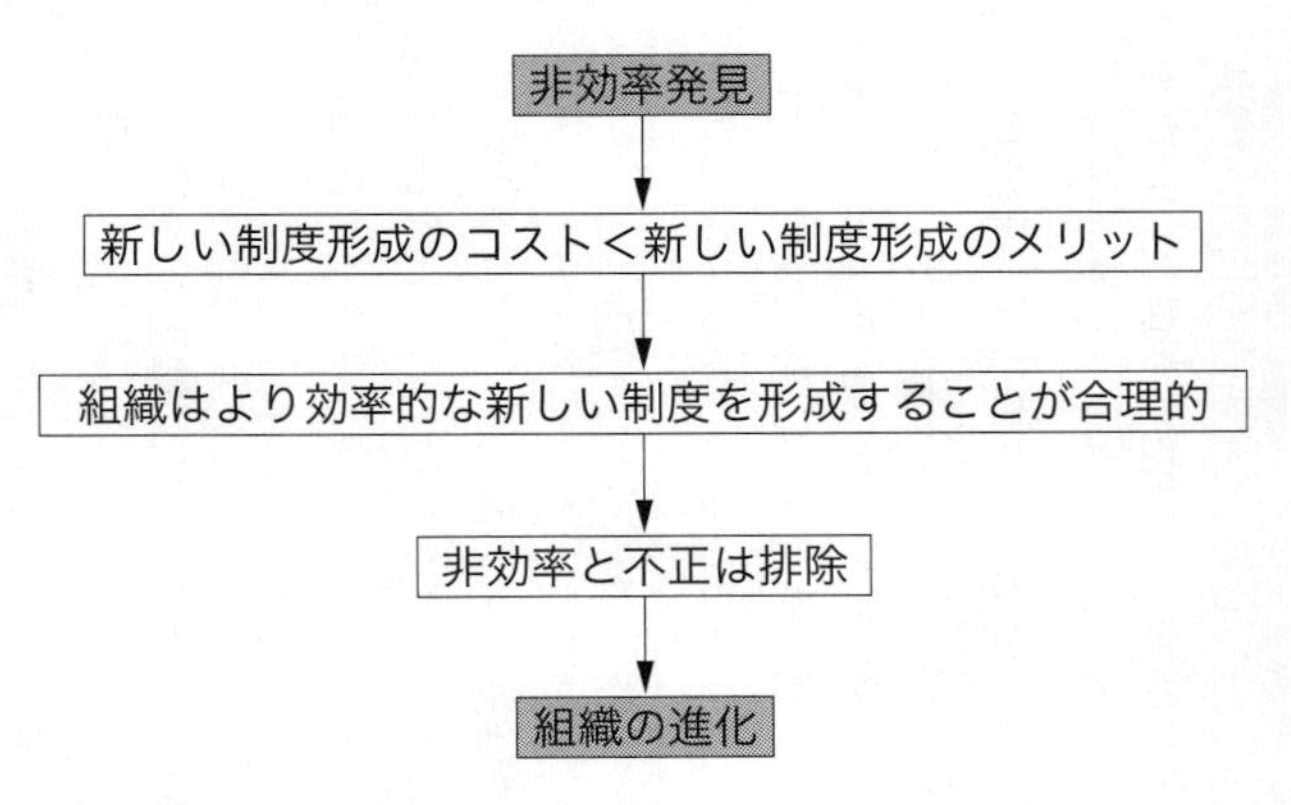

図9－2　不条理を回避するパターン

あり、京セラ、トヨタ、味の素、そしてソニーなのである。

とくに、ジャワ軍政では、軍首脳が推進してきた強圧的な軍事独裁を実行することはあまりにも非効率で不正なので、たとえ多大な取引コストが発生したとしても、穏健な軍政を展開することが効率的だったのである。これによって、大量虐殺という非倫理的で非効率な事態は回避され、日本軍と捕虜・住民との間に新しい関係が展開されていったのである。また、硫黄島戦や沖縄戦でも、既存の集権制組織にとどまることによって発生する非効率があまりにも大きかったために、日本軍は新たな制度として現地分権型組織を作り出し、これによって大量の無駄死にという非効率を回避できたのである。

3　組織はいかにして不条理を回避できるか

進化か淘汰か

以上のように、われわれ人間は限定合理的であるために、「歴史的不可逆性原理」に従っている。しかも、組織内の非効率と不正を排除する新しい戦略・状態・制度によって得られるメリットがデメリットよりも大きいとき、組織は新しい戦略・状態・制度を形成することになる。この場合、合理性と効率性と正当性は一致し、不条理に陥ることなく、組織は進化することになるだろう。

しかし、組織内の非効率と不正を排除する新しい戦略・状態・制度によって得られるメリットがデメリットよりも小さいときには、組織は非効率で不正な戦略・状態・制度を維持することが合理的となるような不条理に導かれることになる。この場合、合理性と効率性と正当性は一致せず、やがて組織は淘汰されてしまうことになるだろう。

われわれは、いかにしてこのような不条理を回避し、非効率と不正を排除し、そして効率性と正当性と合理性を一致させて進化できるのであろうか。いかにして、新しい戦略・状態・制度を形成することによってメリットの方がデメリットよりも大きくなるような状態を維持できるのであろうか。これについて考えてみよう。

進化する組織

さて、組織が不条理を回避するためには、実は人間が限定合理的であり、人間が常に誤りうることを自覚しているかどうかが問題となる。より正確にいえば、われわれ人間は限定合理的であり、それゆえ常に非効率や不正が発生しうることを意識し、そして絶えずその非効率や不正を排除するような流れを作る「批判的合理的構造」を、組織が具備しているかどうかが重要となる。

K・R・ポパーによると、人間が限定合理的であることを自覚し、誤りから学ぶためには、積極的に誤りを受け入れ、徹底的に批判的議論を展開することが必要となる。[*1] そして、もし誤りがみつかれば、将来、同じ誤りをしないように、それを排除するような新しい戦略・状態・制度を創造する必要がある。

ここで、注意しなければならないのは、批判は否定ではないということである。それは、どこまで認めることができるのか、その限界を画定することである。

このような批判的合理的構造を具備することによって、組織は絶えず非効率や不正を見出し、それを排除するような流れ、つまりI・プリゴジンのいう「散逸構造」[*2] を作ることができる。しかも、これによって組織は絶えず非平衡状態あるいはゆらぎの状態に置かれ、

…→既存の戦略→批判的議論→問題→新戦略(コスト<メリット)→…

図9－3　進化する開かれた組織

硬直化することなく、より複雑な構造をもちえ、進化することができるのである。このような批判的合理的構造を具備する組織は、未来に対して「開かれた組織」なのであり、不条理に陥ることなく、絶えず批判を通して進化できる組織なのである。

この批判的合理的構造を、ポパーの進化の図式[*3]を用いて説明すると、図9－3のようになる。いま、ある組織がある戦略のもとに活動しているとしよう。批判的合理的構造を具備する組織では、メンバーすべてが限定合理的であり無知であることを自覚しており、それゆえどんな戦略も決して完全なものではないことを知っている。したがって、既存の戦略をめぐって常に批判的議論が展開され、もし既存の戦略のもとに不正や非効率な行動が多く発生しているならば、それが問題として取り上げられる。そして、この戦略上の問題を解決するために様々な新しい戦略が考案されることになる。どの戦略が選択されるかは、先に説明したように、得られるメリットがコストよりも大きいという条件を満たすかどうかにかかっている。

こうして選択された新しい戦略は再び批判的議論にさらされる。そして、もしこの戦略のもとに再び新しい非効率で不正な行動が発生していることが発見されるならば、再び様々な代替的戦略が提案され、先の選択原理に従って再び

既存の戦略 → 正当化議論 → 問題 → 新戦略（コスト＞メリット）→ 既存の戦略

図9－4　淘汰される閉ざされた組織

新しい戦略が選択されることになる。こうして、組織は絶えず非効率や不正を排除しながら進化し、生き延びていくことになる。このような組織は進化する「開かれた組織」なのである。

淘汰される組織

これに対して、このような非効率や不正を見出し、排除するような流れを作る散逸構造としての批判的合理的構造をもたない組織は、あたかも各メンバーが完全合理的であるかのように振る舞う組織である。各メンバーは自分があたかも完全合理的であるかのように思っているので、このような組織では誤りは積極的に認識されず、批判的議論も展開されない。逆に、既存の戦略・状態・制度は正しいものとしてドグマ的に正当化されていくので、非効率と不正は排除されずに、時間とともに増加していくことになる。

このように、完全合理性の妄想にとりつかれた硬直的な組織では、図9―4のように非効率と不正は絶えず増加し、増加し続ける不正や非効率は無視できない問題となる。しかし、そのときには、不正や非効率を排除する新戦略を構築し、新戦略へと移行するにはあまりにもコストが高くなってしまっている。この巨大なコストのために、たとえ既存の戦略のもとに不正や非効率が発生していたとしても、既存の戦略を維持し続ける方が合理的となるといった不条理に組織は導かれることになる。

このように、各メンバーが自ら完全合理的であると思い込み、批判的合理的な構造を形成できない傲慢で硬直的な組織は、絶えず不正と非効率を増加させ、それらを排除する新しい戦略を形成することができず、現状を維持することが合理的となる。こうして、時間とともに非効率と不正は増加し、最終的に組織は平衡な、つまり死に向かって進んでいくことになる。このような批判的議論の場をもたない「閉ざされた組織」は、不条理の中で淘汰されていく組織なのである。

註

＊1　ポパーの批判的合理主義については、Popper（1959, 1965, and 1972）に詳しい。
＊2　プリゴジンの散逸構造については、Prigogine and Stengers（1984）を参照。
＊3　ポパーの進化の図式については、Popper（1972）に詳しい。

第10章　組織の不条理を超えて——不条理と戦う企業戦士たち

前章では、組織の本質が人間の限定合理性にあり、そのために組織は歴史的に後もどりできない「歴史的不可逆性原理」に従っていることを明らかにした。しかし、これによって組織の未来が決定されているわけではない。歴史的不可逆性のなかで、組織はさらに時間とともに非効率と不正を増大させて淘汰されるか、あるいは非効率と不正を排除するように絶えず新しい制度を構築し進化するかは未決定なのである。

これらのうち、非効率と不正を増加させ淘汰される組織は、組織メンバーが、自らを限定合理的であるにもかかわらず完全合理的だと思い込んでいるために、組織内部に批判的合理的議論がなされず、それゆえ時間とともに非効率と不正を増大させることになる。このような「閉ざされた」組織では、常に変化よりも現状を維持する方が合理的となるような状況に置かれることになる。それゆえ、このような傲慢で硬直的な組織では、非効率と不正は単調増加し、最後に組織は淘汰されることになる。

このような状況を回避し、組織が淘汰されないために、限定合理的なわれわれ人間がなしうるのは、K・R・ポパー[*1]が主張するように、きわめてシンプルなことである。すなわち、われわれ人間は限定合理的であり、常に誤りうることを自覚し、絶えず批判的であること、そして誤りから学ぶという態度をとることである。したがって、組織内部に絶えず非効率と不正が発生する可能性を認め、それを排除する制度をめぐって絶えず批判的議論ができる「開かれた組織」を形成することである。

以下、人間が誤って完全合理性の妄想に陥りやすい三つの思想、つまり「勝利主義」「集権主義」「全体主義」を取り上げ、これらを徹底的に批判する。そして、限定合理的な人間からなる組織が淘汰されることなく進化するために必要な「批判的合理的構造」について、より具体的に説明する。このような構造は、時代や場所とは無関係に普遍的に妥当する構造なので、以下、時代や場所を問わず日米独の事例をできるだけ多く紹介しながら、より具体的に説明してみたい。

1　組織の勝利主義がもたらす不条理を超えて

勝利主義と完全合理性

旧軍人、自衛官、そして企業人において、今日なお根強く残っている考え方の一つとして、「勝利主義」と呼びうる考えがある。それは、どんな戦いも勝つことが最も重要であり、そのためにたとえ多くの部下が犠牲になったとしてもかまわない、という考えである。逆にいえば、たとえ多くの部下が生き残ったとしても、負けては意味がないということである。ことわざ的にいえば、「勝てば官軍」というフレーズで象徴される考え方でもある。また、企業経営レベルでいえば、いくら技術的に優れた商品であっても売れなければ意味がないという考えであり、他社との競争に勝たなければ意味がないという考えでもある。

このような考え方は、次のような価値観や実在観に関連している。すなわち、どんな戦略・戦術・作戦・商品も、勝たなければまったく価値がないのであり、すべてが勝つことあるいは勝った過去の経験と結びつくことによって、はじめて価値が出てくるという価値観である。同様に、この考えでは、勝つことあるいは勝った過去の経験と結びつかないどんな戦略・戦術・作戦・商品も、空虚でまったく存在意義がない。勝つことだけが重要なのであり、勝つことによって存在意義が発生する。これが勝利主義である。

勝利主義者は、人間の完全合理性の妄想と結びつきやすく、しかも負けてはならないという信念から、意識的に誤りを隠そうとする「閉ざされた組織」を形成することになる。さらに、勝利主義は、勝利した後も勝利に酔いしれ、過去の勝利と無関係な意見には一切耳を貸そうとはしない。それゆえ、勝利主義者が支配する組織では、自分に批判的な議論は排除され、ドグマ的教説がメンバーに強制され、時間とともに非効率で不正な資源配分が繰り返され、最後に組織は淘汰されることになる。

このような勝利主義は、勝利を勝ち取る前のプロセスにおいて、一般に高度な科学技術あるいは神がかり的信念によって支えられていることが多い。つまり、勝つためにはより高度な科学技術を獲得する必要があると考えたり、あるいは勝つためには強い信念が必要だと考えたりする。これらは、一見、矛盾してみえるが、いずれも勝つためには神のような完全合理的な立場に立つ必要があると考える点では同じなのである。異なっているのは、最先端の科学技術を得ることによって完全合理的な存在になるか、神がかり的信念によって完全合理的な存在になるかだけである。

たとえば、第二次世界大戦において最先端科学技術であったミサイル技術あるいはロケット技術を手にしたドイツのヒトラーは、必勝の信念に立ってドグマ的に作戦を展開し、自由で批判的な議論を排除し、ミサイル攻撃作戦に固執し続けた。

また、勝つことにこだわるあまり、神がかり的な信念をもち出した人物として、インパール作戦を考案した牟田口廉也司令官をあげることができる。インパール作戦は、確かに多くの人々の意思決定の意図せざる帰結として実行され、回避することの難しい不条理な組織的行動であった。しかし、そのプロセスでは、牟田口は、自らが限定合理的であることを忘れ、批判的な議論を排除し、勝つことにこだわって「不可能なことを可能にすることこそが軍人である」といった神がかり的信念をもち出して、時間とともに誤りを積み重ねていったのである。

また、勝利主義者は、勝利を獲得した後のプロセスでも、完全合理性の妄想に陥りやすい。勝利主義者は、過去の勝利体験にこだわり、過去の勝利に関連しないどんなものにも価値を認めようとしない。勝利主義者は、「勝利の慣性」あるいは「成功の慣性」に従って自らが限定合理的であることを忘れ、自己正当化にはしり、「閉ざされた組織」を形成してしまうのである。

たとえば、シンプルな黒のT型自動車による大勝利によって、H・フォードは終生黒のT型に固執し、このT型に関連しないものに一切価値を見出すことができず、失敗した。

近年、短期間で大勝利を収めることができる情報産業やコンピュータ関連産業でも、このような事例は多い。ゲームソフト・メーカーで「ぷよぷよ」を大ヒットさせた会社「コンパイル」はあまりにもソフトが売れたために、経営者は批判的議論を忘れ、財務状況をまったく把握せず、売り上げの三分の一を広告費に使ってしまうという異常な経営を行って倒産した[*2]（一九九八年）。また、一時、ポケベル人気で一世を風靡した「東京テレメッセージ」もポケベルでの勝利に固執し、いたずらに巨額の設備投資を展開したために、環境の変化に対応できず、倒産してしまった[*3]（一九九三年）。

このように、勝利主義は容易に完全合理性の妄想と結びつくのであり、これが組織を硬直化させ、不条理に導く原因となるのである。

勝利主義の失敗

さて、勝利主義者が望むように、確かに勝つことは悪いことではない。しかし、最新の科学技術をもってしても、事前に人間は勝利を確信することはできない。というのも、科学技術を利用するのは、依然として限定合理的な人間だからである。

米軍は、最新の情報システムと空爆システムを完備していたにもかかわらず、地域紛争解決のために行われた空爆では重大な誤爆を多く経験している。また、ベトナム戦争や湾岸戦争では、最先端の武器がもたらす副作用を十分認識できなかったために、多くの米軍兵士が戦後その後遺症に悩まされている。

そして、勝つことにこだわるあまり、神がかり的信念をもち出すことにも問題があるだろう。単なる信念だけでは、戦いに勝つことはできない。いたずらに犠牲者を増やすだけである。

たとえば、これまで負けたことのない老舗企業だから決してつぶれることはないという根拠のない信念をもち出すと、失敗に導かれる。これまで老舗企業は確かに不況に強かった。しかし、バブル経済崩壊後、この老舗神話は完全に崩壊した。より正確にいえば、帝国データバンクによると、倒産件数が二万件を超えた戦後最悪の一九八四年には、創業歴三〇年を超える老舗企業の倒産は〇・五%にすぎなかった。しかし、バブル経済崩壊後、老舗企業の倒産は九四年には一〇・五%になり、九八年には一八%を占めるまでになっている。[*4] つまり、今日、倒産する企業の五、六社に一社が老舗企業という状況にある。

この具体的な事例として、一九九九年一月に倒産した老舗企業「田端屋」のケースがある。[*5] 田端屋は、創業四〇〇年の歴史をもつ名門和装品問屋として知られていた。もちろん、天下の田端屋が倒産した原因は多様な点に求められる。しかし、基本的には、老舗という看板に安住し、バブル後の急速な環境の変化に対応できなかった点に、その原因を求めることができる。老舗のおごりによって田端屋は、市場性を失った商品にこだわり、しかも手形から現金へと決済の商慣行の変化にもついていけなかったのである。

さらに、たとえわれわれが勝利を得たとしても、その後も勝利の状態を永続できるような完全な勝利などはありえない。われわれ人間が限定合理的である限り、常に、勝利は不完全なもの、一時的なものであり、勝利の状態を永続的に維持することはできないのである。

たとえば、コンピュータ業界に彗星のように現れた「ディジタル・イクイップメント」（DEC）社は、勝利に酔いしれて急降下した典型的な企業の一つである。DECは、一九七〇年代にマサチューセッツ州メイナードの毛織物工場の跡地に生まれた企業である。そこで、世界的に名の知れた技術者たちが革命的コンピュータ（PDP―8）を発明し、さらに一九七七年にはより高速で高性能な革命的コンピュータ（VAX）を発売した。これによって、DECは急激な成長と多額の利益を獲得した。そして、一九八七年に、DECは豪華客船クイーン・エリザベス二世号を借り切って商品展示会を開き、この業界での大勝利を証明した。しかし、この展示会を境に、DECは急速に坂を転げ落ちていくことになる。というのも、DECは創業以来一貫して技術主導の企業であり、技術者が市場に教えてやるというあたかも自らが完全合理的な存在であるかのような姿勢を貫いてきたからである。それゆえ、市場が成熟し、市場から様々な要望が出されていたにもかかわらず、DECは市場の声に耳を傾けず、市場を無視し続けたのである。社長のロバート・パーマーによると、「成功の頂点に立つと、自分が非常に優秀で、何でも理解している人間だと錯覚してしまう。自分は頭がいいにちがいない、その証拠にこれだけ多額のお金を儲けてるじゃないか、と思うわけです。だから、環境が変化しても変化の必要性を認めず、これまで成功してきた方法を続けていこう。ただ、もっと積極的にやろう、ということになる。

そうした企業には、失敗などありえないという雰囲気、失敗について語るなどとんでもないといった雰囲気があるのです」[*6]。このように、組織全体に蔓延する勝利主義的な傲慢さと自己満足が、ＤＥＣを失敗に導いていったのである。

以上のような勝利主義がもたらす失敗を回避するために、われわれはあくまで限定合理性の立場に立ち、たとえ強い信念をもっていたとしても、たとえ高度な科学的技術をもっていたとしても、そしてたとえ過去に大勝利を経験していたとしても、完全な勝利を得ることはできず、人間は常に誤りうるということ、それゆえ常に予期しえないことが起こりうることを自覚する必要がある。われわれは、常に不完全な状態にあり、常に真なる解ではなく、次善の解、セカンド・ベスト解に甘んじなければならない状況にあることを認識する必要があるだろう。

さらに、われわれにとって重要なのは、批判的態度を採用することである。つまり、試行だけでなく、錯誤や敗北もまた人間にとっては必要なのだということである。われわれは、誤りや非効率や不正を予期するだけでなく、意識的に不正や非効率を探すことを学ぶ必要がある。これが批判的合理主義の基本的態度なのである。

このような批判的態度を採用するメンバーから構成される組織では、戦いに負けたからといってすべてが無価値なものとして扱われることはない。また、このような組織では、敗北したことを認めず、敗北を無視し、敗北を隠し、さらに過ちと敗北のために他人を責めるようなことはない。むしろ、敗北と過ちの責任を積極的に受け入れ、どのようにして失敗し、どこが過ちだったのかが積極的に議論され、可能な限り過ちから学ぼうとするだろう。そして、その知識を応用して、将来そのような過ちを避けようとするだろう。

このような組織は未来に対して開かれており、絶えず学習し、進化する組織であり、完全合理性の妄想によってもたらされる不条理な事態を回避できる「開かれた組織」なのである。

批判主義的精神の企業戦士たち

こうした批判的な態度を単なる西洋合理主義とみなし、突き放すべきではない。このような批判的な態度は、時代や場所とは無関係に成功者にみられる普遍的な条件なのである。たとえば、このような批判的合理的な態度を、われわれは最後の特攻として出航していった戦艦大和の士官たちの議論に見出すことができる。[*7] 片道の燃料しかもたず、しかも戦闘機の護衛もなく、沖縄に向かった戦艦大和の船内では、なぜ死にいかなければならないのか、なぜ負けるとわかっている戦いにいかなければならないのか、といった議論が士官の間に巻き起こった。そして、彼らが最終的に到達した結論は、こうであった。すなわち、日本人はいま誤りに気がついていない、この戦艦大和による特攻によって日本人が誤りに目覚め、そしてこの誤りから学んでもらい、将来、日本がこのような誤りを二度と繰り返さないために、われわれは特攻にいく意義があるということであった。

また、「キヤノン」を巨大企業に築き上げた賀来龍三郎（かくりゅうざぶろう）も、若い頃から批判的精神をもち続け、キヤノンを世界的企業に発展させた企業戦士の一人であった。[*8] 彼は、入社当時から会社のあら探しを行い、しばしば改革案を上司に訴え、時には直接経営陣に直訴するような「問題児」であった。それゆえ、彼が会社のトップに上りつめるまでの道は必ずしも平坦ではなかったが、ついには社長に就任し、長年もち続けた批判的精神をキヤノンという巨大組織に浸透させた。たとえば、キヤノンでは、当時、役員が毎朝八時に集まって様々な情報交換を行うことになっていた。通常、日本企業では、社長が方針説明を行う場合、それに反論するものはほとんどいない。しかし、キヤノンでは、そうした場で、しばしば社長の方針説明に対して役員から正反対の意見が出されたり、あるいは対立する場合もあったといわれている。このような批判的議論を重視していた賀来は、いまでもあら探しをしていた頃の批判的精神を忘れていないという。改革の最中でも、常に、自分が社長だったらどうするかと考えている平社員の視点でものをみるように努めているという。キヤノンが幸運なのは、現在もそのような考え方を持つ批判的な企業戦士が社内におり、絶えず本社に批判的提言を提出し続けているということである。

「大和ハウス工業」会長の石橋信夫も、常識や安全な商売を常に疑うこと、物事を批判的にみつめることの重要性を主張している批判的合理的な人物の一人である。[*9] 彼は、柱は木材を使うものであるという常識を批判し、骨組みに鉄パイプを使った建物を初めて売り出して成功を収めた人物である。しかし、住宅設計をコンピュータによって半自動化するシステムを開発したときには、始めに成功したことに安住し、客の好みの変化を無視し、結局、失敗した。こうした経験から、彼は、常識に対する絶えざる批判こそが成功への道だと主張しているのである。

一九九〇年代末、「脱常識経営」としてビジネス界で注目された、金型部品・FA（ファクトリー・オートメーション）機器用部品の個性派商社「ミスミ」の田口弘社長もまた、批判的精神によって成功を収めた企業戦士の一人である。[*10] 彼は、従来の常識や考えを徹底的に批判し、それを取り払うことによって革新的で創造的なものが生み出されると考える。そして、このような批判的精神にもとづいて、彼は「メーカーの生産した商品をユーザーに売る」という既存の「販売代理店」としての商社の概念を根底からくつがえした。逆に、ユーザーの欲しているものを情報を駆使してメーカーから購入することこそが商社であるとし、自社をユーザーの「購買代理店商社」と称して成功を収めている。このような彼の批判的精神の表れとして、ミスミの本社ビルのロビーには、常識をうち破った現代絵画の奇才であるアンディー・ウォホールや二〇世紀最大の革命的科学者アインシュタインの描かれた椅子が置かれている。

雅叙園観光の決算報告作成をめぐって毅然とした態度で監査を遂行した「永田町監査法

人」の、批判的合理的態度も注目に値するだろう。[*11] 当時、問題をはらんでいた雅叙園観光の一九九一年二月の決算処理をめぐって、永田町監査法人の公認会計士は雅叙園観光側の監査役および経営陣と意見が一致せず、結局、決算発表の延期を決定した。このとき、永田町監査法人は、監査契約が打ち切られることを恐れず、徹底的に問題点を洗い出し、そして会計処理上の問題を是正するように雅叙園観光の経営陣に迫った。しかし、雅叙園観光側は、このような批判的議論を受け入れず、永田町監査法人との監査契約を打ち切り、あくまで自己正当化するために、新たに個人の公認会計士を選任した。しかし、批判的議論を受け入れない雅叙園観光は、結局、不正と非効率を排除することができず、倒産に至った。今日、コーポレート・ガバナンス問題をめぐって監査役や監査法人の存在意義が問われているが、このような批判的合理的な態度が企業を倒産に導くのではなく、逆に企業を存続させる可能性があるという点に注目する必要がある。

今度は、目を米国に向けてみよう。

北米およびヨーロッパで便利な時間帯と低価格で事務用品を販売している巨大スーパー「ステイプルズ」を設立したトーマス・ステンバーグの経営も注目に値する。彼は、常に周囲を見て足りないものはないかと批判的に考察することを社員に奨励し、もし他の産業の企業で否定できない素晴らしい点があれば、積極的に取り入れようとする批判的合理的な人物である。しかも、彼は、誤りから学ぼうとするセンスももち合わせている。彼は、

「一か八かの賭けをした者を叱ってはならないし、道を切り開こうとする人間、とにかくやってみようとする人間は、失敗しても絶対に叱るべきではない」という。本来、だれも失敗などしたくない。しかし、そうなっても大丈夫だということを社員にわからせることによって、社員は積極的に誤りから学び、こうした社員たちによって会社は発展することになる。これがステンバーグの考えなのである。[*12]

解体寸前にあったＩＢＭを再建させた最高経営責任者ルイス・ガースナーもまた徹底した批判的精神の持ち主である。[*13] 彼は、ＩＢＭの再建は常に自己満足と自己正当化に対する戦いであったという。彼によると、問題というのは、これでいいと安心したときに常に起こるものだという。これまでの成功を記録し、成功へのマニュアルを作成したり、成功への手順を文章化したりして、自己正当化しようとすると、人は必要な調査や現状分析を忘れてしまうのである。とくに、人は大企業で成功すると、傲慢になり、内部志向になり、そして社内のことを優先させるようになる。こうして、問題が起こる。何よりも、絶えず人間は批判的であるべきだということ、これがガースナーの考えなのである。

また、今日、最も成功した人物として知られているマイクロソフト社のビル・ゲイツも批判的精神の持ち主である。[*14] 一般に、ベンチャー・ビジネスに成功した優秀な起業家が、その後、巨大企業の優秀な経営者へと変身することは非常に難しいといわれている。この変身にビル・ゲイツが成功した要因の一つは、彼の批判的精神にある。彼は、常に批判的に物事を考察しているので、仕事上、いつも新しい課題、新しいチャンス、そして新たに学ぶべきことが彼を待ち受けており、決して燃え尽きることはないという。むしろ、毎日、出社して仕事をするのが楽しいとさえいう。このような彼の批判的精神が、絶えず彼自身を進化させ、ベンチャーの起業家から大企業の経営者へと彼をスムーズに進化させたのである。

さらに、目をドイツに向けてみよう。

ドイツ通信販売業界の最大手として世界一五か国に支社を展開している「オットー・コンツェルン」の経営者ヴェルナー・オットーもまた、批判的精神の持ち主として一代で成功した経営者である。[*15] 彼の企業家としての信条は、まさしく批判的合理主義そのものである。彼によると、批判というのは誤った処置を弾劾するために行うものではないという。批判の意義は、誤りから得られた認識によって業績を改善することにある。それゆえ、企業の首脳部は、企業で生じた失敗を、運命の打撃であるとか、部下が故意に失敗したためであるとかいって甘受すべきではない。逆に、失敗からできるだけ多く学ぼうとする態度が必要だという。これが、オットーの考えなのである。

以上のような一連の事例から、批判的合理的精神によって組織は不条理を回避しえ、絶えず組織は進化することになる、といえよう。このような批判的合理的精神は、時間や場所とは無関係に、成功者にみられる普遍的な条件なのである。

2 組織の集権主義がもたらす不条理を超えて

集権主義と完全合理性

最も合理的な組織とは、強いリーダーシップを発揮でき、しかも強大な権力をもった指導者によって、命令、指揮、そして統制されるような集権型組織である、という考えがある。とくに、戦争を遂行する場合には、強力なリーダーシップを発揮でき、権力の集中した指導者が必要だといわれる。というのも、このような強力なリーダーシップなくして、グランド・ストラテジーは描かれず、しかも一元的で統合的な戦争指導がなされないので、組織は非効率な戦いに導かれるからである。また、企業経営においても、企業を変革し、より効率的な方向へと導くには、強力なリーダーシップが不可欠であるといわれることが多い。このような考え方が「集権主義」である。

しかし、現代の巨大組織の象徴である巨大企業が不正を犯し倒産に導かれる原因のほとんどが、過去に実績のある経営者の強力な集権的リーダーシップによるものである。つまり、失敗の原因のほとんどが、いわゆる社長のワンマン経営にある。このことは何を意味するのであろうか。実は、集権主義もまた、完全合理性の妄想と結びつきやすく、それが組織を不条理に導く原因となっているのである。

さて、集権主義者は、権力をもつ強いリーダーは、そのときどきの状況に対応した組織のあるべき姿や組織の理想像を見きわめることができる、と考える。そして、権力をもった強いリーダーは、理想像を実現する作戦、計画、グランド・ストラテジーをデザインでき、しかもそれを迅速に実行でき、最終的に理想を実現するように組織を大変革できる、と考える。

たとえば、集権主義者によると、明治時代の山県有朋や桂太郎のように、軍のリーダーと国家のリーダーが一致し、権力が集中しているような人物がいる時代には、軍の利益よりも国家の利益が常に優先され、組織は完全に統制され調整されうるので、日本は戦争を手段とするような非効率な方向に向かうことはなかったとされる。[*16] それゆえ、権力をもった強いリーダーが必要なのだという。

また、集権主義者は、大東亜戦争では日本に強力なリーダーシップを発揮する指導者がいなかったために、明確なグランド・ストラテジーは提示されず、そのときどきに各機関の要求や主張を無原則に調整し、場当たり的に対処するばかりで、全体を統合する一貫した方針を打ち出すことができなかったと批判する。組織を効率的に運営するためには、何よりも強いリーダーシップが必要なのであると主張する。

このような集権主義者の主張の背後には、常に、人間の完全合理性が無意識のうちに仮定されている。確かに、もし神のように完全に合理的な指導者がいれば、集権主義者が主張するように、完全な計画や大作戦がデザインされるだろう。そして、そのような計画やグランド・ストラテジーに従って人々が命令され、調整され、行動することによって資源は効率的に利用され配分され、不正な行動も統治されることになる。それゆえ、このような完全合理性にもとづく集権型組織は決して誤ることはないし、敗北することもない。完全合理性の世界では、常に合理性と効率性と倫理性、そして勝利は一致することになる。

集権主義の失敗

しかし、実際には、どんな人間も完全合理的ではありえない。人間は限定合理的であり、しかもそれぞれ得意不得意があり、もっている能力も個々人で異なっている。それゆえ、組織が小さいときには、一方で管理能力のある人に管理上の権力を集中させ、他方で作業能力のある人は作業活動に専念する方が、組織は専門化の原理に従って効率的となる。この意味での集権化は可能であり、そのような集権型組織の効率性は認めることができる。

しかし、組織が規模の経済性を求めて巨大化し錯綜すると、一人のリーダーによってデザインされた計画や作戦はほとんど不完全なものとなる。また、この不完全な作戦を実行するために、一人のリーダーによって巨大組織を効率的で正当な方向に調整することもほとんど不可能である。さらに、権力が一個人に集中している組織では、計画や作戦をめぐって、たとえ途中で間違いに気づいたとしても、容易にそれを変更することはできない。というのも、リーダーは、自分の地位を守るために、不完全な計画や作戦を正当化することに権力を行使し、まったく批判のない「閉ざされた組織」を形成しようとするからである。

たとえば、米菓子製造企業の「日東あられ」は、創業社長の集権主義によって倒産に導かれた典型的な事例である。[*17] これまで優良企業とみなされてきた日東あられは、創業社長が一九九一年二月に死去した直後、突如、五月二三日に岐阜地裁に会社更生法の適用を申請して倒産した。当時、倒産の原因がバブル経済に関連する株式投資の失敗によるものであり、典型的なバブル倒産とみなされていた。しかし、実際には、日東あられはほとんど株式を保有していなかった。何よりも、本業の米菓子製造が不調であったために、赤字を黒字にみせかける粉飾経理を長年にわたって行っていたことが直接の原因だったのである。このような粉飾経理が社長の死去まで発覚しなかったのは、日東あられが社長による集権主義企業だったからである。すべての権利が社長に集中し、社長がすべてを運営していたために、取締役会は十分に開かれず、取締役、監査役、そして融資していた主要銀行である第一勧業銀行、大垣共立銀行、十六銀行ですら、長年の粉飾経理を認識できず、倒産を防ぎきれなかったのである。

また、分権化から集権化へと移行することによって完全に失敗したのは、菓子贈答品の江戸一として知られていた「江戸一本舗」である。[*18] 創業者は、昔気質の菓子職人で、職人として仕事には厳しく、毎日のように工場内で檄を飛ばしていた。また、経営者としては「腕」のある職人を正当に評価し、能力のある番頭役を信頼し、そして彼らの助言をよく聞いた。こうした人間的なあたたかみをもつ創業社長は、業者をうまく調整し、動機づけ、そしてコントロールしていた。しかし、創業者が死去し、息子が二代目社長に就任すると、状況は一変した。二代目社長は、売上至上主義を推し進めるいわゆる「やり手」経営者であった。売り上げを伸ばすために、自社製造部門の設備投資を続け、他社商品の扱い高も徐々に増やし、会社は急速に巨大化していった。こうした状況で、設備合理化によって品質は十分保てるという新社長と、それに疑問を抱く昔気質の菓子職人との間に、たびたび対立が起こった。やがて、優秀な人材が次々と会社を辞めていき、社長に直接助言できるような番頭役は、完全にいなくなった。こうして、完全に集権的となった社長は、借金にもとづいて工場用地を積極的に取得し、マンション経営まで目論んだ。しかし、バブルははじけ、本業の菓子販売も下降局面に入った。金利負担がかさみはじめると、銀行が抜本的な経営改善を求めてきた。しかし、優秀なブレーンをもたない経営者は効果的に経営を改善することはできなかった。結局、銀行は、貸付金をほぼ回収できた時点で同社への融資を打ち切り、一九九七年、江戸一本舗は破産したのである。

このように、組織はある程度巨大化し、錯綜すると、単純に集権化することでは対応できず、必然的に分権化せざるをえない状況に陥る。もちろん、分権化すれば、これまで指摘されてきたように、一方で専門化による効率性を得ることができるが、他方で分権化した各権力が発言しはじめ、セクショナリズムが発生することになる。しかし、このような非効率は、集権型組織に回帰することによって解決できるような単純な問題ではない。何よりも、この非効率を受け止め、それを排除する新しい統治制度を展開することによって、組織は進化することができる。

問題は、集権主義の背後にある完全合理性の妄想を取り除くことであり、そのためにK・R・ポパーが主張するように、人間の限定合理性を認め、組織内に批判的で合理的な議論を可能とする批判的議論の場、批判的組織風土、批判的組織文化を形成することが重要となる。[*19] このような批判的な議論の場をもつ組織では、どのような作戦も戦略も制度も、安易にドグマ的に容認されることはない。常に、批判的議論にさらされることになる。

そして、もし既存の作戦や制度に問題があり、それが実行不可能であったり、非効率で不正を生み出すことが認識されたならば、その作戦や制度はよりよいものに練り直されることになる。これは失敗ではない。むしろ、誤りや非効率や不正から学ぶことによって、組織は改善され、進化することになる。

これに対して、もし既存の作戦や制度が批判的議論に耐えるならば、その作戦や制度は究極的な真理としてではなく、いまのところ修正し放棄する理由がないというただそれだけの理由で、暫定的に実行され、保持されることになる。もちろん、実行プロセスで問題が発生すれば、いつでも批判的議論を再開することができ、決してその作戦や制度にドグマ的に固執しない。

このように、組織内に批判的議論が可能な場、批判的な組織風土、批判的な組織文化を構築することによって、集権主義と結びつく完全合理性の妄想は取り除かれ、組織は不条理な事態を回避することができる。

批判的議論の場を提供する日米独企業戦士たち

このような批判的議論の場、批判的組織風土、批判的組織文化という考えを、単なる西洋合理主義とみなすべきではない。このような考えは、時代や場所とは無関係に、成功者にみられる普遍的な条件なのである。

たとえば、このような自由な批判的議論の場、組織風土、組織文化は、戦後の日本企業の生産技術を支えてきたQCサークルに見出すことができる。[*20] ここでは、従業員が少数のグループに組織化され、このグループによって現場で発生する諸問題が独自に現場で把握されることになる。とくに、品質が悪くなる原因が批判的に究明され、その改革案が現場で立案され実行されていく仕組みとなっている。それは、まさしく批判的合理的な議論の場なのである。

また、「セイコー」を世界的な企業に成長させた服部一郎は、保守的で無批判な純血主義経営はひ弱だとし、何よりも雑種、雑草でないと会社は生き残れないと考えた。そのため、あえて役員から技術者まで外の血をいれ、混血化して批判的議論の場を形成した。[*21]

同様に、輸出用の安物リールを作る零細釣り具企業から一流の企業へと躍進した「ダイワ精工」は、所有経営者であった松井義男社長とその息子松井義侑が異例の決断で東芝の生産部長であった杉本辰夫を社長として迎え入れ、トップ・マネジメント組織それ自体を批判的議論の場とした企業である。[*22] このダイワ精工は、松井親子が二人三脚で成長させた企業だった。それゆえ、本来、父親の義男が相談役となり、当時、三六歳であった息子義侑が社長に就任しても決して不思議ではなかった。しかし、彼らは自社をより大きな企業へと進化させるために、あえて杉本を外部から社長として受け入れ、義男は相談役になり、そして息子は副社長にまわってトップ・マネジメント組織を批判的議論の場とした。この人事が、その後のダイワ精工を劇的に発展させることになった。

さらに、目を米国に向けると、八〇年代半ばから九〇年代半ばまで「ゴールドマン・サックス」の会長であったスティーブン・フリードマンは、興味深い批判的議論の場を社内に構築した。[*23] 彼は、組織を変革させるために、「暴れん坊たち」の委員会を設置し、新しい案を積極的に提出させることによって、社内を活性化させた。しかも、フリードマンは新しいことに取り組む社員を積極的に昇進させ、現状を打破する一匹狼たちを支持し、会社全体を揺さぶったのである。これによって、会社自体を批判的議論の場とすることに成功し、当時、沈滞していたゴールドマン・サックスを再び活性化させた。

また、近年、急速に成長した「デル・コンピュータ」では、批判的議論の場として毎週金曜日に「お客様の声会議」が開かれている。[24] 社長のマイケル・デルは、一日に五万件の顧客からの電話を聞くことを最優先課題にしているという。この会議は、顧客の声をできるだけ多く聞き取り、顧客を満足させているかどうかを話し合うだけでなく、最近起きた失敗についても検討される批判的議論の場となっている。どこがまずかったのか。なぜそうなったのか。だれがいつまでに修正するのか。ときには、不満をもった顧客が電話で苦情を訴えるのを出席者全員がスピーカーを通して聞くこともある。マイケル・デルによると、このような会議を開いているのは、苦労して稼いだお金を支払ったのにきちんとしたものが送られてこなかったということがどれほど腹が立つことか、顧客の批判から何かを社員に学んでもらいたいからだという。

「インテル」の経営者だったアンドリュー・S・グローブも、成功の秘訣として、組織文化、組織風土それ自体を批判的議論の場として提供する必要性を語っている。[25] 彼によると、社員に対して、いま何をしようとしているのかを、繰り返しあらゆる機会を利用して説明する必要があるという。そして、それに対する社員の質問を受け入れ、真摯に一つ一つ答える必要があるとする。たとえ社員からの質問が非常に批判的で辛辣なものであろうと、このような批判的議論を社内で展開することによって会社は進化する。これが彼の基本的考えである。彼によると、社内でこのような批判的議論を可能にするには、普段からだれでもいいたいことをいえる組織文化、組織風土を整えておく必要がある。「悪いニュースをもっていったら怒られる」とか、「うちのボスは都合の悪いニュースが嫌いだ」という雰囲気が少しでもあれば、その会社は進化することなく、いざというときには非常に危険な状態に陥ることになる。これが、現在、世界一の半導体会社を誇るインテルのアンディー・グローブの考えなのである。

多種多様な製品を手がけている世界最大のヘルスケア企業「ジョンソン&ジョンソン」の会長兼最高経営責任者であったラルフ・S・ラーセンもまた、社内にユニークな批判的議論の場を提供して成功した人物である。[*26] 彼によると、ジョンソン&ジョンソンの伝統は、集権主義を捨て徹底的に分権化を進め、組織の下部層に権限を与えてきた点にあるという。それゆえ、彼は、「わが社は二〇〇億ドル規模の大企業ではなく、一七〇の小さな企業の集合だと思っている」という。このような伝統があるので、ジョンソン&ジョンソンでは、上から強制的に命令してもうまくいかないという。何よりも、社員一人一人が現状に満足することなく、会社の将来の方向性を批判的に議論し、全員参加で決定していくことが重要となる。そのために、ラルフ・ラーセンが試みたのは、定期的に会社に関するケース・

スタディを行い、一般社員や経営幹部とともに徹底的に批判的議論を行うことであった。たとえば、「競争基準設定」と呼ばれるケース・スタディでは、これまでの無分別な行動や失敗や無駄なコストについて議論された。「同業競争他社が販売管理費を三〇%以下に抑えているのに対して、なぜわが社は四〇%にも達しているのか」といった問題がリスト・アップされ、批判的に議論された。ラーセンによると、このような批判的議論を通して、会社が見かけほどよくないことが社員に認識され、社員の気持ちは引き締まり、上級幹部たちもまた危機感をもつようになったという。以後、定期的に、会社に関するこのようなケース・スタディが展開され、それが批判的議論の場となって、ジョンソン&ジョンソンは進化し続けている。

巨大な国際金融企業である「シティ・グループ」の会長兼共同最高経営責任者であったサンディ・ワイルもまた、集権主義を批判し、分権主義的に経営を展開し、批判的議論の場を積極的に提供していた人物である。[*27] 彼は、まず社員に自立性をもたせるために、報酬の多くを株式あるいはストック・オプション（一定の価格で自社株を購入できる権利を与えること）で支払う形にこだわっていた。というのも、これによってより多くの社員は、自分の取り組んでいる仕事にオーナー意識をもつことができるからである。

ワイルによると、「経営者が実績をあげている社員と何回会って激励しようと、社員の疎外感は拭いきれない」という。成功を互いに分かち合うためには、従業員や役員にストック・オプションを与える必要があるとする。そして、何よりも、こうした自立的な役員たちによって、はじめて取締役会は有効な批判的議論の場となりうるのである。ワイルによると、いかに優れた最高経営責任者であろうと、何百億ドルの売り上げを誇る巨大企業を一人で経営管理することはできないという。

それゆえ、常に自分より優れた人物を取締役員として受け入れ、できるだけ彼らの能力を引き出し、絶えず彼らから学ぶようすることが大事だという。事実、ワイルは、当時の共同経営者ジョン・リードから絶えず学んでいたという。リードは、非常に頭脳明晰で、しかもワイルにない国際経験を積んでいたからである。ワイルは、「常に社員の力を信じている。社員が間違いを犯しても、それで世界が終わりになるわけではない。むしろ、致命的なのは犯した間違いを隠そうとすることだ。間違いを犯すのを恐れていたら、正しい決断をすることはできない」という。これがワイルの批判的合理的な経営信条なのである。

また、ドイツに目を向けてみると、ダイムラーとベンツによる競争自体が批判的な議論の場と同じ効果をもたらしていたことがわかる。[*28] カール・ベンツとゴットリープ・ダイムラーは、奇妙なことに、生涯、お互いに一度も顔を合わせたことはなかった。もちろん、一度も言葉をかわすこともなかった。しかし、お互いわずか数キロ離れたところでガソリン・エンジンを組み立て、両者は互いの行動を非常に注意深くチェックしていた。二人は互いに敵対していたわけではない。また、互いに嫌っていたわけでもない。何よりも直観的に二人はライバルだったのであり、言葉ではなく発明技術を公表することによって相互に批判的議論を行っていたのである。まず、ダイムラーが二輪車にガソリン・エンジンを積んだオートバイを発明し、公表した。これに対して、ベンツは三輪車にガソリン・エンジンをつけた自動車を発明し、これを公表した。さらに、ダイムラーは四輪車にエンジンを搭載した車を発表した。このように、競争自体が批判的な議論の場となる場合もある。

以上のように、様々な形で批判的議論の場を設置し提供することによって、集権主義がもたらす完全合理性の妄想は抑制され、組織は不条理から解放される。こうした批判的議論の場を具備することによって、組織は進化するのである。

3　組織の全体主義がもたらす不条理を超えて

全体主義と完全合理性

これまで旧日本軍があまりにも精神主義を強調し続けてきたために、今日、精神主義はきわめて不評である。しかし、すべての精神主義が悪いのではない。精神力は、ときには難病を克服するような力を生み出したり、物量以上の力を発揮したりするともいわれている。強い精神力は、強い日本軍や強いドイツ軍の特徴でもあった。問題は、精神主義が全体主義と結びつきやすく、さらにそれが完全合理性の妄想と結びつきやすい点にある。

ここで、精神主義と結びつく全体主義というのは、たとえばドイツの経営学者Ｈ・ニックリッシュ[*29]が第一次世界大戦中にドイツ国民に訴えたように、すべての人間の本質は精神であり、それゆえ精神は全体であるということ、しかもこの精神であり全体だけが世の中で価値があり存在感があるのであって、個々人はこの精神である全体に関連づけられることなくしてどんな価値も存在感も得ることができない、という価値観であり実在論である。このような考えから、個人は全体のために犠牲になるべきだという命題が、容易に引き出される。

このような全体主義は、もはや過去の歴史的な残滓にすぎず、そのような考えは現在ではほとんどみられないというかもしれない。しかし、実際には、この全体主義思想は消滅することなく、現在でもなお脈々と存在し続けている。

たとえば、いまあなたが有名会社の社員である、あるいは有名大学の学生であるとしよう。もしあなたがその会社を辞めた場合、あるいはその大学を退学した場合、自分の存在価値あるいは存在感がほとんどなくなるかもしれないという不安や恐怖に駆られるならば、あなたは全体主義に侵されているといえる。全体主義者にとって、自分の存在意義や価値を高める方法は、自分が所属している会社や大学をさらに有名にすることであり、それによってそこに含まれる自分の価値も存在意義も向上することになる。これが全体主義である。

もちろん、このような考えは西洋に固有の思想ではない。むしろ、日本人に多い思想なのである。とくに、日本企業では、個人が会社全体に貢献しているときには、その個人の存在価値は高く評価されるが、個人が会社全体に損害を与えたときには、その個人の存在価値はほとんど認められず、全体としての会社から簡単に切り捨てられることが多い。たとえば、「大和銀行」のニューヨーク支店が舞台となった不正事件[*30]（一九九五年）では、現地採用で米債券取引の責任者であった一社員が米国国債の投資に失敗し、それを隠すために保有していた有価証券を不正に売却し、会社に巨額の損失を与えた。彼が会社に貢献しているときには、もちろん彼は企業にとって有用で価値ある存在であった。しかし、この問題が表面化し、米国金融当局が組織的な偽装工作を行っているとの疑いを抱いたとき、大和銀行は会社として不正事件に関与したのではなく、彼個人が行ったものであり、むしろ大和銀行は被害者であるという姿勢をとった。もちろん、この事件は会社ぐるみの組織的隠蔽と判断され、結局、大和銀行は米国から撤退を余儀なくされることになった。

また、同じ時期に、「住友商事」の非金属部長がロンドン金属取引所において銅地金の先物取引を繰り返し、会社に巨額の損失を与えた事件が起こった。[*31] 彼は「五パーセントの男」といわれていたように銅の国際市場では非常に有名なトレーダーであり、全盛期にはその存在感は抜群だった。しかし、この事件では、住友商事は一貫して会社としての管理責任は認めず、個人犯罪として彼を切り捨てた。そして、その後、住友商事はこの事件の調査結果を公表することなく、米国商品先物取引委員会と英国金融監督庁に対して多額の罰金と和解金を支払って、この事件に決着をつけた。また、米国で銅先物取引業者によって起こされていた集団民事訴訟でも、住友商事は争うことなく、巨額の和解金を支払ってこの事件を解決した。

このように、大和銀行と住友商事の事例では、従業員の単なる横領や盗難のように、会社が一方的に被害にあった事例として扱われている。しかし、この事件が単なる横領と異なるのは、会社の利益がそのまま個人の懐に入るものではなかった点にある。もちろん、大和銀行では横領も行われていたが、その額は全体の損害からすればほんのわずかだったのである。結局、会社の利益のために行った行動が、結果的に損失と不正を生み出し、それが個人の不正とされているのである。

このように、全体主義にとって、最も価値があり存在感があるのは、個人ではなくあくまで全体なのであり、論理的にいえば、ヘーゲルが主張したように、無限の広がりをもち、すべてのものを包摂し、それゆえ一切のものを自分の外部に置かない無限に広がる全体である。このような無限の全体は、自分の外部に自分を拘束する人をだれも置かないという意味で、完全に無制約な自由をもつ存在であるといえる。ヘーゲルは、このような無限の広がりをもつ無制約な全体のことを「神」「理性」「精神」と呼んだ。[32] この意味で、全体主義は論理的に完全合理性の思想と結びついている。

ユートピア主義の失敗

さて、このような全体主義者から構成される組織では、理性であり、精神であり、神である全体の代弁者として権力を握るものが現れる。このような代弁者は、万能の神の代弁者であるがゆえに、自らが誤りうることを忘れ、完全合理性の妄想にとらわれる。彼らは、組織全体の究極の姿や真理や目的を知っていると称し、自分たちのユートピアを批判にさらすことなく、暴力を行使してまで組織メンバーに押しつけ、組織全体を大改革しようとする。

そして、もしこのような大計画に従事しない人々がいれば、そのような人々は全体に関係づけられない存在となるので、どんな価値も存在感もないことになる。それゆえ、そのような全体に関係づけられない人々は暴力によって虐殺されるという不条理に巻き込まれることになる。たとえば、第二次世界大戦中、ドイツでは、ゲルマン魂、ドイツ精神という全体が最も価値があり存在感があった。このような精神や全体に関係づけられないユダヤ人は、利己的であり、まったく存在価値がないという理由で虐殺された。

しかし、われわれ人間は決して完全合理的ではないし、神の完全な代弁者でもありえない。社会全体や組織全体の真の理想を知ることは不可能である。そして、そのような理想を実現するようなユートピア的計画をデザインし、それを実行し、巨大で錯綜した組織を大改造することも不可能なのである。それにもかかわらず、全体主義者のように、完全合理性の妄想にとらわれて、ユートピア的理想を実現するために、巨大組織全体を大改革したり、変革しようとすると、多くの人々の犠牲を生み出すような不条理に導かれることになる。

たとえば、過去にさかのぼれば、三井物産をしのぐ巨大企業であった「鈴木商店」が昭和二（一九二七）年に倒産したのは、社員のユートピア主義に原因があった。[*33] 創業者の鈴木岩治郎が没した後、洋糖・樟脳を扱う小商店を巨大な一大総合商社へと飛躍させたのは、たたきあげの番頭金子直吉であり、彼が偶然にも商運に恵まれたからであった。当時、彼はまだ幼稚産業であり、経営に行き詰まっていた神戸の小林製鋼所（現、神戸製鋼所）を買収し、さらに第一次大戦勃発とともに鉄と船を買いまくった。そして、その後、船舶や鉄鋼価格が暴騰したために、巨額の利益を獲得した。金子は、一般の私企業的な経営者感覚をもち合わせず、きわめて国益志向の強い明治人であった。それゆえ、利益を会社維持のためにだけ使おうという意図はまったくなかった。当時の財閥が短期的に利益が生まれる軽工業への投資を優先していたのに対して、金子は日本の将来と国益を志向し、開発・回収に時間のかかる化学・鉄鋼などの重工業に投資していた。しかし、結局、環境の変化を読みきれず、第一次世界大戦後の不況にあい、とくに製鉄・造船部門は大正一一（一九二二）年のワシントン軍縮会議の余波で軍艦受注を失い、鈴木商店を倒産させてしまったのである。

また、最近のユートピア主義的経営の失敗事例として、一九九九年に会社更生法を申請した沖縄県トップの海運会社「有村産業」がある。[*34] 有村喬氏は、「人のやらないことをやる」という経営理念を持っていた。その人柄と経営ロマンは多くの人々の共感を呼び、地元のみならず中央の政財界にも人脈を形成していた。こうしたユートピア的経営理念のもとに、構造不況業種といわれた海運業界にあって、自己資本ゼロで、つまり借金だけで、彼は豪華船三隻をたて続けに建造し、就航させたのである。有村会長は、規制緩和とともにはじまった競争時代に対応するために、旅客と貨物を併用した船舶大型化と設備充実を目標とし、動くホテルをイメージした。しかし、これはユートピアでしかなかった。この豪華船舶建造に対して、当時、一部役員の反対があったし、業界でも「あの船では無理だ」という声もあった。しかし、このような声はユートピアを思い描く有村氏には聞こえてこなかった。

このような全体主義的なユートピア主義を回避するためには、われわれ人間は限定合理的な存在であることを自覚し、たとえ偉大な理想にもとづいていようとも、不可能なユートピア的大改革を目指すのではなく、より現実的で緊急な問題を徐々に解決していこうとする考えに立つ必要がある。このように、漸次的に社会や組織を改善し改革していくような方法のことを、K・R・ポパーは「漸次工学（piecemeal technology）」と呼んだ。[*35]

このような漸次工学的な考えをもつメンバーからなる組織では、メンバーたちは自分たちが知っていることがいかに少ないかを自覚している。また、自分たちが誤りを通してのみ学びうることも知っている。それゆえ、このような組織では、予測した結果と達成された結果が常に比較され、一歩一歩道を前進することになる。逆にいえば、このような組織では、原因と結果を明らかにできないような、また自分が何をやっているのかわからないような複雑な、しかも大規模なユートピア的改革や変革を企てようとはしない。何よりも、漸次工学的アプローチは、組織の最も緊急な問題、たとえば組織内の非効率、不正行為、不平等のように実践的に解決できる諸問題を探し、それを漸次的に解決しようとする試みなのである。

このような漸次工学的アプローチによって、組織は絶えず進歩し、進化できる。そして、これによって完全合理性と結びつく思弁的でドグマ的行動は、抑止されうるのである。

漸次工学的アプローチを実践する企業戦士たち

もちろん、この漸次工学的方法は、これまで述べてきた批判的方法にもとづく具体的な方法の一つである。つまり、基本的に試行錯誤の方法を用いているのである。そして、このような方法もまた、時代や場所を超えて普遍的にみられる成功者の条件なのである。

たとえば、このような漸次工学的アプローチの事例として、最近の日本のベンチャー企業に目を向けてみると、バブルが崩壊した一九九〇年以後、九年連続して下落している最悪の業界、ゴルフ会員権ビジネス業界で、逆に業務を拡大し成長し続けていた企業がある。それは、佐川八重子社長率いる「桜ゴルフ」である。彼女の経営は、まさしく漸次工学的アプローチであった。彼女によると、常に小さなチャンスというものは意外に多くあるという。そして、その小さなチャンスを繋ぎ合わせることによってビッグ・チャンスにするということ、これが経営の本質だという。「私、創業時が大変な不況でございますが、それにオイル・ショック、そして現在のバブル・ショック。三度目の不況期でございました。そ小さなチャンスというものは案外多くあるんです。その小さなチャンスを繋ぎ合わせてビッグ・チャンスにしていく、というのが経営だと考えております[*36]」

目を米国に向けてみると、一九九二年に、当時一六六億ドルの巨額資産をもつ巨大な多角経営企業「テネコ」の社長となったデイナ・ミードの経営もまた、漸次工学的アプローチであった[*37]。彼は、静止している巨大企業組織を突然崩壊させ新たに企業を再構築するような、ユートピア主義的な大変革主義者ではなかった。彼の経営は、継続的な変革経営であり、変革には終わりがないという漸次工学的な経営であった。変革状態こそがテネコの普通状態と呼びうる状態であり、テネコ自身が変革そのものなのだということ、これが彼の経営ポリシーなのである。だから、彼は、変革を進めるためにことさらに何か大きなテーマを掲げたり、あるいは大きなスローガンを掲げるようなことは一切しなかった。彼は、可能な限り各部門で目標を数値で示させ、その理由を十分説明させ、そして目標の達成を促すという方法をとった。数値で明示させる限り、目標はユートピア的にはならない。しかも、目標は単なる意思表明であってはならないので、毎週月曜日、朝の幹部会でその進捗状況を数字の裏づけをもって報告させ、批判的に議論するという方法がとられた。こうして、テネコは絶えず進化している。

「ゴールドマン・サックス」の会長を務めたスティーブン・フリードマンの経営もまた、漸次工学的なアプローチであった[*38]。彼は、常に変化が出発点であり、かつ終着点もまた変化でなければならないという。静止した安定状態を基本として大変革を行うのではなく、逆に変化している状態を基本とする経営を、彼は提唱する。ユートピア的に改革案を宣言し、それを強引に実行するのではなく、実際の動き、競争相手の動き、顧客の欲求、現在の脅威や新しいチャンスを知るために、彼は絶えず組織の下方にいる第一線の人々からできるだけ多くの提案を引き出そうとした。そして、そのために、頭がよくて積極的に現状を打破するような人々からなる委員会を作り、そのなかで良い案だが支持されないような提案やいくぶん突飛な提案をあえて擁護する役割を自ら果たした。しかも、会社に揺さぶりをかけるだけでなく、さらに会社をまとまったものとして進化させ向上させるために、他方でチームワークを重視するような人材を昇進させるという人事政策も行った。これによって、会社の方針はすぐに組織全体に伝わったという。たとえば、海外勤務はこれまで、奥さんがいやがるし、自分の将来にとっても有利ではないと思われていた。しかし、私生活で大きな犠牲を払ってアジアに赴任するような優秀な若手社員を通常よりも早く昇進させることによって、会社の意図はすぐに組織に広まった。こうして、フリードマンは、漸次工学的に会社改革を進めていったのである。

また、ＩＢＭの最高経営責任者だったルイス・ガースナーも反ユートピア主義者であり、漸次工学的経営者であった。[*39] 彼が最高経営責任者に就任した一九九三年当時、ＩＢＭは解体の危機にあり、様々な事業部門が分離され、そしてスピンオフ（事業の分離・独立）される寸前にあった。しかし、ガースナーが下した第一の決断は何もしないということ、つまりＩＢＭは分散しないという決断であった。そして、第二の決断は、新しい壮大なユートピア的ビジョンは考えないということであった。彼は、当時のＩＢＭの現状を分析し、必要なのは情報技術が象徴するユートピア的未来像を打ち立てることではなく、会社を漸次的に軌道に乗せ、利益を上げ、そして成長させること、そのために市場や顧客とのつながりをとりもどし、より優れた商品を生産し、それを迅速に発送することが先決だと考えた。そして、その後、マイクロソフトのインターネット戦略の転換に先立って、後に「ｅビジネス」と呼ばれるネットワーク・コンピュータ構想が打ち出されていったのである。

同様に、当時、約三〇億ドルだった自社の市場価値をおよそ七〇〇億ドルにまで押し上げたディズニーの最高経営責任者だったマイケル・アイズナーもまた、ユートピア主義者でなく、漸次工学的な経営者であった。彼は、何か大きな理念やビジョンをもってディズニーを復活させたわけではない。彼によると、「ヒット商品さえ出ればどんな問題も解決される、逆にいえばいま抱えている問題から抜け出そうとすれば、ヒット商品を生み出す以外に道はない」という。そして、そのために、ユートピア的発想をしてはならないという。「常に、ブロードウェー・ショーで『ライオン・キング』以上のものを演出する努力をしているかどうか。動物王国以上のテーマ・パークは作れないのかどうか。ユーロ・ディズニー以上のものをつくろうと努力しているかどうか。このようなより現実的で漸次的な努力を続けているかどうか、これがすべてなのだ[*40]」とアイズナーは主張する。

場所を変え、ドイツの伝統企業に目を向けてみよう。ボッシュ、ヘンケル、ニクスドルフ、ジーメンス、そしてテュッセンなどのドイツを代表する大企業の偉大な創業者はいずれも漸次工学的な経営者であって、ユートピア主義者ではなかった。彼らはみな、実現可能なものに対する優れた感覚をもっていた。

たとえば、今日、自動車部品会社として世界的に有名なボッシュ社の創業者であるロベルト・ボッシュは、その勤勉さと、目標をねばり強く追求する精神によって、漸次工学的に会社を巨大化した人物であった[*41]。彼は、より現実的な改革を常に目指し、いかなる者もすでに達成されたことに満足してはならないとし、何よりも自分に与えられた仕事を地道に改善していくことを経営の指針としていた。これが、現在のボッシュ社に生きる創業者ボッシュの精神なのである。

以上のように、全体主義と完全合理性にもとづくユートピア主義的変革ではなく、限定合理的で漸次工学的アプローチによって組織は不条理を回避でき、進化することができる。

4　組織の不条理を超えて――「開かれた組織」に向けて

これまでの議論から、人間が限定合理的であるために組織が形成されるだけでなく、組織を不条理な行動に導いたり、組織を進化させる原因もまた人間の限定合理性にあることが明らかにされた。この意味で、組織の本質は人間の限定合理性にあるといえる。とくに、批判的合理的構造を具備していない組織では、人間が誤って完全合理的な存在であると誤解し、失敗を積み重ね、時間とともに非効率と不正を増加させることになる。それゆえ、結果的に組織は不条理な状態を変革できず、淘汰されることになる。このような組織の不条理を回避するために、基本的に人間は完全合理性の妄想から解放される必要がある。

とくに、ここでは、人間が完全合理性の妄想に陥りやすい思想として「勝利主義」「集権主義」「全体主義」を取り上げ、これらを徹底的に批判した。これらの思想にとらわれると、人々は自分が限定合理的であることを忘れ、自由な議論を許さず、批判を受け入れず、そしてドグマ化し、「閉ざされた組織」を形成することになる。何よりも、これらの思想にとらわれず、たえず誤りを排除するために、組織は以下のような批判的合理的構造を具備した「開かれた組織」でなければならない。

まず、われわれ人間は基本的に限定合理的であり、ソクラテス的意味で無知なのである。それゆえ、K・R・ポパーがいうように「人間は常に誤りうる」ということをしっかりと自覚する必要がある。とくに、意識的に誤りから学ぼうとする態度、つまり「批判的態度」をとる必要がある。われわれは、完全に合理的で不滅の組織を形成することはできない。しかし、誤りから学ぶことによって、組織を絶えず進化させることができる。

そして、もしすべての組織メンバーが限定合理的で誤りうることを自覚し、しかも意識的に誤りから学ぼうとするならば、互いに自由で批判的な議論ができるような批判的議論の場、批判的組織風土、批判的組織文化を形成する必要がある。このような批判的な議論の場は、ある特定の見解に固執するドグマ的で独裁的メンバーの行動を抑制するシステムとして働くとともに、組織を進化させる原動力にもなるだろう。

このように、もし組織メンバーが限定合理的であることを自覚し、しかも誤りから学ぼうとし、そして組織内に批判的議論の場が設定されるならば、組織はユートピア主義的理想に向かって大変革されるようなことはない。何よりも、このような組織では、実行可能で緊急を要するような諸問題が絶えず漸次的に解決されていくような「漸次工学的アプローチ」が採用されることになる。それゆえ、組織は漸次的につぎはぎ的に改善され進化していくことになる。ここでは、変化や変革が普通の状態となるだろう。それは、絶えず発生してくる非効率と不正を絶えず排除しながら進化する組織なのである。

以上のような批判的合理的構造を具備した組織は、不条理な行動に陥ることなく、絶えず未来に向かって進化する可能性をもつ。そのような組織は「開かれた組織」であり、不条理にとらわれない「自由人のための組織」といえる。そして、そのような組織こそが、二一世紀を生き抜く組織なのである。

註

＊1　ポパーの批判的合理主義については、Popper（1945, 1957, and 1972）に詳しい。
＊2　コンパイルの事例については、帝国データバンク情報部（二〇〇〇）二三七頁を参照。
＊3　東京テレメッセージについては、帝国データバンク情報部（二〇〇〇）六四頁を参照。
＊4　このような老舗の状況については、帝国データバンク情報部（二〇〇〇）二四三頁に詳しい。

＊5　田端屋のケースについては、帝国データバンク情報部（二〇〇〇）二四四―二四九頁を参照。

＊6　デジタル・イクイップメント（DEC）については、ファーカス＝バッカー（一九九六）二八三―二九〇頁を参照。

＊7　戦艦大和の話については、吉田（一九六六）三四―三五頁を参照。

＊8　キヤノンの事例については、ファーカス＝バッカー（一九九六）二二六―二三三頁を参照。

＊9　大和ハウス工業の事例については、日経ビジネス編（一九八四）三四頁を参照。

＊10　ミスミの事例については、梶原（一九九九）一五〇頁を参照。

＊11　雅叙園観光と永田町監査法人の事例については、吉見（一九九九）一八二―一九七頁を参照。

＊12　ステイプルズの事例は、ファーカス＝バッカー（一九九六）五六頁を参照。

＊13　ＩＢＭのＣＥＯガースナーの事例については、ネフ＝シトリン（二〇〇〇）一九七頁を参照。

＊14　マイクロソフトのビル・ゲイツについては、ネフ＝シトリン（二〇〇〇）一八九頁を参照。

＊15　オットー・コンツェルンのオットーについては、ヴァイマー（一九九六）二八八頁を参照。

＊16　これについては、読売新聞社編（一九九九）を参照。

＊17　日東あられの事例については、吉見（一九九九）一二八―一三七頁を参照。

＊18　江戸一本舗の事例については、帝国データバンク情報部（二〇〇〇）三三―三七頁を参照。

＊19　ポパーの批判的議論の場に関する議論は、Popper（1945, 1957）に詳しい。

＊20　QCサークルは、常に不条理を回避する批判的議論の場として有効に働くわけではない。徳丸（一九九九）によると、日本企業では、はじめQCサークルの目的はモノの品質管理であったが、やがて人間の質を管理する方法として利用され、最終的に社長のワンマン経営を助長するとともに、品質技術の研鑽をおろそかにする原因となったとされる。

＊21　セイコーの事例については、日経ビジネス編（一九八四）四〇―四一頁を参照。

＊22　ダイワ精工の事例については、日経ビジネス編（一九八四）一〇五―一〇九頁を参照。

＊23　ゴールドマン・サックスのフリードマンの事例については、ファーカス＝バッカー（一九九六）二八七頁を参照。

＊24　デル・コンピューターの事例については、ファーカス＝バッカー（一九九六）四四―四五頁を参照。

＊25　インテルのアンディー・グローブの事例については、田代（二〇〇〇）一六七―一六八頁を参照。

＊26　ジョンソン&ジョンソンのラルフ・ラーセンの事例については、ネフ＝シトリン（二〇〇〇）二九三―二九八頁を参照。
＊27　シティ・グループのサンディ・ワイルの事例については、ネフ＝シトリン（二〇〇〇）四七五頁を参照。
＊28　ダイムラーとベンツの事例については、ヴァイマー（一九九六）三五―六八頁を参照。
＊29　ニックリッシュの全体主義については、Nicklisch（1922）および大橋・渡辺（一九九六）に詳しい。
＊30　大和銀行の事例については、吉見（一九九九）一九八―二二二頁を参照。
＊31　住友商事の事例については、吉見（一九九九）一九八―二二二頁を参照。
＊32　ヘーゲルの全体主義については、Hegel（1840）およびRussell（1946）に詳しい。
＊33　鈴木商店の事例については、日経ビジネス（一九八四）七一―七四頁を参照。
＊34　有村産業の事例については、帝国データバンク情報部（二〇〇〇）八一―八三頁を参照。
＊35　ポパーの漸次工学的アプローチについては、Popper（1957）に詳しい。
＊36　桜ゴルフについては、梶原（一九九九）一三二頁を参照。
＊37　テネコのデイナ・ミードの事例については、ファーカス＝バッカー（一九九六）二二三四―二四五頁を参照。
＊38　ゴールドマン・サックスのフリードマンの事例については、ファーカス＝バッカー

（一九九六）二八七頁を参照。

＊39　ＩＢＭのガースナーの事例については、ネフ＝シトリン（二〇〇〇）一九二―一九四頁を参照。

＊40　ディズニーのマイケル・アイズナーの事例については、ネフ＝シトリン（二〇〇〇）一五九頁を参照。

＊41　ロベルト・ボッシュについては、ヴァイマー（一九九六）三三一頁を参照。

エピローグ――不条理な日本陸軍から何を学べたか

まとめ

以上、本書の目的は、大東亜戦争における日本陸軍の不条理な戦闘行動を分析し、一見、非合理にみえる日本軍の行動の背後に合理性があることを明らかにし、今後、このような不条理をいかにして回避できるのかを議論することであった。

この目的を達成するために、本書の第I部では、組織現象を分析する新しい組織理論として人間の限定合理性にもとづく新制度派経済学について説明した。しかも、このアプローチによって、組織の不条理が理論的に説明できることを明らかにした。とくに、この理論によって、限定合理的な人間世界では、合理性と効率性と倫理性は必ずしも一致せず、それゆえ合理的に非効率が発生したり、合理的に不正が発生したりする可能性を明らかにした。

次に、第II部では、このような新しい理論の光に照らして、大東亜戦争におけるいくつかの日本軍の不条理な行動の事例を分析した。たとえば、不条理な事例として、「ガダルカナル戦」と「インパール作戦」を分析し、一見、非合理にみえる日本軍の行動の背後には合理性があることを明らかにした。これに対して、「ジャワ軍政」や「硫黄島戦・沖縄戦」では、不条理は回避され、合理性と効率性が一致していたことを明らかにした。

最後に、第Ⅲ部では、以上のような日本軍の事例研究から、組織を不条理に導く原因が人間の限定合理性にあることを明らかにした。とくに、人間が限定合理的であることを忘れ、あたかも神のように完全合理的に行動すると、組織内で批判的議論が展開されず、非効率や不正は排除されないので、組織は不条理に陥り、結局、淘汰されることを明らかにした。これに対して、人間が自ら限定合理的であることを自覚し、絶えず批判的な議論を展開するならば、組織は絶えず非効率や不正を排除するように変革されるので、不条理に陥ることなく、組織は進化していくことを明らかにした。

以上のような内容の流れをもつ本書を読んで、読者は様々な思いや問いを心に抱いたかもしれない。とくに、大東亜戦争の事例との関連でいえば、改めて「なぜ日本は負けたのか」という思いを強く抱いたかもしれない。この問題を解くには、さらに膨大な歴史的な研究が必要となるだろう。その本格的研究は別の機会に譲り、ここではこの問題に対して本書で展開した説によってどのようなアプローチが可能なのか、そのヒントを簡単に紹介しながら、本書のエピローグとしたい。

なぜ日本は戦争に負けたのか

日本はなぜ負けたのか。この問題は、実は、そのまま扱うのが非常に難しい問題であるといえる。というのも、当時、国力に大差があった米国を相手した大東亜戦争は、はじめから勝てる見込みの少ない戦争だったからである。また、たとえ日本が優れた戦略・戦術を展開し、効率的に米国と戦ったとしても、せいぜい敗戦を一年か二年延ばせたかどうかであっただろう。しかも、当時の日本軍の上層部のほとんどが、開戦イコール敗戦と考えていたのである。

このことを考えると、「なぜ日本は負けたのか」という問いは、実は「なぜ日本は勝てる見込みの少ない戦争をはじめたのか」という問題に還元されることになる。もし問題をこのように扱うことができるならば、この問題は本書の第4章と第5章で扱ったガダルカナル戦やインパール作戦と同じ問題状況となる。

つまり、「なぜ日本は勝てる見込みの少ない戦争をはじめたのか」「なぜ日本軍は明らかに非効率な白兵突撃戦術をとり続けたのか」「なぜ日本軍は補給の続かない作戦を実行してしまったのか」という問題である。これらは、いずれも本質的には同じ問題なのである。こうして、この問題も本書で展開した新しいアプローチによって扱うことが可能となる。

限定合理的な世界で起こる不条理

さて、なぜ日本は勝てる見込みのない戦争をはじめたのか。この問題をめぐって、これまで様々な説や解釈が展開されてきた。たとえば、共同謀議説、東亜解放百年戦争論、独裁体制説、そして相互責任説などがある。[*1]

しかし、ガダルカナル戦やインパール作戦をめぐる従来の分析と同じように、この問題に対しても、結局、開戦時における日本の指導者の誤断や愚かさや、政策決定プロセスの硬直性が指摘され、人間の非合理性にその原因が求められることが多い。そして、このようなアプローチから導かれる帰結のほとんどは、今後、人間はより完全合理的になって、二度と戦争を起こすべきでないということになる。

確かに、すべての人間が完全に合理的であれば、だれも戦争はしないだろう。しかし、実際には、すべての人間は神のように完全合理的ではない。人間の合理性は限定されている。この同じことを、開戦前から終戦の年の七月まで参謀本部の作戦課に勤務していた瀬島龍三は、以下のように述べている。[*2]

大体、戦争というものは半分か三分の一、状況不明のものです。そして錯誤の集積です。この二つは不可解ですな。敵情が百パーセントクリアで錯誤がなかったら戦争は起こりませんよ。だからその不明な部分、錯誤を人間の叡知、決断力、リカバーする力で補っていくわけでしょう。それを結果論で、ここに、あすこに錯誤があった――それは歴史の事実の究明としてはいいでしょうが、それじゃどうするという教訓にはあまりなりませんなあ。

これに対して、本書の第1章および第2章で説明したように、すべての人間は情報を収集し、処理し、そして表現する能力が限定されており、限定された能力のなかでしか人間は合理的に行動できないという限定合理性の仮定のもとに現象を分析しようというのが、本書のアプローチである。

このような限定合理的アプローチによると、人間は相手の情報の不備につけ込んで駆け引きを仕掛けてくるので、ある戦略・状態・制度を変更したり、ある戦略・状態・制度を別のものに取り換えたりしようとすると、駆け引きが起こり、多大な取引・交渉コストが発生することになる。そして、このコストのために、人間の合理性と効率性と倫理性が一致しないような不条理な現象が発生するのである。

たとえば、すべての人間が限定合理的である場合、たとえある戦略それ自体が優れていたとしても、既存の戦略を放棄し、より優れた戦略へと移行することは難しい。というのも、既存の戦略にコミットしている人々を説得する必要があるとともに、新しい戦略にコミットするように新たに人々を説得する必要もあり、そのために膨大な交渉・取引コストが発生するからである。それゆえ、たとえそれ自体が効率的な戦略であったとしても、それに移行し実行するコストがあまりにも高い場合、この効率的な戦略は選択されないし、実行されることもない。既存の非効率な戦略にとどまることになる。これが、合理的な選択なのである。この意味で、合理性と効率性は必ずしも一致しないのである。

同様に、たとえある戦略が倫理的に正当なものだとしても、それを実行するのにあまりにもコストが高いならば、既存の戦略がいくぶん不正なものであったとしても、それを実行し続ける方が合理的となる。この意味で、限定合理性の世界では、合理性と倫理性（正当性）も必ずしも一致しないのである。

このように、限定合理的アプローチによって、「合理的な非効率」や「合理的な不正」と呼びうる不条理が発生する可能性を説明することができる。つまり、人間の合理性と効率性と倫理性は必ずしも一致しないのである。これが本書で一貫して展開してきた理論的な見方あるいはアプローチなのである。

なぜ日本は勝つ見込みのない戦争をはじめたのか

このような見方のもとに、本書の第4章および第5章でガダルカナル戦やインパール作戦を分析したように、「なぜ日本は勝つ見込みの少ない日米開戦に踏み切ったのか」という問題に、以下のようにアプローチすることができる。

当時、日本軍は英国と米国を分離して扱うことができ、経済的に依存していた米国と戦うことを避け、英国との戦いに限定しようとしていた。とくに、海軍は伝統的に仮想敵国として米国を想定しつつも、実際には米国との戦争を避ける戦略をとり続けてきたのである。しかし、昭和一六年に日本軍が蘭印（現インドネシア）の石油資源を念頭に南部仏印（現ベトナム）に進駐したとき、米英が反発し、直ちに対日石油輸出禁止を発表した。これによって、日本軍は英米不可分論を前提として、対米戦を意識せざるをえなくなったのである。

当時の日本にとって石油が輸入できないということは、石油資源のない日本陸海軍が時間とともに自滅し、最終的に無条件降伏に導かれることを意味した。とくに、当時、石油の備蓄は一年余りで、一年もたてば日本軍はやりたくても戦争はできず、結局、自滅する運命にあった。したがって、米国の石油輸出禁止を解除するために、日本は必死に米国と外交交渉を進めたのである。

しかし、日米交渉によって米国から日本に突きつけられたのは、これまでの日本の大陸政策を完全に否定するハル・ノートであった。つまり、ハル・ノートの内容は、中国全土からの日本軍の撤退、蔣政権以外のすべての政権の否認、日独伊三国同盟の破棄などであった。そして、このような米国の要求を受けいれることは、明治以来の日本の大陸政策がすべて否定され、満州国と満州の権益を否定することを意味した。とくに、満州の権益である南満州鉄道、旅順、大連は、日露戦争の結果、何十万人の英霊が血を流して得た権益であり、ポーツマス講和条約で決まった国際的に認められた権益でもあった。それゆえ、この米国の要求を受けいれれば、これまで行ってきた大陸への膨大な投資はすべて回収できない埋没コストになってしまうことを意味したのである。

このように、現状を維持しようとすれば、石油を輸入できない日本軍は確実に自滅し、コスト無限大となる。他方、もし日本が米国の要求を受けいれれば、大陸に投資してきたこれまでの膨大な投資は巨大な埋没コストになる。これに対して、いま米国と戦えば、不確実ではあるが、短期的に米国に対抗できる可能性がある。とくに、いま開戦すれば、軍備増強に遅れている米国に数年間は対抗できる可能性がある。これが当時の海軍を中心とする日本軍の見方であった。

こうした見方は、この時期、海軍はすでに対米七割五分の戦備の完備状態にあったことにもとづいていた。当時、海軍では、軍組織を平時から戦時へと移行する準備を「出師(すいし)準備(じゅんび)」と呼んでいた。出師準備は第一着作業と第二着作業に分けられ、作業は約一六〇日必要とされていた。この臨戦態勢を一年間維持するには、大量の石油、大量の鋼材、そして大量の船舶の徴用を必要とした。海軍は不明確ながらも対米戦を念頭におきながら、半年以上も前から「出師準備」第一着作業が発令され、昭和一六年四月一〇日には、すでに対米臨戦態勢の整備が整っていた。

こうした状況で、石油を確保できず自滅し無条件降伏するよりも、そしてまた米国の要求を受けいれ、大陸における巨額の埋没コストを生み出すよりも、日本軍にとって有利な方向で講和にもち込めるわずかな可能性を求めて戦争に突入していくことは、非合理ではなかった。また、勝てないまでも開戦前よりも政治的に有利な形での引き分けを目指して戦争に突入する方が合理的だったのである。

以上のように、日本軍がガダルカナル戦で勝てる見込みの少ない白兵突撃作戦を合理的にとり続けたように、また勝てる見込みが少ないインパール作戦を日本軍が合理的に実行したように、日本は勝てる見込みの少ない対米戦に合理的に突入していったのである。それは、人間の非合理性によるものではなく、人間の合理性に従って選択されたのである。つまり、合理的に最も非効率な方法が選択されたわけである。

批判的合理的議論の欠如とユートピア

では、なぜ日本は、勝つ見込みのない戦いを開始する方が合理的となるというような不条理に追い込まれていったのであろうか。それは、本書第9章および第10章で説明したように、自らが限定合理的であることの自覚が足りなかったからである。陸海軍はあたかも完全合理的な立場に立って情勢を判断していたために、相互に批判的な議論は展開されなかった。逆に、相互に妥協し、互いに自己正当化し、そして互いにユートピアを育てていったのである。

とくに、ドイツが西方電撃戦をやってのけ、フランスやオランダを降伏させると、陸軍ではドイツの勢いに乗り遅れてはならないという安易な気風が生まれた。しかも、昭和一六年六月二二日に独ソ戦が始まると、「ソビエトの敗戦疑いなし」「千載一遇の好機」という意見が巻き起こった。そして、この好機に背後からソ連を討ち、北方の不安を一掃しようという北進論が浮上した。他方、独ソ戦によって北の脅威は減少するので、この好機に南部仏印に進駐し、武力を背景にゴムや石油などの輸入を蘭印と交渉しようとする南進論も浮上してきた。こうして、陸軍では、南北両方のメリットを同時に追求しようとするユートピアが形成されたのである。

これに対して、海軍は先に述べたように、昭和一五年七月二七日の「時局処理要綱」にもとづき、好機があれば南方に武力行使するために発動された「出師準備」第一着作業が昭和一六年四月一〇日にすでに終了していた。しかし、四月一七日には、対米戦を避けるために南方には武力行使しないことを建前とする「対南方施策要綱」が採択されていた。つまり、海軍は矛盾した状況に置かれていたのである。しかも、この状態は時間的にも矛盾していた。すなわち、海軍の南進政策はいつ実行されるのか不明確であったのに対して、出師準備第一着は維持コストがあまりにも高いために、すぐに第二着作業を発動し開戦に備えるか、あるいは編成を縮小するかという決定を早急に海軍に迫るものだったのである。こうした海軍の矛盾した状況は、米国に対して速戦即決ならば勝てるという想像上の理想的結果、ユートピアによって、解決されることになる。つまり、海軍は編成を縮小することなく、陸軍とともに南部仏印までの南進を認めたのである。

こうして、独ソ戦開始わずか一〇日後の七月二日の御前会議で、北も南も準備を構えることが決定された。つまり、一方で独ソ戦の情勢次第で背後からソ連を討つために、陸軍は関東軍特種演習（関特演（かんとくえん））の名目で八五万の大軍を満州に集結させ、他方、陸海軍は、外交交渉を通して南部仏印への進駐を開始したのである。このとき、陸海軍の間で批判的議論はほとんどなされることはなかった。このことを、当時、陸軍省軍務局軍事課にいた加登川幸太郎は以下のように述べている。[*3]

七月二日に御前会議となった。これでこの大切なときの国策を決定してしまったのであった。当時下っ端の私でも「何を慌てて」と思ったものだが、どうも慎重な検討が加えられたとは思われない。何しろ独ソ開戦という事態から僅か一〇日ほどしかたっていない。……アメリカはどう動くのかなどの周到な検討がされたとは思われないのである。

結局、無批判に展開された北進論も南進論もユートピアでしかなかった。ドイツ軍の進攻に対してソ連軍の抵抗は予想以上に激しく、しかもシベリアの極東赤軍は西方へ移動せず、結局、対ソ開戦は見送られた。そして、大演習による多大な浪費のつけだけが、日本軍に残された。

また、日本軍の南部仏印進駐協定が発表されると、予想に反して米国・英国・オランダ政府は日本軍の進駐前に態度を急に硬化させ、在米の日本資産は凍結された。そして、日本軍が南部仏印に進駐した後、石油も全面禁輸となったのである。瀬島龍三は、以下のように述べている。

日本の政府及び大本営、なかんずく大本営が、南部仏印進駐に伴う米国の対日資産凍結を、予期していたかどうかの問題であります。結論を申し上げますれば、悲しいことにはほとんど予期していなかったのであります。対日資産凍結後といえど、八月一日までは、石油に限り対日輸出の割当があるかもしれぬとさえ甘い判断をした向きもあったのであります。なぜかと申しますと、米国の対日全面禁輸はすなわち日米開戦を意味するからであり、それを承知のはずのルーズベルト大統領があえて進んでそのような措置を、このときとるとは判断し得なかったのであります。[*4]

このように、日本陸海軍は自らが限定合理的であることを忘れ、それゆえ互いに批判的に議論を展開しなかった。あたかも自らが完全合理的であるかのように情勢を判断し、互いにユートピアを育てていったのである。

こうした批判的合理的構造をもたない組織は、本書の第9章および第10章で説明したように、進化することなく、絶えず非効率と不正を単調増加させることになる。それゆえ、情勢が大きく変化したとき、より効率的で正当な方向に変化しようとすると、高いコストを生み出すような体質となっている。したがって、このような組織は、非効率で不正な方向に進む方が合理的となるような不条理に墜ちていくのである。

現代的意義

このような日本軍にみられる無批判な体質は、決して旧日本軍に固有の特質ではない。この無批判な組織的体質は、本書の第8章で説明したように、現代の日本の企業組織、官僚組織、そして政治組織にも見出せる普遍的な特徴なのである。それゆえ、ここで取り上げた日本軍の事例は決して古いものではなく、実は現在でもなお十分通用する事例なのである。

とくに、最近、倒産しているほとんどの企業が、この無批判な組織的体質のもとに旧日本軍と同じような不条理な状況に陥っていたように思われる。つまり、こうした企業は、かつての日本と同じように、「なぜあの企業は倒産したのか」という問題が、実は「なぜあの企業ははじめから勝算のない無謀な投資をしたのか」という問題に還元されるような状況に陥っていたように思われる。そこには、かつての日本軍にみられた無批判で傲慢な体質が見出される。

何よりも、組織が不条理に陥ることなく、進化するためには、本書の第6章および第7章の日本軍の事例や第8章の企業の事例で示したように、個々人が完全合理性の妄想にとらわれず、一人一人が限定合理的であることを自覚する必要がある。そして、自らの限定合理性を自覚して、絶えず批判的合理的に議論を行い、漸次工学的に組織内部の非効率を排除し続ける必要がある。このような組織は、「開かれた組織」であり、未来に向かって進化する組織なのである。これに対して、このような批判的合理的構造をもたない硬直的な「閉ざされた組織」は、二一世紀を生き抜くことはできないだろう。

註

＊1　池田（一九九五）六―一二頁を参照。
＊2　瀬島（一九九一）四六五頁を参照。
＊3　加登川（一九九六）四九頁を参照。

＊4　瀬島（一九九八）一五二頁を参照。

関連年表

昭和15（1940）

9・23　日本軍、北部仏印進駐

9・27　日独伊三国同盟、ベルリンで調印

昭和16（1941）

6・22　独ソ戦始まる

7・2　関東軍特種演習（関特演）発動

7・23　南部仏印進駐に対する日・仏印間の協定成立

7・25　米国政府、在米日本資産凍結

7・28　日本軍、南部仏印進駐

8・1　米政府、対日石油輸出禁止

10・18　東条内閣発足

11・26　米政府「ハル・ノート」提示

12・1　御前会議で対米英蘭開戦の聖断下る

12・8　日本時間午前2時30分、帝国陸軍第一八師団侘美支隊、マレー半島コタバル上陸開始

午前3時19分、帝国海軍第一航空艦隊、真珠湾奇襲攻撃開始

12・25　午前4時20分、野村大使がハル米国務長官に最後通牒手交
12・25　日本軍、第二三軍第三八師団香港占領

昭和17（1942）
1・2　日本軍、第一四軍マニラ占領
2・15　日本軍、第二五軍シンガポール占領
3・8　日本軍、第一五軍ラングーン占領
3・9　日本軍、第一六軍ジャワ占領
6・5　ミッドウェー海戦
8・21　ガダルカナル戦開始、一木支隊壊滅
9・13　ガダルカナル戦、川口支隊夜襲失敗
10・24　ガダルカナル戦、第二師団の総攻撃失敗

昭和18（1943）
2・1　ガダルカナル島から日本軍撤退開始
5・29　アッツ島日本軍守備隊玉砕
7・29　キスカ島日本軍守備隊撤収
11・24　マキン島日本軍守備隊玉砕
11・25　タラワ島日本軍守備隊玉砕

昭和19（1944）
2・6　クェゼリン日本軍守備隊玉砕

2・23 ブラウン環礁日本軍守備隊玉砕
3・8 インパール作戦開始
6・19 マリアナ沖海戦日本海軍大敗
6・28 ビアク島日本軍守備隊玉砕
7・4 インパール作戦中止決定
7・7 サイパン島日本軍守備隊玉砕
8・3 テニアン島日本軍守備隊玉砕
8・11 グアム島日本軍守備隊玉砕
9・10 中国雲南省拉孟日本軍守備隊玉砕
9・14 中国雲南省騰越日本軍守備隊玉砕
10・19 アンガウル島日本軍守備隊玉砕
10・20 米軍、レイテ島に上陸
10・23 レイテ沖海戦日本軍大敗
11・24 ペリリュー島日本軍守備隊玉砕

昭和20（1945）

2・3 米軍、フィリピン・マニラ占領
2・19 米軍、硫黄島に上陸
3・17 硫黄島日本軍守備隊玉砕
4・1 米軍、沖縄本島に上陸

6・23　沖縄第三二軍玉砕
8・6　広島に原子爆弾投下
8・9　長崎に原子爆弾投下
8・15　正午に玉音放送、日本、無条件降伏

参考文献

Akerlof,G.A. (1970),"The Market for 'Lemons': Qualitative Uncertainty and the Market Mechanism," *Quarterly Journal of Economics*. 84: 488-500.

Alchian,A.A. (1965),"Some Economics of Property Rights," *Il Politico* 30 : 816-829.

Alchian,A.A. (1977), *Economic Forces at Work*, Indianapolis: Liberty Press.

Alchian,A.A. and H.Demsetz (1972),"Production, Information Costs, and Economic Organization," *American Economic Review* LXII,no.5:777-795.

Arrow,K.J. (1985),"The Economics of Agency," in J.W.Pratt and R.Zeckhauser (ed.) Principals and *Agents: The Structure of Business*, Boston: Harvard Business School Press.

Arthur, W.B. (1994), *Increasing Returns and Path Dependence*, University of Michigan Press.

Barnard, C.I. (1937), *The functions of Executive*, Harvard University Press.（山本安次郎・田杉競・飯野春樹訳『経営者の役割』ダイヤモンド社　一九六七年）

Barzel, Y. (1989), *Economic Analysis of Property Rights*. Cambridge: Cambridge University Press.

Baumol, W.J. (1959), *Business Behavior, Value and Growth*, New York: Harcourt Brace Jovanovich, Inc.（伊達邦春・小野俊夫訳『企業行動と経済成長』ダイヤモンド社　一九六二年）

Berle, A.A. and G.C. Means (1932), *The Modern Corporation and Private Property*, New York: Commerce Clearing House.（北島忠男訳『近代株式会社と私的財産』文雅堂書店　一九八五年）

防衛庁防衛研修所戦史室（一九六七）『戦史叢書　蘭印攻略作戦』朝雲新聞社

防衛庁防衛研修所戦史室（一九六八）『戦史叢書　インパール作戦――ビルマの防衛』朝雲新聞社

防衛庁防衛研修所戦史室（一九六八ａ）『戦史叢書　中部太平洋陸軍作戦――ペリリュー・アンガウル・硫黄島』朝雲新聞社

防衛庁防衛研修所戦史室（一九六八ｂ）『戦史叢書　沖縄方面陸軍作戦』朝雲新聞社

防衛庁防衛研修所戦史室（一九六八ｃ）『戦史叢書　南太平洋陸軍作戦（１）ポートモレスビー・ガ島初期作戦』朝雲新聞社

防衛庁防衛研修所戦史室（一九六九）『戦史叢書　南太平洋陸軍作戦（２）ガダルカナル・ブナ作戦』朝雲新聞社

防衛庁防衛研修所戦史室（一九七九）『戦史叢書　大東亜戦争開戦経緯（１）（２）』朝雲新聞社

Coase, R.H. (1937),"The Nature of the Firm," *Economica,* 4 : 386-405.

Coase, R.H. (1960),"The Problem of Social Cost," *Journal of Law and Economics,* 3 : 1-44.

Coase, R.H. (1988), *The Firm, The Market, and The Law,* Illinois: The University of Chicago Press.（宮沢健一・後藤晃・藤垣芳文訳『企業・市場・法』東洋経済新報社　一九九二年）

Cyert, R.M. And J.G.March (1963), *A Behavioral Theory of the Firm,* Englewood Cliffs: Prentice Hall.（松田武彦・井上恒夫訳『企業の行動理論』ダイヤモンド社　一九六七年）

David, P. (1985),"Clio and the Economics of QWERTY," *American Economic Review,* Papers and Proceedings, 75 :332-337.

De Alessi, L. (1980), "The Economics of Property Rights," *Research in Law and Economics* 2:1-47.

De Alessi, L. (1983),"The Role of Property Rights and Transaction Costs: A New Perspective in Economic Theory," *Social Science Journal* 20 : 59-70.

Demsetz, H. (1964),"The Exchange and Enforcement of Property Rights," *Journal of Law and Economics* 3:11-26.

Demsetz, H. (1967),"Toward a Theory of Property Rights," *American Economic Review,* 57 : 347-359.

Demsetz, H. (1969), "Information and efficiency: Another Viewpoint," *Journal of Law and*

Economics 12:1-22.
Douma, S. and Schreuder, H. (1991), *Economic Approaches to Organizations*, UK :Prentice Hall International Ltd.（岡田和秀・渡部直樹・丹沢安治・菊澤研宗訳『組織の経済学入門』文眞堂　一九九四年）
Eggertsson, T. (1990), *Economic Behavior and Institutions*, New York: Cambridge University Press.（竹下公視訳『制度の経済学（上・下）』晃洋書房　一九九六年）
ファーカス、C・M＝F・D・バッカー（一九九六）内田浩・内田祥造訳『マキシマム・リーダーシップ』講談社
Fama, E.F. (1980), "Agency Problems and the Theory of the Firm ," *Journal of Political Economy*, 88: 288-307.
Fama, E.F.and M.Jensen (1983a), "Separation of Ownership and Control," *Journal of Law and Economics*, 26: 301-325.
Fama, E.F.and M.Jensen (1983b), "Agency Problems and Residual Claims," *Journal of Law and Economics*, 26: 327-350.
Furubotn, E.G. and S.Pejovich (1972), "Property Rights and Economic Theory: A Survey of Recent Literature," *Journal of Economic Literature*, 10 :1137-1162.
現代タクティクス研究会（一九九四）『第二次世界大戦　将軍ガイド』新紀元社

ぎょうせい（一九九七）『フォーブス（日本語版）』Vol.6/No.9.
花田雅治（編）（二〇〇〇）『太平洋戦争　日本帝国陸軍――日本軍隊史上最大の組織』成美堂出版
半藤一利（一九九五）『戦士の遺書』ネスコ
Hegel, G.W.F. (1840), *Vorlesungen über die philosophie der Geschichte*（武市健人訳『歴史哲学』岩波書店　一九七一年）
Herzberg, F. (1966), *Work and the Nature of Man*, World publishing.（北野利信訳『仕事と人間性』東洋経済新報社　一九六八年）
北海道新聞社編（一九九九）『拓銀はなぜ消滅したか』北海道新聞社
Holmstrom, B. (1979), "Moral Hazard and Observability," *Bell Journal of Economics*, 10: 74-91.
Holmstrom, B. (1982), "Moral Hazard in Teams," *Bell Journal of Economics*, 33 : 324-340.
池田清（編）太平洋戦争研究会（著）（一九九五）『図説 太平洋戦争』河出書房新社
今村均（一九六四）「ジャワ作戦」『昭和戦争文学全集4　太平洋開戦――12月8日』集英社
石神隆夫（一九九九）『汚れ役「味の素総務部」裏ファイル』太田出版
磯部卓男（一九八四）『インパール作戦――その体験と研究』中央公論事業出版
伊藤正徳（一九六一）『人物太平洋戦争』文芸春秋新社
伊藤常男（一九八〇）「牛島満大将」今井武夫・寺崎隆治他『日本軍の研究――指揮官（下）』原

書房
Jensen, M.C.and W.H.Meckling (1976), "Theory of The Firm: Managerial Behavior, Agency Costs and Ownership Structure," *Journal of Financial Economics* 3 : 305-360.
梶原一明（一九九九）『勝ち組の戦略』経済界
加登川幸太郎（一九九六）『陸軍の反省（上・下）』文教出版
川本健（一九九六）「組織の硬直化メカニズムとパラダイム変革下における日本型経営組織の現状と課題（1）・（2）」『郵政研究月報』二〇─六八頁、七〇─一一八頁
菊澤研宗（一九九五a）「エージェンシー理論分析」高橋俊夫（編）『コーポレート・ガバナンス──日本とドイツの企業システム』中央経済社　一九七─二一九頁
菊澤研宗（一九九五b）「日本株式会社の中間組織論──所有権の経済学の応用」佐瀬昌盛・石渡哲（編）『転換期の日本そして世界』人間の科学社　二五六─二八〇頁
菊澤研宗（一九九七）「日米独企業組織の所有権理論分析──日本型組織の効率性と外部性」『日本経営学会誌』創刊号　一三─二二頁
菊澤研宗（一九九八a）『日米独組織の経済分析──新制度派比較組織論』文眞堂
菊澤研宗（一九九八b）「軍事組織の歴史的経路依存性の分析──ガダルカナル戦での日本軍の組織経済分析」『防衛大学校紀要』第七六輯　一─二〇頁
菊澤研宗（一九九九）「軍事独裁ガバナンスの非正当性と非効率性──日本軍のジャワ占領地ガ

バナンスの所有権理論分析」『防衛大学校紀要』第七八輯　六七―八四頁
菊澤研宗（二〇〇〇）「インパール作戦のエージェンシー理論分析――日本軍の組織経済分析」『防衛大学校紀要』第八〇輯　五一―七二頁
木俣滋郎（二〇〇〇）『太平洋戦争を闘った将星たち』グリーンアロー出版社
児島襄（一九六五、一九六六）『太平洋戦争（上・下）』中央公論社
国友隆一（一九九七）『京セラ・アメーバ方式――伸縮自在の低コスト・高能率のシステム』ぱる出版
Krugman, P. (1994), Peddling Prosperity: Economic Sense and Nonsense in the Age of Diminished Expectations, W.W. Norton & Company.（伊藤隆敏監訳『経済政策を売り歩く人々――エコノミストのセンスとナンセンス』日本経済新聞社　一九九五年）
Liebowitz, S.J. and S.E. Margolis, (1990), "The Fable of Keys," *Journal of Law and Economics* 33: 1-25.
Macdonald, J. (1984), *Great Battlefields of the World*, London.（松村劭監訳『戦場の歴史――コンピュータ・マップによる戦術の研究』河出書房新社　一九八六年）
Marris, R. (1963), "A Model of the 'Managerial' Enterprise," *Quarterly Journal of Economics*, 77:185-209.
Maslow, A.H. (1970), *Motion and Personality*, Harper & Row Company.

松村茂平（一九八三）『敗北の法則——太平洋戦争新発掘』叢文社
Mayo ,E. (1933), *The Human Problems of an Industrial Civilization*, Macmillan.（村本栄一訳『産業文明における人間問題』日本能率協会 一九六七年）
McGrager, D. (1960), *The Human Side of the Enterprise*, McGraw-Hill.（高橋達男訳『企業の人間的側面』産業能率短期大学出版部 一九七〇年）
Milgrom, P. and Roberts,J. (1992), *Economics, Organization, and Management*, New Jersey: Prentice Hall.（奥野正寛・伊藤秀史・今井晴雄・西村理・八木甫訳『組織の経済学』NTT出版 一九九七年）
ネフ、T・J＝J・M・シトリン（二〇〇〇）小幡照雄訳『最高経営責任者』日経BP
Nelson, R.R. and S.G. Winter (1982), *An Evolutionary Theory of Economic Change*, Cambridge (Mass.): Harvard University Press.
Nicklisch, H. (1922), *Der Weg aufwärts! Organisation*, Versuch einer Grundlegung, 2.Aufl., Stuttgart.（鈴木辰治訳『組織——向上への道』未来社 一九七五年）
日経ビジネス（編）（一九八四）『会社の寿命——盛者必衰の理』日本経済新聞社
日本近代史料研究会（編）（一九七一）『日本陸海軍の制度・組織・人事』東京大学出版会
North, C.D. (1990), *Institutions, Institutional Change and Economic Performance*, New York: Cambridge University Press.（竹下公視訳『制度・制度変化・経済成果』晃洋書房、一九九

四年）
岡田益吉（一九七二）『日本陸軍英傑伝』光人社
岡崎清三郎（一九七七）『天国から地獄へ――南方進行作戦の栄光と戦犯死刑囚の屈辱』共栄書房
大橋昭一（編著）・渡辺朗（監訳）（一九九六）『ニックリッシュの経営学』同文館出版
Picot, A., Dietl, H.and E. Frank (1997), *Organization*, Stuttgart: Schaffer-Poeschel Verlag.（丹沢安治・榊原研互・田川克生・小山明宏・渡辺敏雄・宮城徹訳『新制度派経済学による組織入門』白桃書房　一九九九年）
Popper, K.R. (1945), *The Open Society and Its Enemies*, London: Routledge.（小河原誠・内田詔夫訳『開かれた社会とその敵』未来社、一九八〇年）
Popper, K.R. (1957), *The Poverty of Historicism*, London: Routledge.（久野収・市井三郎訳『歴史主義の貧困』中央公論社　一九六一年）
Popper, K.R. (1959), *The Logic of Scientific Discovery*, London: Hutchinson.（大内義一・森博訳『科学的発見の論理（上・下）』恒星社厚生閣　一九七一、七二年）
Popper, K.R. (1965), *Conjecture and Refutations: The Growth of Scientific Knowledge*, New York: Harper & Row.（藤本隆志・森博・石垣寿郎訳『推測と反駁――科学的知識の発展』法政大学出版局　一九八〇年）

Popper, K.R. (1972), *Objective Knowledge: An Evolutionary Approach*, Oxford: Clarendon Press.（森博訳『客観的知識――進化論的アプローチ』木鐸社　一九七四年）
Prigogine, I. and I. Stengers (1984), *Order out of Chaos : Man's New Dialogue with Nature*, New York :Bantam Books.（伏見康治・伏見譲・松枝秀明訳『混沌からの秩序』みすず書房　一九八七年）
陸軍省企画（一九四二）『大東亜戦史　ジャワ作戦』東京日日新聞社・大阪毎日新聞社。
Ross, S.A. (1973),"The Economic Theory of Agency: The Principalzs Problem," *American Economic Review*, 63: 134-139.
Russell, B. (1946), *History of Western Philosophy*, London 1946.（市井三郎訳『西洋哲学史』（全三巻）みすず書房　一九七〇年）
瀬島龍三（一九九一）「大本営の二〇〇〇日」文藝春秋編『完本・太平洋戦争（下）』文藝春秋
瀬島龍三（一九九八）『大東亜戦争の実相』ＰＨＰ研究所
椎野八束（編）（一九九三）『別冊歴史読本　孤島の戦闘　玉砕戦』新人物往来社
Simon, H.A. (1961), *Administrative Behavior*, 2ed, New York: Macmillan.（松田武彦・高柳暁・二村敏子訳『経営行動』ダイヤモンド社　一九六五年）
高木俊朗（一九六五）「インパール」『昭和戦争文学全集６　南海の死闘』集英社　七―一二一頁
高橋正泰（一九九九）「ソニーのカンパニー制」明治大学経営学研究会編『経営学への扉』白桃

書房、九三―一一〇頁
高嶋辰彦（一九八〇）「蘭印作戦と今村将軍」今井武夫・寺崎隆治ほか『日本軍の研究―指揮官（下）』原書房　二六四―二九六頁
田代駿二（二〇〇〇）『IT革命に勝つ――異端技術とアントレプレナ』NTT出版
高山信武（一九八五）『服部卓四郎と辻政信』芙蓉書房
Taylor, F.W. (1991), *The Principles of Scientific Management*, London.（上野陽一編訳『科学的管理法』産業能率短期大学出版部　一九六九年）
丹沢安治（二〇〇〇）『新制度派経済学による組織研究の基礎――制度の発生とコントロールへのアプローチ』白桃書房
戸部良一・寺本義也・鎌田伸一・杉之尾孝生・村井友秀・野中郁次郎（一九八四）『失敗の本質――日本軍の組織論的研究』ダイヤモンド社
帝国データバンク情報部編（二〇〇〇）『こんな会社は潰れる！』研修社
戸部良一（一九九八）『逆説の軍隊』中央公論社
植野録夫（編）（一九八五）『太平洋戦争戦史地図』日地出版
徳丸壮也（一九九九）『日本的経営の興亡――TQCはわれわれに何をもたらしたのか』ダイヤモンド社
上杉治郎（一九九九）『日産よ、屈辱をバネに立ち上がれ』エール出版社

渡邊利亥（一九八〇）「鈴木宗作大将」今井武夫・寺崎隆治他『日本軍の研究——指揮官（下）』原書房

ヴァイマー、W編（一九九六）和泉雅人訳『ドイツ企業のパイオニア——その成功の秘密』大修館書店

Williamson, O. (1967), *The Economics of Discretionary Behavior: Managerial Objectives in a Theory of the Firm*, Chicago: Markham Publishing Co., Inc.（井上薫訳『裁量的行動の経済学——企業理論における経営者目標』千倉書房　一九八二年）

Williamson, O. (1975), *Markets and Hierarchies: Analysis and Antitrust Implications*, New York: Free Press.（浅沼萬里・岩崎晃訳『市場と企業組織』日本評論社　一九八〇年）

Williamson, O. (1985), *The Economic Institutions of Capitalism: Firms, Markets, Relational Contracting*, New York: Free Press.

Williamson, O. (1990),"A Comparison of Alternative Approaches to Economic Organization," *Journal of Institutional and Theoretical Economics*, 146 : 61-71.

Williamson, O. (1996), *The Mechanisms of Governance*, New York and Oxford: Oxford University Press.

読売新聞社編（一九九九）『20世紀どんな時代だったのか戦争編——日本の戦争』読売新聞社

読売新聞社会部（一九九九）『会社がなぜ消滅したか——山一証券役員たちの背信』新潮社

吉田満（一九六六）『戦艦大和』河出書房新社
吉見宏（一九九九）『企業不正と監査』税務経理協会
Young, B.P. (1975), *Atlas of The Second World War*, Kern Associate.（戦史刊行会訳『第二次世界大戦　全作戦と戦況』白金書房　一九七五年）

【中公文庫版のためのあとがき】

現代の不条理とその解決法

「まえがき」でも書いたように、本書は二〇〇〇年に出版された古い本である。それゆえ、今日的な視点からみると、たくさんの問題点があるかもしれない。特に、個人的に気になっている点は、以下の点である。

(1)まず、本書で多用されている「不条理」の意味である。当時は気づかなかったが、この意味がいくぶん不明確なので、「まえがき」でその意味を明確にし、しかも不条理には少なくとも三つの種類があることを説明した。もしこの点に関心があれば、本書の「まえがき」を読んでいただきたい。

(2)次に、本書でとりあげられている企業の事例がいずれもかなり古い点である。それゆえ、多くの読者は違和感を抱くだろう。しかし、本書で展開されている理論的な議論を理解してもらえれば、現在、発生している様々な不条理現象も同じように理論的に分析できることがわかるだろう。失敗の本質は、いまも変わっていないのである。

(3)さらに、本書で展開されている不条理をめぐる解決案について、当時、私は、K・R・ポパーの科学哲学つまり彼の知識の成長理論にもとづいて議論を展開していた。いまでも、基本的にその考えは変わらない。しかし、ここ数年の私の考えは、さらに発展したものとなっている。特に、最近では、カント哲学、ドラッカーの人間主義的経営学、そして小林秀雄の大和心の考えを基礎として、不条理をめぐる哲学的な解決法について研究している。

以上のように、(1)については、すでに「まえがき」で書いたので、ここでは(2)と(3)について、この「あとがき」で補足させていただきたい。従って、以下、まず本書で用いた三つの理論を使って最近の不条理現象について分析し、次に不条理の解決法に関する最近の私の考えについて説明してみたい。

1　現代の不条理現象

本書は、新制度派経済学を構成する三つの理論、すなわち取引コスト理論、エージェンシー理論、そして所有権理論を用いて、大東亜戦争における日本軍の戦い方を理論的に分析し、日本軍が無知で非合理的であったために失敗したのではなく、合理的に失敗したことを説明している。つまり、日本軍は不条理に陥ったのである。

同様に、この同じ三つの理論を用いることによって、以下のように、今日、発生している様々な失敗事例も、人間の非合理性や無知によって発生しているのではなく、むしろ合理的に失敗していること、それゆえ旧日本軍と同様に、不条理に陥っていることを説明してみたい。

ガダルカナル化したシャープの失敗

まず、取引コスト理論的に興味深い現代の不条理な失敗事例は、シャープの失敗である。

取引コスト理論では、すべての人間は不完全で限定合理的であり、スキがあれば利己的利益を追求するような機会主義的な存在として仮定される。それゆえ、見知らぬ者同士で交渉取引する場合、相互にだまされないように不必要な駆け引きが起こる。このような人間関係上の無駄のことを「取引コスト」という。

この取引コストの存在を考慮すると、非効率的な現状をより効率的な方向へと変化させることが難しくなる。というのも、現状にすでにメリットを得ている人々は現状維持に固執し、変化に抵抗しようとするからである。それゆえ、変化する場合、このような利害関係者との間に取引コストが発生する。

この取引コストがあまりにも大きい場合、たとえ現状が非効率的であったとしても非効率的な現状に留まる方が合理的になる。つまり個別合理的だが全体非効率といった不条理に陥ることになる。このような不条理に陥ったのが、白兵突撃戦法に固執したガダルカナル戦での日本軍であり、以下のようなコスト削減政策に固執したシャープの経営陣なのである。

シャープは、もともと様々な家電製品を製造・販売し、成功していた会社であった。しかし、液晶技術を自社の強みとして認識し、それを企業にとっての固有資源として選択し、経営陣はそこにシャープの資源を集中していった。

特に、液晶技術の研究開発に多大な投資を行うとともに、二〇〇四年に三重県亀山市に巨大な液晶パネル工場を建設し、二〇〇六年にも第二工場を建設し、約四〇〇〇億円を投資した。さらに、その後、大阪府堺市にも、四三〇〇億円を投じて液晶の新工場を建設した。

しかし、環境が急激に変化し、シャープの液晶の競争優位性が弱まったとき、これらの大工場はシャープの強みではなく、逆に弱みとなった。特に、リーマンショック以後、シャープが力を入れていた六〇インチサイズの大型液晶テレビは売れなくなった。そして、それに代わって、当時、中型サイズで攻勢をかけていた韓国サムスン電子が液晶テレビに関して優位となった。また、シャープには液晶技術に関しても過信があった。しかし、結局、その技術も韓国や台湾のメーカーにすぐに追い付かれてしまったのである。

こうした状況で、シャープには早急な大改革が必要だった。それにもかかわらず、シャープの経営陣は大改革を行うことなく、抜本的な構造改革を避け、コスト削減政策を行って対処しようとした。このようなシャープの経営陣は、無知で非合理的だったのだろうか。

当時のシャープの経営陣にとって、大変革を行うことはおそらく合理的ではなかった。というのも、当時、大改革を進めるには、液晶ビジネスにすでに多大なメリットを得ていた多くの利害関係者、たとえば液晶ビジネスを推進してきた人々、液晶ビジネスに関わる多くの関連会社や販売会社を説得する必要があり、それゆえその交渉取引コストはあまりに大きかったからである。

従って、経営陣は、取引コスト節約原理に従い、事業の抜本的な変革を行うことなく、希望退職や賃上げの抑制などのコスト削減政策を中心に遂次的に改善を図り、時間稼ぎをしたのである。それは、当時の経営陣にとっては合理的な政策だったのである。

しかし、その後も事態は好転せず、むしろ悪化していった。このとき、経営陣は現状を脱するために抜本的な構造改革を断行し、安定した収益基盤を確立すると公言した。しかし、行わなかった。再び、ひたすら人員削減と本社ビル売却などのコスト削減政策を展開した。おそらく、大改革をめぐる人間関係上の取引コストは依然としてあまりにも大きく、経営陣の損得計算では、大改革を避ける方が合理的だったのだろう。

さらに、その後も事態は悪化し続け、シャープは大改革を行うことなく、ひたすらコスト削減政策を続けていった。こうして、伝統あるシャープは、最終的に鴻海に買収されることになる。このような、大改革を遂行しないシャープ経営陣の行動は、一見、無知で非合理的で馬鹿げた行動に見える。

しかし、シャープは、ガダルカナル化していたのである。経営陣にとって、大変革が生み出す膨大な取引コストを考慮すると、大変革よりも遂次的にコスト削減政策を続ける方が合理的だったのである。つまり、シャープは合理的に失敗したのである。

インパール化している東京オリンピック開催費用問題

同様に、エージェンシー理論的に興味深い現代の不条理の事例として、増加する東京オリンピック開催費用問題を取り上げることができる。

エージェンシー理論では、すべての人間関係は依頼人（プリンシパル）と代理人（エージェント）という関係で分析される。一般的に、依頼人と代理人の間の利害は異なり、情報もまた非対称的となる。

このような状況で、依頼人が代理人にあいまいな予算にもとづくプランの実行を依頼したとしよう。このとき、良き代理人は予算のあいまいさに危険を感じ、依頼人に近づかない方が合理的と考える。他方、悪しき代理人は逆にあいまいな予算に付け込んで利益が得られると考えるので、依頼人に近づくことが合理的となる。

こうして、あいまいな予算のもとでは、良き代理人が淘汰され、悪しき代理人だけが生き残るというアドバース・セレクション（逆淘汰）が発生する。このような不条理現象が日本軍のインパール作戦で起こったように、東京オリンピック開催予算をめぐっても起こっているように思える。

東京オリンピック開催費用について、小池百合子都知事は都知事選の選挙戦中から批判していた。というのも、二〇一三年の招致時には予算は七三四〇億円だったが、二〇一五年七月には森喜朗組織委員会会長が最終的に二兆円を超すかもしれないといい出し、そしてその三か月後に当時の舛添知事が三兆円が必要になると発言したからである。このままでは、東京オリンピック開催後には、膨大な借金だけが残ることになるだろう。

なぜそうなったのか。都政改革本部特別顧問の上山信一氏によると、予算全体を管理するシステムが機能していないからだという。東京大会は、組織委員会とＪＯＣ、東京都、ＩＯＣの四者で契約を結んで進める体制になっている。しかし、組織委員会は、全体の予算に対して責任を持っていない。東京都は、都の施設以外を直接コントロールすることはできない。ＪＯＣは、実際のオペレーションにはあまり関わらない。日本国政府は警備などでは協力するが、実際に契約はしていない。

結局、全体の予算をめぐって、だれも予算を管理していないのであり、もともと予算があいまいだったのである。確かに、一番上の組織として調整会議がある。しかし、そこには議長はいない。予算全体のあり方や優先順位などを決める人物がいなかったのである。

このようなあいまいな予算（ソフトな予算）のもとでは、インパール作戦と同じように、アドバース・セレクション（逆淘汰）が起こりやすい。すなわち、このようなあいまいな予算のもとでは、予算に対して責任感の強い良き人たちは損をする可能性が高いので、東京オリンピック開催計画には積極的に参加しようとはしない。実際、関係している東京近隣の県知事、市長、そして政府は積極的ではない。しかし、最初からコストを負担する気がなく、スキがあれば利己的利益を追求しようとする悪しき人たちは積極的に様々なプランに参加してくることになる。

こうして、予算に関して無責任な人々によって東京オリンピック開催計画が進められ、予算が異常に膨れ上がっているのであり、予想もしない事態へと発展しているのである（ソフトな予算問題ともいう）。このままでは、インパール作戦のように、明らかに膨大な借金だけが残る無謀な計画が実施されていくことになるだろう。このような事態は、人間個々人が非合理的で無知だから起こっているのではない。むしろ、関係者一人一人が経済合理的に行動した結果として、このような不条理現象が起こっているのである。

占領統治に失敗した東芝の凋落

最後に、所有権理論的に興味深い最近の不条理な失敗は、現在、粉飾決算問題で揺れている東芝である。

所有権理論によると、市場で取引されるのは物理的な財それ自体ではなく、財の所有権である。もしすべての財の所有権が明確に誰かに帰属されていれば、その財を利用して発生するプラスとマイナスの効果はその所有権者に帰属されることになる。それゆえ、所有権者はマイナス効果を避けプラス効果が発生するように、はじめから自分の財を効率的に扱おうとするだろう。そして、どうしても自分の財を効率的に扱えない場合、市場でその財を売ることになる。こうして、財や資源は効率的に配分され、利用される。

しかし、実際には、人間は不完全で限定合理的なので、すべての財の所有権の帰属は明確ではない。そして、不明確な財の所有状態では、財の使用によって発生するプラス効果とマイナス効果は財の利用者には帰属されないので、その利用者ははじめから財を効率的に扱おうとはしないだろう。

ここで、財をより効率的に利用するために、財の所有権の帰属を明確にしようとすると、その明確化のためのコストが発生する。このコストがあまりにも高い場合、所有権をあいまいにして非効率的な現状を維持する方が合理的になるという不条理に陥る。東芝のケースは、これである。

粉飾決算問題で揺れている東芝をめぐって、最近、再び膨大な損失が発覚した。それは、以前から疑惑のあった東芝の原子力事業である。米国における原子力事業をめぐる損失額が約七〇〇〇億円に達することが明らかになった。もしこの金額が正しければ、東芝は債務超過に転落する可能性がある。そして、半導体事業を売却することによって、この債務超過を回避しようとすれば、東芝には原子力部門しか残らず、それは東芝の解体を意味することになる。

このような東芝の凋落は、二〇〇六年に約六四〇〇億円という割高の値段で、米国の原子力事業会社ウエスチングハウス（WH）を買収したことにはじまる。買収後、その買収額を意識して、東芝は二〇一五年までに原子力事業の売上高を一兆円とする事業計画を公表した。

しかし、その事業計画は予定通りには進まなかった。新規受注が低迷し、米国内ですでに建設中だった原発4基も、米原子力規制委員会（NRC）によって安全基準が厳格化され、設計変更を余儀なくされたために、建設コストが大幅に増大したのである。こうして、WHは赤字に転落した。

こうした状況で、WHは、二〇一五年一二月、より効率性を高めるために、機器から工事までの一貫体制を確立する必要があると考え、米国の原発建設会社「ストーン・アンド・ウェブスター」（S&W）を「〇ドル」で買収した。しかし、この企業は七〇〇〇億円の負債を抱えていたのである。この大失敗によって、東芝は白物家電や医療機器を次々と手放し、いま半導体事業の売却に迫られている。

周知のように、このような東芝の原子力事業の不振の直接の原因は、福島第一原発事故である。日本では、事故後も原発を再稼働することが大前提となっている。しかし、米国の状況はまったく異なっていた。福島原発事故後、米当局は安全規制を強化したために、原子力ビジネスをめぐるコストは急速に高まった。それゆえ、業界では原子力発電のトータルコストは高いという認識が広がり、新規の原発建設が急速に萎んだのである。

特に、原子力ビジネスに強いGEは、この状況をすぐに認識し、事実上、原子力事業からの撤退を宣言していた。こうした状況を認識し、東芝もWHの事業について徹底的にリストラを実施していれば、今回のような悲惨な事態には陥らなかった可能性がある。おそらく、東芝の経営陣も米国の状況を理解できていたはずである。しかし、なぜ彼らはそのような決断を下すことができなかったのか。彼らは非合理的で無知だったのか。

東芝の経営陣が原発ビジネスに固執し続けていたのは、おそらく安倍政権がそれを「国策」として位置づけたからである。政府自民党は、昨夏の参院選の公約に「インフラ輸出」を掲げ、その柱のひとつが原発輸出だったのである。そして、この政府の成長戦略に、東芝の経営陣が大きく関わっていたのである。

もし東芝の経営陣がWHなどの原子力事業をめぐって完全な所有意識もっていたならば、この事業が生み出すプラス・マイナス効果はすべて東芝に帰属されることになる。それゆえ、東芝の経営陣は早い時期にマイナス効果を避けプラス効果がでるように原子力事業を効率的にマネジメントしていただろう。

しかし、東芝の経営陣は形式的にはＷＨなどの原子力事業を買収し所有していたが、実質的には政府との共有意識が強かったのではないだろうか。それゆえ、この場合、この事業が生み出すプラス効果とマイナス効果はすべて東芝だけに帰属されるのではなく、政府と共有されることになる。

こうした政府との共有意識のもとでは、たとえ多大なマイナス効果がでていても、東芝の経営陣はそれを避けるために早い時期にこのビジネスを処理するような効率的なマネジメントは展開しないだろう。最終的には、政府が助けてくれるとの目論見があったのかもしれない。東芝は、ＷＨや原子力ビジネスを占領したが、その統治に失敗しているように思える。このように、東芝は経営陣の非合理性と無知のために失敗したのではなく、実は合理的に失敗した可能性がある。

2　不条理の科学的解決法と限界

では、以上のような合理的失敗つまり不条理を、どのように解決することができるのか。ここでは、特に経営者やリーダーに焦点を当てて、まず不条理現象が制度理論的に解決できる可能性について議論してみたい。

不条理の制度論的解決法

まず、取引コスト理論的には、世の中には見えない「取引コスト」が存在しているということを認識する必要がある。そして、このコストの存在を考慮して、個々人は損得計算し、もし結果がプラスであれば行動し、マイナスだと行動しないという因果論的な行動原理に従って行動しているのである。

このような取引コストを考慮した損得計算のもとでは、経営者は、たとえ現状が非効率的で不正な状態であっても、非効率的な現状を変革してより効率的で正しい方向へと変化しない可能性がある。というのも、現状にメリットを得ている多くの利害関係と交渉取引する必要があり、その取引コストが高い可能性があるからである。このコストを含めて損得計算すると、組織は非効率的な状態を維持する方が合理的という不条理に陥ることになる。

このような不条理を回避するためには、事前に取引コストを節約する様々な制度や仕組みを形成しておく必要がある。例えば、大改革が必要な場合、トップ・マネジメントには、社内重役だけではなく、社外の外国人や女性などを役員として採用すると、彼らは有効な役割を果たす可能性がある。というのも、彼らは社内に知り合いがいないので、改革をめぐる取引コストが少なく、ゼロベースで議論できるからである。

　このような多様な人材を採用する人事制度があれば、危機の時代に、取引コストにとらわれることなく、企業は変革できる可能性がある。つまり、不条理は取引コスト節約制度を構築することによって回避できる可能性がある。

　取引コスト理論と同様に、エージェンシー理論でも、人間は限定合理的に利己的利益を追求するものと仮定される。つまり、限定された情報の中で、人間は損得計算し、計算結果がプラスであれば行動し、結果がマイナスであれば行動しない。

　ここで、依頼人であるプリンシパルを経営者とし、代理人であるエージェントを従業員だとする。両者の利害は不一致で、情報も非対称的である。いま、企業が危機的状態にあり、コストを削減するために、経営者が早期希望退職制度を採用したとしよう。この制度は、従業員は割増退職金を得て早期に退職してもいいし、定年まで企業に留まってもいいというあいまいな制度である。

　このようなあいまいな制度のもとでは、能力のある従業員は容易に転職できるので早期に退職し、無能な従業員は転職できないので企業に留まることになる。こうして、経営者の意図に反して、能力のない従業員だけが社内に残るというアドバース・セレクションつまり不条理が発生することになる。

　このような不条理を避けるには、経営者は明確に自らの利害と従業員の利害を一致させ、情報を対称化する様々な制度を設計する必要がある。つまり、有能な従業員を残し、無能な従業員をレイオフするような制度を形成する必要がある。

最後に、所有権理論によると、資源や財の所有権があいまいな状態では、人間が資源を利用しプラス・マイナス効果を生み出したとしても、その効果はその人に帰属されない。それゆえ、人間はマイナスを避けてプラスを得るように資源を効率的に利用しようとはしない。

例えば、日本企業では従業員一人ひとりに特定の役割や権限が明確に与えられているわけではない。この場合、従業員が働いて生み出すプラス効果とマイナス効果は自分に直接帰属されないので、従業員はマイナス効果を避けプラス効果がでるように効率的に働かない方が合理的になり、企業全体が非効率的となる。それゆえ、このような企業では、個別合理的だが全体非効率という不条理が発生する。

このような不条理を避けるためには、経営者やリーダーは従業員に役割や権限を明確に与えるような所有権制度を設計する必要がある。このような制度のもとでは、従業員はマイナス効果を避けプラス効果ができるように職務権限を遂行するだろう。そして、それでもダメな場合には、転職することになるだろう。

以上のように、制度理論的な観点からすると、企業経営者や組織のリーダーは、様々な制度を形成することによって、不条理を回避することができるかもしれない。

原発の安全性をめぐる制度論的解決法の限界

しかし、このような制度理論的な解決法は不条理の完全な解決にはならない。というのも、不条理を回避するための制度を構築し、その制度に人間を従わせることそれ自体にもコストがかかるからである。

このようなコストの大きさも人間は認識するので、もし制度形成コストと制度実行コストがあまりにも高い場合、人間は制度を形成しない方が合理的となるし、制度に従って行動しない方が、それゆえ制度を無視した方が合理的となるような不条理に導かれることになる。

このような不条理の典型的な例として、原子力発電所をめぐる安全性問題を取り上げてみたい。図を用いて説明するために、まず図1の縦軸をコストとし、横軸を安全性を高めるために導入される安全対策制度数や設備数だとしよう。それらの数を増加させていくと、理論的には最終的に完全安全性に到達することになるだろう。

ここで、安全性を高めるために、多くの安全対策制度や設備を導入していくと、図1の右下がりの曲線のように原発事故をめぐるリスク負担コストが下がることになる。つまり、原発をめぐる安全性は高まるので、リスクをめぐる保険料は低下し、しかも住民との取引コストも減少することになるだろう。他方、安全対策制度数や設備数を増やしていくと、

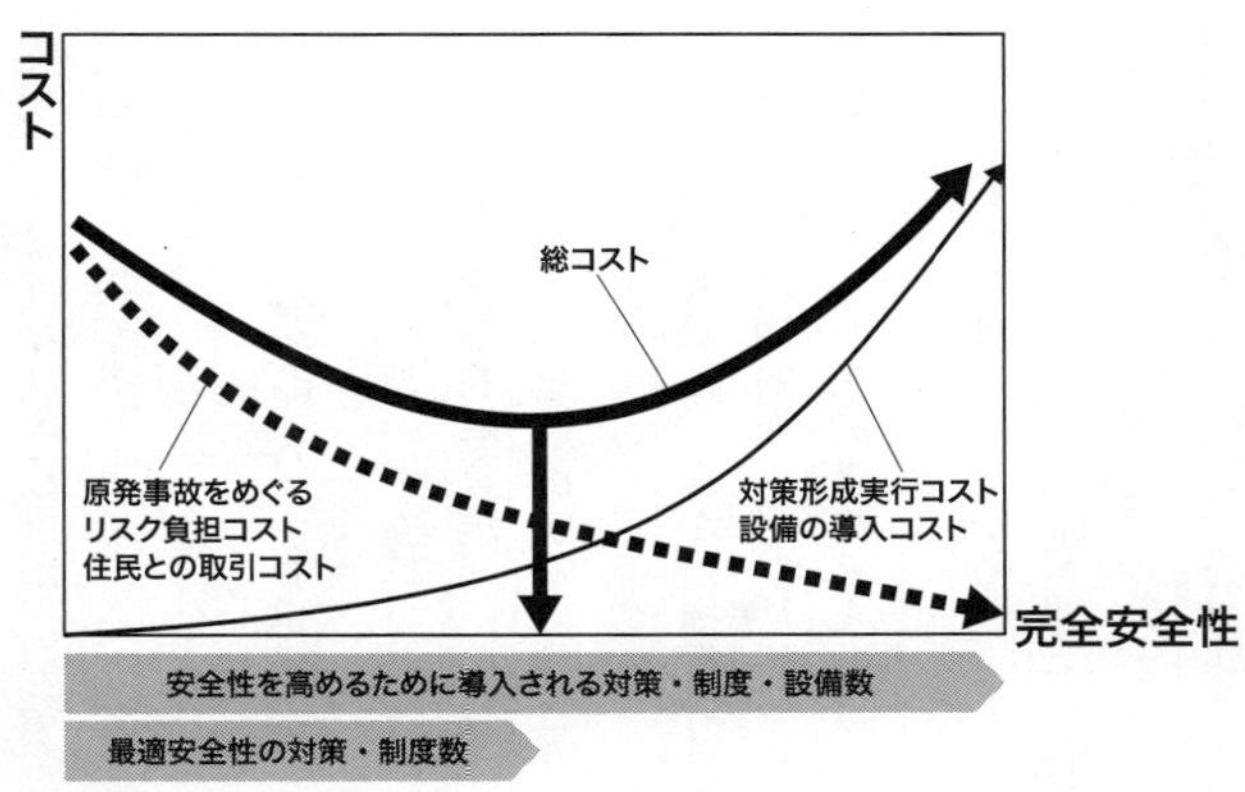

図１　原発をめぐる安全性とコスト

図1のようにその形成導入コストやその実行コストが右上がり増加することになる。従って、これらを合計したものが総費用曲線となるので、総費用曲線は図1のように下に凸の曲線となる。

このとき、経営者にとって経済合理的な最適安全対策制度数・設備数は、完全安全性を達成するのに必要な制度数・設備数とは一致しない。つまり、完全安全性（正当性）を追求しない方が経済合理的となる。それゆえ、経営者は正しいことはしない方が合理的という不条理に陥ることになる。

このような状況で、もし東京電力の経営陣から安全性をめぐってアドバイスを求められるならば、経済学者や経営学者は専門的な立場から完全安全性を追求すべきではないという不条理なアドバイスを行うことになるだろう。適度な安全性、手抜きの安全性、ほどほどの安全性を実現するような制度設計が、経済合理的となる。従って、科学的な制度理論的な不条理解決法には限界があるといえる。その解決法は、われわれを別の不条理に導くことになる。

3　不条理の哲学的解決法による補完

カントの哲学的解決法

では、不条理を解決するにはどうしたらいいのか。最強の哲学者イマヌエル・カントの哲学にヒントがある。

われわれ人間は、確かに損得計算を行って合理的に行動しようとする。というのも、行動を起こす客観的な原因が欲しいからである。もし損得計算をしてプラスの結果となれば行動し、マイナスの結果となれば行動しないという因果論における原因を確定したいのである。

このような因果論的で科学的な人間理性のことを、カントは「理論理性」といった。この理論理性に従うことは、科学的法則つまり因果法則に従って行動することを意味するので、その行動は客観的だといえる。しかし、観点を変えると、その行動は無責任な行動でもある。というのも、それはみんながやっているのでやるということを意味するからである。

そして、このような損得計算行動の本質は、実は人間の「他律性」にある。つまり、その行動の原因が自分自身ではなく、常に自分以外の損得計算の結果にあるということである。カントは、「損得計算の結果、得するので」とか、「親に言われたので」とか、「お金がほしかったから」とか、「ルールや制度があったので」という形で、行動の原因が自分以外にあるような行動のことを他律的といった。

制度理論的解決法で説明したように、このような他律的で経済合理的な行動をしているかぎり、いつかどこかで人間は合理的に不正を行ったり、合理的に全体を無視したり、合理的に長期を無視したりすることになる。つまり、不条理に陥ることになるのである。

しかし、カントによると、人間にはもう一つ別の理性があるという。それは、良いことかどうかあるいは正しいことかどうかを価値判断する理性であり、カントはそれを「実践理性」と呼んだ。それは、もしある状況を「正しい」と価値判断するならば、「われわれは何をなすべきか」という形で人間に実践的な行為を迫ってくるような理性である。それは、理論理性のように現実を因果認識し、それを応用するような理性ではない。

価値判断はきわめて主観的であって客観的ではない。というのも、価値判断にもとづく行動の原因は、常に自分自身にあるからである。しかし、価値判断にもとづく行動は主観的であるが、自律的でもある。自律的というのは、他律的とは逆の意味となる。損得計算の結果とは無関係に、お金がもらえなくても、上司の命令がなくても、制度やルールがなくても、自分の意志で「正しい」と価値判断し、能動的に行動することをいう。人間は、そのような自律的な存在でもあるとカントは考えたのである。

そして、そのような実践理性の存在を裏付ける根拠もたくさんある。たとえば、二〇一一年三月に発生した東京電力の福島原発事故。大量の放射能が発生している中、自衛隊、消防隊、そして現場の作業員たちが必死で冷却作業を行った。その行動を見て感動した人も多いだろう。彼らは、多額の割増賃金が欲しくて他律的に作業をしたのだろうか。また、名声を得るために、命を懸けたのであろうか。おそらく違うと思われる。むしろ、あまりにも危険な作業だから逃げたかったかもしれない。それにもかかわらず、「これこそ自分たちがやるべき正しい仕事だ」と価値判断し、積極的に活動したのではないか。

カントは、このような行動は因果法則で説明できるような経験的事実ではなく、「理性の事実」だという。むしろ、それは他律的で刺激反応行動に逆らう行動であり、まさに自律的意志の現れだとし、カントはこれを「自由意志」といった。

ここで、カントのいう「自由」は、「何でもできる」という意味ではない。「何でもできる」という無制約の自由は神の自由であり、それは人間の自由ではない。人間的な自由とは、あくまでも「自律」という意味である。それは、外部の原因に囚われないという意味で「消極的に自由」であるとともに、自ら積極的に価値判断して行動をはじめるという意味で「積極的に自由」でもあるという意味である。これが、カントの自由の意味である。そして、このような自由意志は動物にも物質にもない人間固有の特徴なので、自律や自由意志に関わるすべてのことがらは「人間的」あるいは「人間主義的」ということができるだろう。

先にも述べたように、このような自由意志にもとづく自律的行動は、きわめて主観的でわがままな行動である。それは科学的ではなく、客観的でもないので、少し賢い人間は価値判断を行うことを恐れ、避けようとする。

しかし、恐れる必要はない。それは主観的で自律的であるがゆえに、本人がその行為に対して責任をとればいいのである。その主観的な価値判断の原因は他でもなく自分自身にあるので、そのような主観的判断にもとづく行動の責任もまた自分自身にある。つまり、自律的行動には、常に「責任」が伴うのであり、この意味で自律的な行動は道徳的でもある。カントによると、「自由」と「責任」は対概念なのである。

このように、もし人間に自由意志（実践理性）があれば、人間は自分の外にある原因つまりコストや利益あるいは制度にとらわれずに、つまり損得計算の結果にとらわれずに、自ら正しいと価値判断して自律的に行動することができる。

それゆえ、組織のリーダーや企業の経営者は、この人間の自律性を組織メンバーから引き出すことができれば、企業は最大コストを負担することなく、より高度の完全安全性を達成できる可能性がある。つまり、一方で制度理論的に経済的な安全性を追求しつつ、他方で個々のメンバーが自らコストを負担しつつ自律的により安全性の高い方向へと行動することになる。従って、この人間の自由意志や自律的意志というものを引き出せれば、不条理は解決できる可能性がある。この人間の自律性を引き出すことを、カントは「啓蒙」といった。これが、不条理をめぐるカント的な解決法なのである。

このことを先の原子力発電所の安全性をめぐる事例を用いて説明すれば、図2のようになる。まず、経営者は人間の他律性を徹底的に利用し、安全性を高める制度を形成し、安全設備を導入して他律的に従業員に最適経済安全性を実現させる。

そして、ここからさらに従業員の自律性を引き出し、従業員個々人が自らより高い安全性へと向うことが「正しい」と価値判断し、自律的に実践する。このとき、より高い安全性を自律的に追求する従業員には、付加的なコスト負担が発生するだろう。しかし、これは企業が支払うべきコストではなく、個々人の自己負担となる。というのも、自律的な行動の場合、人間はそれに対する報酬を要求しないからであり、報酬を得るために他律的に行動しているわけではないからであり、一人ひとりが自由意志のもとに、これは正しいと価値判断して実践しているからである。

このような人間の二つの側面をしっかり認識して、従業員の理論理性と実践理性をマネジメントすることができれば、合理的不正という不条理を回避することができる。つまり、

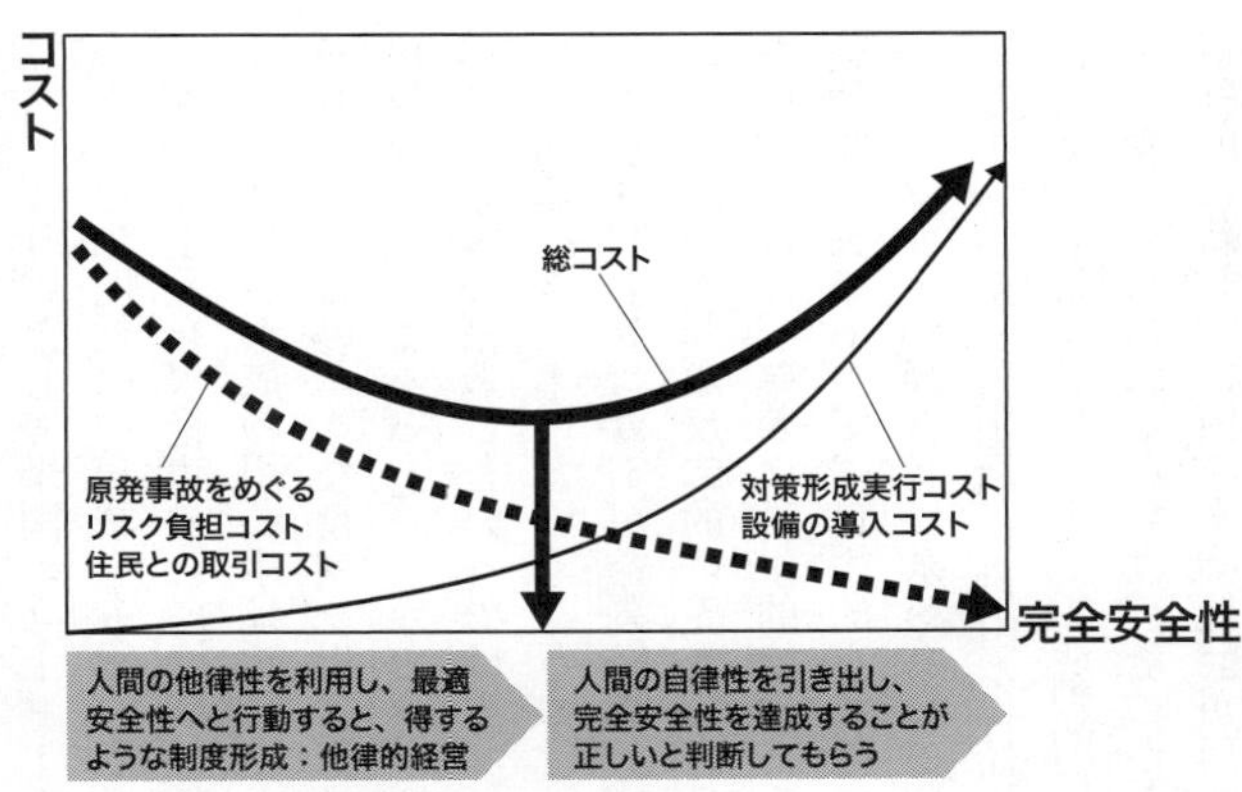

図2　原発をめぐる安全性とコスト

不条理を回避するためには、一方で経済合理的な制度論的マネジメントを展開して従業員の他律性を利用し、他方で従業員の自律性を引き出すような人間主義マネジメントも補完的に展開する必要がある。

ドラッカーの経営哲学的解決法

以上のような抽象的なカントの人間主義的哲学を、さらに具体的な形で経営学に持ち込もうとしたのが、ピーター・ドラッカーである。彼のマネジメントによって、企業経営者は不条理を回避できる可能性がある。

第二次大戦中、ドラッカーはナチス・ドイツが支配するドイツの大学で助手として働いていた。しかし、正しいとは思っていないにもかかわらず、ナチスに迎合する不条理な教授陣をみて、ドラッカーは失望し、ドイツを離れ、イギリスに渡り、そして米国ニューヨークへとやってきた。

自由な米国社会の現状をみて、ドラッカーは驚くことになる。そして、彼はナチス・ドイツ全体主義を根絶するためには、新しい自由な産業社会を形成する必要があり、その自由な産業社会形成の担い手は政府でも政治家でも官僚でもなく、企業であると確信した。それゆえ、このような役割を担う企業の目的として、ドラッカーは功利主義的な利益最大化仮説を認めなかった。ドラッカーが企業経営者に求めたのは、「顧客の創造」であった。この「顧客の創造」というのは、実は「経営者は自由人たれ！」あるいは「経営者は自律的であるべきだ！」ということの言い換えである。

つまり、ドラッカーが企業経営者に求めたのは、アンケートを取るなどして、お客さんの声を聞いて刺激反応的に売れる商品をつくればいいといった受動的で他律的な態度ではない。それは、確かに科学的ではあるが、顧客の声に従うだけという意味で、他律的で受動的な行動であって、自律的な行動ではない。

ドラッカーが経営者に求めたものは、逆である。経営者も人間として生まれたからには一度でいいから積極的に自由を行使し、価値判断して「正しい」と思う新製品あるいは「好きだ」と思うビジネスを能動的に展開する、そしてもしそのような新製品や新ビジネスが受け入れられるならば、そこから新しい顧客が生まれ、さらに新しい産業が形成され、最終的に新しい自由な産業社会が形成されることになるということ、これである。

このように、ドラッカーは企業経営者に対して強く自由の行使を要求する。経営者も人間として生まれたからには自由意志にもとづいて顧客を創造するような新ビジネスを展開すべきだと。それが、人間として生まれた義務であり、人間としての証しになるという。それゆえ、もし経営不振で従業員を平気でクビにするような経営者がいるならば、それは従業員がクビになるべきではなく、新しい顧客を創造できない、それゆえ新しい需要を生み出せない無能な経営者に問題があり、その経営者が退出すべきだという。

この同じ自由の行使を、ドラッカーはミドル・マネジャーに対しても要求する。自由な産業社会を担う明日の経営者を育成するために、彼は企業内のミドル・マネジャーに対しても自由を行使することを求める。それゆえ、経営者がミドル・マネジャーを管理する場合、ドラッカーは上から強制し駆り立てるような他律的な管理を批判する。このようなマネジメントでは、自由を行使する明日の経営者が育たないからである。

ドラッカーは、経営者は自律的な「目標による管理」によってミドル・マネジャーを管理すべきだという。それは、企業が設定する数値目的にもとづいて上から下へ数値を細分化して強制的に命令し服従させる他律的な駆り立て式の管理ではない。逆である。企業全体の目的の範囲内で、ミドル・マネジャーが自分で自律的に「正しい」と価値判断する目的を設定し、それを達成するように自己統治する、つまりその自由行使に対して責任を取らせる。そういった人間の自律性を引き出すための人間主義的な（啓蒙的な）管理論なのである。

従って、自律的に価値判断ができない人間、それゆえ責任を取りたくない人間はリーダーにはなるべきではない。命令に服従する方が楽だという人、自由を行使したくない人、そして主観的な価値判断を恐れ、責任を取りたくない人はリーダーには適していないのである。そのようなリーダーは損得計算の結果に従って客観的に行動しようとして、結局、不条理に陥り、合理的に失敗することになる。

また、ドラッカーは従業員に対する人事管理論についても同様に、従業員にただ単に給料を与えればいいという他律的な管理では不十分だという。お金のためだけに働くような従業員を育成すると、従業員はひたすら損得計算に従って行動することになり、合理的に不正を行うような不条理な従業員を生み出すことになる。

確かに、従業員に十分な賃金を支払う必要があるのだが、それだけでは不十分なのである。ドラッカーによると、従業員も自由人として自らの仕事にプライドをもって自律的に働くことが大事なのだという。「この会社、この仕事が好きなのだ」という価値判断が、従業員にも必要なのである。

以上のようなドラッカーが主張しているマネジメントをまとめると、以下のようにいうことができる。いま、いろんなプロジェクトがあるとしよう。経営者はまずそれぞれのプロジェクトをめぐって徹底的に損得計算する必要がある。その計算結果はプラスになるかもしれないし、マイナスとなるかもしれない。

しかし、経営者はその計算結果だけに従って、マネジメントするべきではない。その上で、どのプロジェクトが「正しい」のかを価値判断する必要がある。したがって、損得計算の結果がプラスで、しかも正しいプロジェクトは実行し、損得計算の結果がマイナスで、しかも不正なプロジェクトは実行しない。

問題は、損得計算の結果がマイナスだが正しいプロジェクトと損得計算の結果がプラスだが不正なプロジェクトをどう扱うかである。ドラッカーが言いたいのは、損得計算上ではマイナスだが、「正しい」と思うプロジェクトは実行すべきであり、損得計算上ではプラスであっても、「正しく」ないプロジェクトは阻止すべきだということである。このようなドラッカー流マネジメントを展開すれば、不条理は回避できる。

小林秀雄の大和心とマネジメント

以上のように、科学的で制度理論的なマネジメントに加えて、カントやドラッカーの人間主義的で哲学的マネジメントを補完的に展開すれば、経営者やリーダーは不条理を回避できる可能性がある。しかし、後者の人間主義的マネジメントは、カント哲学やドラッカー経営学に関係しているため、日本人ではなく西洋人にのみあてはまる話ではないかと疑う人たちもいる。

しかし、そうではない。実は、この人間主義的なマネジメントは、晩年、本居宣長に関心をもった小林秀雄が繰り返し述べている「大和心」と関係しているのである。それゆえ、むしろ日本人が守るべき伝統でもある。

小林秀雄によると、「大和心」という言葉が登場したのは、古い短歌の中だという。それは、学者の夫が妻に乳があまりでない女性が学者の家の乳母としてやってくるのだが、うまくやっていけるのかどうか心配だと話したとき、妻が「大和心」があれば、大丈夫といったという、以下の短歌であるという。

「乳母せんとて、まうで来りける女の、乳の細く侍りければ、詠み侍りける」と詞書があり、次に夫である博士の歌、「果なくも　思ひけるかな　乳もなくて　博士の家の　乳母せむとは」、ここで「乳もなくて」の「乳」を、「知」にかけている。これに対して、妻赤染衛門のかへし、——「さもあらばあれ　大和心し　賢くば　細乳に附けて　あらすばかりぞ」（『後拾遺和歌集』赤染衛門の歌／『小林秀雄全集』第十四巻、新潮社）

当時は、科学的知識のことを「漢心（からごころ）」あるいは「漢才（からざえ）」と言い、昔は最新の科学的知識が中国から入ってきたため、このような言い方になっていたという。

そして、その反対語が「大和心」なのである。

この大和心とは、価値判断に関わることであり、ある状況をみたとき、良いか悪いか、もし悪いとすれば、何をすべきか。ある人が悲しんでいる。それを無視することは良いことかどうか。もし良くないとすれば、何をすべきか。まさに、これらは人間としての誠実さ、真摯さ、「もののあわれ」に関わることであり、これを非科学的だと恐れるべきではないと小林秀雄はいう。

従って、小林秀雄がいう大和心・大和魂の経営とは、業績や成果が高いかどうかという観点からのみ従業員を評価するのではなく、さらにその上で従業員が誠実なのかどうか、正しい行動を行おうとしているのかどうかをも判断し、誠実な従業員をより高く評価するようなマネジメントとして解釈できる。

このような経営のもとでは、明らかに業績が高く誠実な従業員は高く評価され、逆に業績が悪く不誠実な従業員はまったく評価されないだろう。問題は、業績は高いが不誠実な従業員と業績は低いが誠実な従業員をどう評価するかである。大和心の経営とは、たとえ業績が悪くても誠実で正しいことを行おうとしている従業員を高く評価し、業績が良くても不正を犯すような不誠実な従業員を評価しないようなマネジメントのことなのである。

このようなマネジメントは、確かに主観的で非科学的である。しかしこれを恐れるべきではない。それが主観的で自律的な価値判断に基づいているがゆえに、その責任をとることこそが経営者の役割なのであり、そこに経営者の存在意義があるといえる。このように解釈すると、ドラッカーやカントの話は決して外国人のためのものではないことがわかるだろう。

日本の経営者やリーダーには、経済合理的な制度理論的なマネジメントだけではなく、ぜひともこの「大和心」のマネジメントも補完的に展開してもらいたい。そうではないと、必ずいつかどこかで正しいことを無視して効率性だけを追求するような不条理に陥ったり、全体を無視して個別を追求するような不条理に陥ったり、長期を無視して短期だけを追求する不条理に陥ることになるだろう。

以上が、不条理の解決法に関する最近の私の考えである。

最後に、本書の二次文庫化という機会を与えてくださった中央公論新社の渡辺幸博さんと編集を担当してくれた福岡貴善さんに感謝したい。

二〇一七年二月　三田山上にて

菊澤　研宗

『組織の不条理　なぜ企業は日本陸軍の轍を踏みつづけるのか』
二〇〇〇年一一月　ダイヤモンド社
『組織は合理的に失敗する　日本陸軍に学ぶ不条理のメカニズム』
二〇〇九年九月　日本経済新聞出版社　日経ビジネス人文庫
本書は、ダイヤモンド社刊『組織の不条理　なぜ企業は日本陸軍の轍を踏みつづけるのか』に加筆修正の上、中公文庫版あとがきを書き下ろして加えました。

中公文庫

組織の不条理
——日本軍の失敗に学ぶ

2017年3月25日　初版発行
2020年1月30日　4刷発行

著　者　菊澤研宗

発行者　松田陽三

発行所　中央公論新社
〒100-8152　東京都千代田区大手町1-7-1
電話　販売 03-5299-1730　編集 03-5299-1890
URL http://www.chuko.co.jp/

DTP　ハンズ・ミケ
印　刷　三晃印刷
製　本　小泉製本

Published by CHUOKORON-SHINSHA, INC.
Printed in Japan　ISBN978-4-12-206391-4 C1134

中公文庫既刊より

各書目の下段の数字はISBNコードです。978－4－12が省略してあります。

と-18-1
失敗の本質　日本軍の組織論的研究
戸部良一／寺本義也　鎌田伸一／杉之尾孝生　村井友秀／野中郁次郎

大東亜戦争での諸作戦の失敗を、組織としての日本軍の失敗ととらえ直し、これを現代の組織一般にとっての教訓とした戦史の初めての社会科学的分析。

201833-4

S-25-1
シリーズ日本の近代　逆説の軍隊
戸部良一

近代国家においてもっとも合理的・機能的な組織であるはずの軍隊が、日本ではなぜ〈反近代の権化〉となったのか。その変容過程を解明する。

205672-5

あ-82-1
昭和動乱の真相
安倍源基

警視庁初代特高課長であり、終戦内閣の内務大臣を務めた著者が、五・一五、二・二六、リンチ共産党事件、日米開戦など「昭和」の裏面を語る。〈解説〉黒澤　良

206231-3

い-123-1
獄中手記
磯部浅一

「陛下何という御失政でありますか」。貧富の格差に憤り国家改造を目指して蹶起した二・二六事件の主謀者が綴った叫び。未刊行史料収録。〈解説〉筒井清忠

206230-6

い-108-1
昭和16年夏の敗戦
猪瀬直樹

開戦直前の夏、若手エリートで構成された模擬内閣が出した結論は〈日本必敗〉だった。だが……。知られざる秘話から日本の意思決定のあり様を探る。

205330-4

い-108-4
天皇の影法師
猪瀬直樹

天皇崩御そして代替わり。その時何が起こるのか。天皇という日本独自のシステムを〈元号〉を突破口に徹底取材。著者の処女作、待望の復刊。〈解説〉網野善彦

205631-2

き-42-1
日本改造法案大綱
北一輝

軍部のクーデター、そして戒厳令下での国家改造シナリオを提示し、二・二六事件を起こした青年将校たちの理論的支柱となった危険な書。〈解説〉嘉戸一将

206044-9

こ-19-2
最後の御前会議／戦後欧米見聞録　近衛文麿手記集成
近衛文麿
27歳で発表した「英米本意の平和主義を排す」から死の直後に刊行された回想まで、青年宰相と持てはやされた男の思想と軌跡を綴った六篇を収録。〈解説〉井上寿一
206146-0

た-73-1
沖縄の島守　内務官僚かく戦えり
田村洋三
四人に一人が死んだ沖縄戦。県民の犠牲を最小限に止めるべく命がけで戦い殉職し、今もなお「島守の神」として尊敬される二人の官僚がいた。〈解説〉湯川　豊
204714-3

た-73-3
特攻に殉ず　地方気象台の沖縄戦
田村洋三
航空特攻作戦という「邪道の用兵」を、米軍の猛攻にさらされつつ、的確な気象情報提供で黙々とアシストした沖縄地方気象台職員たち。厳粛な人間ドラマ。
206267-2

ほ-1-1
陸軍省軍務局と日米開戦
保阪正康
選択は一つ——大陸撤兵か対米英戦争か。東条内閣成立から開戦に至る二カ月間を、陸軍の政治的中枢である軍務局首脳の動向を通して克明に追求する。
201625-5

ほ-1-18
昭和史の大河を往く5　最強師団の宿命
保阪正康
屯田兵を母体とし、日露戦争から太平洋戦争まで、常に危険な地域へ派兵されてきた旭川第七師団の歴史を俯瞰し、大本営参謀本部の戦略の欠如を明らかにする。
205994-8

ほ-1-19
昭和史の大河を往く6　華族たちの昭和史
保阪正康
明治初頭に誕生し、日本国憲法施行とともに廃止された特権階級は、どのような存在だったのか？　華族たちの苦悩と軌跡を追い、昭和史の空白部分をさぐる。
206064-7

ま-42-2
持たざる国への道　あの戦争と大日本帝国の破綻
松元崇
なぜ日本は世界を敵に回して戦争を起こし、滅亡の淵に到ったのか？　昭和の恐慌から敗戦までの歴史を、現役財務官僚が〈財政〉面から鋭く分析する。
205821-7

ま-42-3
「持たざる国」からの脱却　日本経済は再生しうるか
松元崇
日本はなぜ長期低迷から抜け出せないのか。元内閣府次官が、ドイツやスウェーデンの成功例を参照しつつ生き残りのための処方箋を提示。文庫書き下ろし。
206287-0

各書目の下段の数字はＩＳＢＮコードです。978－4－12が省略してあります。

や-59-1
沖縄決戦　高級参謀の手記
八原　博通
戦没者は軍人・民間人合わせて約20万人。壮絶な沖縄戦の全貌を、第三十二軍司令部唯一の生き残りである著者が余さず綴った渾身の記録。〈解説〉戸部良一
206118-7

と-35-1
開戦と終戦　帝国海軍作戦部長の手記
富岡　定俊
作戦課長として対米開戦に立ち会い、作戦部長として戦艦大和水上特攻に関わった軍人が、日本海軍の作戦立案や組織の有り様を語る。〈解説〉戸高一成
206613-7

ハ-16-1
ハル回顧録
コーデル・ハル
宮地健次郎　訳
日本に対米開戦を決意させたハル・ノートで知られ、「国際連合の父」としてノーベル平和賞を受賞した外交官が綴る国際政治の舞台裏。〈解説〉須藤眞志
206045-6

マ-13-1
マッカーサー大戦回顧録
マッカーサー
津島一夫　訳
日米開戦、屈辱的なフィリピン撤退、反攻、そして日本占領へ。「青い目の将軍」として君臨した一軍人が回想する「日本」と戦った十年間。〈解説〉増田　弘
205977-1

マ-10-1
疫病と世界史（上）
W・H・マクニール
佐々木昭夫　訳
疫病は世界の文明の興亡にどのような影響を与えてきたのか。紀元前五〇〇年から紀元一二〇〇年まで、人類の歴史を大きく動かした感染症の流行を見る。
204954-3

マ-10-2
疫病と世界史（下）
W・H・マクニール
佐々木昭夫　訳
これまで歴史家が着目してこなかった「疫病」に焦点をあて、独自の史観で古代から現代までの歴史を見直す好著。紀元一二〇〇年以降の疫病と世界史。
204955-0

マ-10-5
戦争の世界史（上）技術と軍隊と社会
W・H・マクニール
高橋　均　訳
軍事技術は人間社会にどのような影響を及ぼしてきたのか。大家が長年あたためてきた野心作。上巻は古代文明から仏革命と英産業革命が及ぼした影響まで。
205897-2

マ-10-6
戦争の世界史（下）技術と軍隊と社会
W・H・マクニール
高橋　均　訳
軍事技術の発展はやがて制御しきれない破壊力を生み、人類は怯えながら軍備を競う。下巻は戦争の産業化から冷戦時代、現代の難局と未来を予測する結論まで。
205898-9